储能科学与技术丛书

U0151039

储能系统数字建模、安全运行及经济评估

李建林　梁忠豪　张剑辉　游洪灏
尹　翔　蔡海锋　李　明　张伟骏　　著
任永峰　王　茜　靳文涛　梁　策
孟　青　刘　硕　赵文鼎　邸文峰

机械工业出版社

当前市面上关于储能系统的书籍内容比较偏向于技术、应用介绍，或者针对于某一类型储能做介绍分析，而关于储能的系统性研究，特别是安全、经济性方面的研究相对欠缺。本书主要作者李建林教授从事储能技术领域研究工作 16 年，积累了大量的理论知识和实战经验，现将储能应用中的突出问题：建模、安全、容量配置及经济性评估等著作成书，旨在顺应我国能源变革和电力发展需要，探索出适用于我国储能的技术规划、发展方向、运营模式等。

本书对国内外储能政策环境和标准进行分析解读，阐述我国能源转型对储能技术的迫切需求，梳理了储能技术的主要类型和原理，并详细介绍其应用场景及示范工程。另外，重点论述了储能的建模、安全运行、容量配置及经济评估技术等。本书可为解决储能行业关键性问题提供思路和参考，助推储能技术在新型电力系统中的发展和升级，并加快我国能源转型。

本书内容详实，层次分明，涵盖电化学储能、物理储能等关键储能技术，理论联系实际，具有较强的实用性。

本书可为储能相关专业的学生以及从事储能相关研究的人员提供帮助，并启发广大读者对储能技术的应用、发展及关键性问题的解决进行更深层次的思考。

图书在版编目（CIP）数据

储能系统数字建模、安全运行及经济评估/李建林等著. —北京：机械工业出版社，2023.11（2025.1 重印）
（储能科学与技术丛书）
ISBN 978-7-111-73910-4

Ⅰ.①储… Ⅱ.①李… Ⅲ.①储能-技术 Ⅳ.①TK02

中国国家版本馆 CIP 数据核字（2023）第 178352 号

机械工业出版社（北京市百万庄大街 22 号　邮政编码 100037）
策划编辑：付承桂　　　　　责任编辑：付承桂　赵玲丽
责任校对：樊钟英　丁梦卓　　封面设计：马精明
责任印制：邓　博
北京盛通数码印刷有限公司印刷
2025 年 1 月第 1 版第 2 次印刷
169mm×239mm · 19 印张 · 365 千字
标准书号：ISBN 978-7-111-73910-4
定价：119.00 元

电话服务　　　　　　　　　网络服务
客服电话：010-88361066　　机　工　官　网：www.cmpbook.com
　　　　　010-88379833　　机　工　官　博：weibo.com/cmp1952
　　　　　010-68326294　　金　书　网：www.golden-book.com
封底无防伪标均为盗版　机工教育服务网：www.cmpedu.com

前　言

随着我国"双碳"目标的提出及能源转型逐渐深入，我国新能源装机容量和发电占比不断提升。新型电力系统的高比例新能源、高电力电子化、配网有源化等特征，对其稳定性、可靠性提出了更高的要求，快速、灵活的调节资源配置需求逐渐增加。储能技术在提高风、光等可再生能源的消纳水平、缓解调峰压力、平滑可再生能源输出等方面发挥着重要作用，是促进可再生能源高效利用的关键技术之一。

江苏、河南、湖南、青海等省份百兆瓦级电化学储能电站的成功投运，验证了大规模储能电站快速响应、精准调频、应急支撑等作用，为储能电站的工程运行积累了丰富经验，而在众多储能示范工程建设落地的同时，新一批的储能电站建设也在紧锣密鼓的规划与筹备之中。可以预见的是，在未来长期阶段中，储能电站的不断建设与落地是解决新型电力系统转型需求的必然手段。在这种背景下，研究储能系统的运行、控制技术及经济性评估方法显得尤为重要，为解决储能系统如何用及如何评价使用效果的问题提供解决思路。

本书围绕储能系统的运行控制及经济评估进行撰写，总结了著作团队的研究成果，参考了国内外相关研究团队和会议报告的相关内容，分5章进行撰写。第1章主要从政策和标准化层面介绍储能行业的发展现状，梳理了国家和地方的储能相关政策及国内外储能标准。第2章阐述了电化学储能、物理储能、热储能几类主流储能技术类别，并列举了储能在电力系统中的典型应用及示范工程情况。第3章介绍了电化学储能系统关键设备建模方法，给出了常用的等效电路模型和电化学模型的研究现状及模型的适用性，并介绍了储能电站数字镜像技术及基于非线性估计的镜像储能电池系统预警技术。第4章围绕储能安全的研究热点，梳理了国内外电网侧预制舱式储能消防安全研究现状，介绍了火灾风险识别技术，并分析了吉瓦级电化学储能电站安防体系。第5章阐述了高压变电站站用光储型微电网、风光储系统等特定场景下储能容量优化配置及经济性评估方法。全书将为储能系统的运行、控制、容量配置及经济性评估带来有益参考。

本书主要由北方工业大学/青海大学李建林教授、梁忠豪和北京海博思创科技股份有限公司董事长张剑辉博士撰写；此外，北方工业大学游洪灏、王茜、刘硕和国网新疆电力有限公司尹翔、国网福建省电力有限公司电力科学研究院张伟骏、中国人民解放军93184部队蔡海锋、内蒙古工业大学任永峰等撰写了部分内容。

本书得到了2023年度青海省科技计划项目（2023-ZJ-704）和国家自然科学基金面上项目（52277211）的资助，在此深表感谢。

本书可供储能技术及相关领域的研究人员、从业者参考使用，也可供高等院校广大师生借鉴参考。

著　者

2023 年 11 月

目　　录

第1章

储能行业发展现状

1.1 政策解读

我国储能的发展和政策息息相关，制定合适的储能相关政策对储能有至关重要的影响，因此储能相关政策的制定工作受到国家发展改革委、工信部等部门的普遍重视。自 2005 年储能产业展开战略布局，经过五年对储能应用方面的探索，2010 年储能发展首次被写入法案，初步形成发展体系。2011—2021 年，十年储能战略布局得到构建与实施，储能产业逐步进入较为成熟的发展阶段，体系建设较为完善，储能装机容量呈现出爆发式增长趋势，可以预计，储能大规模发展的时代即将到来[1-2]（见图 1-1）。

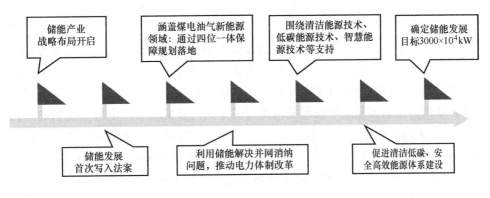

图 1-1　中国储能发展历程

详细分析近十年来一系列发布的政策（见表 1-1），可看出早在 2014 年，国家就开始出台支持储能发展政策，在《能源发展战略行动计划（2014—2020 年)》中，国务院首次将储能列为 9 个重点创新领域之一。虽然之后每年都有利好储能政策出台，但直到 2019 年，电化学储能才迎来发展契机。国家电网出台

《关于促进电化学储能健康有序发展的指导意见》，表示将有序开展储能投资建设业务[3]。

表 1-1　储能重点政策

时间	部门	政策	意义
2014	国务院	《能源发展战略行动计划（2014—2020 年)》	首次将储能列入 9 个重点创新领域
2016	国家能源局	《国家能源局关于促进电储能参与"三北"地区电力辅助服务补偿（市场）机制试点工作的通知》	首次将储能和电力市场改革结合起来
2017	国家发展改革委、国家能源局等五部门	《关于促进储能技术与产业发展的指导意见》	首个大规模储能技术及应用发展的指导性政策
2019	国家发展改革委办公厅、科技部办公厅、工业和信息化部办公厅、国家能源局综合司	《贯彻落实〈关于促进储能技术与产业发展的指导意见〉2019—2020 年行动计划》	为储能发展进一步指明了方向
2021	国家发展改革委、国家能源局	《关于加快推动新型储能发展的指导意见》	明确到 2025 年实现新型储能装机规模 3000 万 kW 以上

到 2022 年，国家支持储能发展的政策如雨后春笋，储能真正迎来了发展元年。国家出台《关于加快推动新型储能发展的指导意见》，明确到 2025 年实现新型储能装机规模 3000 万 kW 以上，这意味着未来五年新型储能装机速度是目前的 10 倍。而后国家发展改革委印发《关于进一步完善分时电价机制的通知》，进一步拉大峰谷价差，为储能盈利创造可能[4]。随后国家能源局提出：电网企业要做好新能源、分布式能源、新型储能、微电网和增量配电网等项目接入电网服务，为储能接入国家电网扫除了障碍。此外，各个省级部门也纷纷出台新能源强制配储政策、储能补贴政策。

我国储能相关政策提出了储能发展十年目标分两阶段，储能在推动能源变革的作用将全面展现。到 2025 年我国储能目标主要有：达到新型储能装机规模 3000 万 kW 以上，形成基本完整的储能产业链体系，全面掌握具有国际领先水平的关键技术和装备，制定完整的储能标准体系并推广到全球。具体储能政策分类如表 1-2 所示。

表 1-2　储能政策分类

类别	部门	政策	要点
示范项目建设类	工信部	《京津冀及周边地区工业资源综合利用产业协同转型提升计划（2020—2022 年)》	推动山西、山东、河北、河南、内蒙古建设梯次利用典型示范项目
	国家发展改革委	5 月新闻发布会	投资大容量储能设施，开展"源网荷储一体化"建设
指明方向类	全国人大	《中华人民共和国国民经济和社会发展第十四个五年规划和 2035 年远景目标纲要（草案)》	能源转型要发展储能
	国家能源局	《关于 2021 年风电、光伏发电开发建设有关事项的通知（征求意见稿)》	推进"光伏+光热"、光伏治沙、"新能源+储能"等示范工程
储能技术发展类	国家发展改革委	《储能技术专业学科发展行动计划（2020—2024 年)》	推动储能技术关键环节研究达到国际领先水平，形成标准
	科技部	2021 国家重点研发计划"储能与智能电网技术"重点专项申报	围绕 6 个储能技术方向，启动 21 个指南任务，拟安排国拨经费 6.67 亿元
储能发展规划类	国家发展改革委	《关于加快推动新型储能发展的指导意见（征求意见稿)》	到 2025 年我国新型储能装机规模达 30GW 以上
	宁夏发展改革委	《关于加快促进自治区储能健康有序发展的指导意见（征求意见稿)》	"十四五"期间，储能设施按照容量不低于新能源装机的 10%、连续储能时长 2h 以上的原则逐年配置

基于以上国内储能发展大环境以及已有政策，本节从"十三五""十四五"两个五年计划中储能的发展重点入手并梳理相关政策，为今后储能进一步发展提供导向作用。

1.1.1　国家层面政策

1. 储能"十三五"发展政策

2016 年底，国家发展改革委发布《可再生能源发展"十三五"规划》。《规划》表示，"十三五"期间，储能将侧重于示范应用，强调要为配合国家能源战略行动计划，一要开展可再生能源领域储能示范应用，二要提升可再生能源领域储能技术的技术经济性。以下将从新能源配储、商业化推进两个方面对"十三五"期间储能发展政策展开分析。

（1）新能源配储

2020 年上半年，6000kW 及以上发电装机规模同比增长 5.3%，清洁能源消纳持续好转，风电利用率达到 96.1%，同比上升 0.8 个百分点，光伏发电利用率达到 97.9%，同比上升 0.3 个百分点。随着新能源发电装机规模持续提升，提升可再生能源消纳能力十分重要，储能具有广阔的发展前景[5]。同年，国家发展改革委办公厅、国家能源局综合司印发《省级可再生能源电力消纳保障实施方案编制大纲的通知》[6]，这是继 2019 年《国家发展改革委 国家能源局关于建立健全可再生能源电力消纳保障机制的通知》之后的又一个保障可再生能源电力消纳的政策文件。根据大纲，省（区、市）能源主管部门按照国家明确的消纳责任权重，对本行政区域内承担消纳责任的各市场主体，明确最低可再生能源电力消纳责任权重（简称"最低消纳责任权重"），并按责任权重对市场主体完成情况进行考核，对未完成消纳责任权重的市场主体进行督促落实，并依法依规予以处理。国家能源局发布《国家能源局关于 2020 年风电、光伏发电项目建设有关事项的通知》，对 2020 年风电、光伏发电项目建设管理具体方案进行了调整完善[7]。

由于受到疫情的影响减缓了整个光伏行业的周期性运转，光伏行业自 2020 年以来发展缓慢，但总体来说光伏已经向着"平价上网"的方向发展，光伏从补充能源转向替代能源的步伐也将加速，随着光伏成本的进一步降低，新模式的进一步推广，中部及三北地区利用其优势合理配置风、光资源，提高外送通道新能源比例，支持和促进全国能源转型[7-8]。国家能源局、发展改革委等以及地区层面出台了相关政策，确保疫情期间行业运转及能源供给正常，具体如表 1-3 所示。

表 1-3 国家光伏政策

部门	政策	要点
国家能源局综合司	关于征求对《国家能源局关于 2020 年风电、光伏发电建设项目有关事项的通知（征求意见稿）》意见函	2020 年度新建光伏发电项目补贴预算 15 亿元，其中 5 亿元用于户用光伏，补贴竞价按 10 亿元补贴总额组织项目建设
国家能源局	关于印发《光伏发电市场环境监测评价方法及标准（2019 年修订版）》通知	国家度电补贴强度和竞争性配置项目补贴平均降幅的 10 分被取消，弃光程度更加细化
财政部、国家发展改革委、国家能源局	《关于促进非水可再生能源发电健康发展的若干意见》	需补贴的可再生能源发电项目根据技术水平、行业发展确定资助总额，并且要符合国家能源局要求，经电网企业审核后纳入补助清单

（续）

部门	政策	要点
国家能源局	《关于加强储能标准化工作的实施方案》	到2021年，形成多方参与的储能标准工作机制，建立完整的储能标准体系，定期将修订成果在平台上共享
商务部	《关于对原产于美国和韩国的进口太阳能级多晶硅反倾销措施期终复审裁定的公告》	自2020年1月20日起，对原产于美国和韩国的进口太阳能级多晶硅继续征收反倾销税，期限为5年

截至2020年底，全国可再生能源发电装机容量9.34亿kW（其中风电、光伏装机容量为5.34亿kW），同比增长约17.5%，占全部电力装机的42.5%；全国可再生能源发电量达22154亿kW·h，占全部发电量的29.1%。因此，在新一轮能源革命中，如何高效利用具有间歇性、波动性和随机性的可再生能源进行大规模并网发电具有重要意义[9]，而储能技术的发展应用有利于平抑电网波动、促进可再生能源消纳，将对碳中和目标的实现发挥重要作用。

2020年12月，我国在气候雄心峰会上提出2030年风电、太阳能发电总装机容量将达到12亿kW以上。储能在缓解调峰压力、促进可再生能源消纳、可再生能源平滑输出[10-11]、提高系统效率和输配电设备利用率等方面发挥着重要的作用。

根据国家能源局发布的2020年度全国可再生能源电力发展监测评价的通报，截至2020年底，全国可再生能源发电累计装机容量占全部电力装机的42.5%，而全国可再生能源发电量却只占全部发电量的29.1%，其中，风力、光伏发电装机利用效率分别约占全部发电量的6.1%和3.4%，部分地区弃风、弃光现象突出，导致可再生能源发电装机利用率明显偏低。表1-4是我国2021年一季度弃风弃光数据。

表1-4 我国2021年一季度弃风弃光数据

地区	弃风率/弃风量（亿kW·h）	弃光率/弃光量（亿kW·h）	具体分析
华北	7.2%/42.6	3.1%/6.3	同比分别下降1.4%与1.8%，但蒙西地区弃风弃光较为严重
西北	5.7%/20.9	5.1%/10.5	同比下降1.9%与0.6%，其中青海等地区2020年度抢装造成的消纳压力凸显
东北	2.9%/7.5	—	弃风率同比上升1.1%，基本无弃光，新能源消纳利用较好

（续）

地区	弃风率/弃风量 （亿 kW·h）	弃光率/弃光量 （亿 kW·h）	具体分析
中东部与 南方	—/0.9	—	由于河南和贵州 2020 年四季度新能源装机较多，出现少量弃风，除西藏外几乎无弃光现象

由于风力、光伏发电受地理位置、光照时长以及负荷波动等因素的影响，导致我国部分地区弃风弃光现象比较严重，同时个别省份因可再生能源大规模发电装机并网，导致电力系统对可再生能源的消纳能力大幅减弱，而储能技术的大规模应用具有改善弃风弃光现象、平滑新能源出力、提高系统灵活性等优势。

电力系统的灵活性主要体现在系统可以减少或者增加出力，实现与负荷的供需平衡[12-15]。储能技术对电力系统的灵活性调节可以应用于电源侧、电网侧以及电力用户侧[16]，也可以体现在辅助服务与可再生能源并网方面。储能电站在与水电站、火电机组以及其他新能源电站结合时，可以充分发挥调节能力，促进可再生能源消纳，即时响应负荷，大幅提高电力系统灵活性。伴随着储能技术的不断发展，储能应用场景也日益趋于多元化，调节性能好、调节速度快、安装位置灵活的储能电站成为了电力系统重要的灵活性来源。

随着新能源的大规模接入，其随机性、间接性对电网安全稳定运行带来了重大的挑战，随机扰动、对电网的冲击、暂态、频率、电压等多种稳定性问题相互耦合交织在一起，弃风、弃光等电力平衡问题突出，急需利用储能技术在多时间尺度实现"源-网-荷-储"的协调运行，提高新能源接入条件下的电网稳定运行能力。电力系统在诸多方面都对储能有着应用需求。

为减少因大规模增加可再生能源并网导致的电力系统不稳定情况，国家相继出台政策鼓励增加配套性储能建设（见表 1-5）。此番政策的发布可以促进提高可再生能源消纳能力，有效缓解新能源快速发展带来的并网消纳问题[17-20]。

表 1-5 2021 年关于可再生能源并网政策汇总

时间	政策/文件	重点内容
2 月	《关于征求 2021 年可再生能源电力消纳责任权重和 2022—2030 年预期目标建议的函》	到 2030 年可再生能源电力消纳责任权重大幅度提高
5 月	《关于做好新能源配套送出工程投资建设有关事项的通知》	新能源配套可由发电企业自建且可优先送出
8 月	《关于鼓励可再生能源发电企业自建或购买调峰能力增加并网规模的通知》	规定配建调峰能力储能配比，对配置比例 20%以上的优先并网

国家发展改革委、国家能源局发布的发改运行〔2021〕1138号《关于鼓励可再生能源发电企业自建或购买调峰能力增加并网规模的通知》旨在通过市场化的方式扩大电网可再生能源消纳能力[21]，大大促进储能的发展，从而弥补电力系统灵活性不足、调节能力不够等短板问题[22]，提升电力系统可靠性[23]。这些政策从多个方位出发，积极调动社会各方力量，有序推进新能源发展，为"3060"目标的实现起到了指导作用[24]。

（2）商业化推进

早在2017年10月，国家发展改革委、财政部、科学技术部、工业和信息化部、国家能源局就已经联合下发了首个储能产业的指导性政策《关于促进我国储能技术与产业发展的指导意见》[25]，这是首个大规模储能技术及应用发展的指导性政策。针对我国储能产业面向商业化转型的现状，国家发展改革委办公厅、科学技术部办公厅、工业和信息化部办公厅、国家能源局综合司联合发布了《关于促进储能技术与产业发展的指导意见》2019—2020年行动计划，要求合理规划增量配置，通过完善电力市场化交易和峰谷电价机制建立电力现货市场，同时在可再生能源消纳、分布式发电、微网、用户侧、电力系统灵活性、电力市场建设、能源互联网等领域发展示范项目，从而推动分布式发电、集中式新能源发电与储能的联合应用[26]。并且，还要推动新能源汽车动力电池储能化、停车充电一体化建设。

单就2019年而言，发展改革委等国家部门就储能相关领域已发布了多项政策。5月份，国家发展改革委以及国家能源局发布《关于建立健全可再生能源电力消纳保障机制的通知》（以下简称《通知》）。《通知》中针对政府部门、电网企业、电力用户等各类承担消纳责任的主体提出优先消纳可再生能源的明确要求[27]。与前三次的征求意见稿相比，《通知》出台了新的消纳保障机制，对促进可再生能源商业化的发展产生了正向激励。《通知》明确可再生能源电力消费带头发展的商业化模式，以此鼓励社会层面各个电力应用领域增加对可再生能源的开发利用率[28]。之后，国家发展改革委又发布了《全面放开经营性电力用户发用电计划》，更体现出国家层面对于全面放开经营性发电计划的决心，同时强调了原则上对于经营性电力用户的发用电计划将实行全部放开的政策[29]。在国内8个电力现货交易试点省份全面开始试运行后，该政策的颁布使中国电力体制改革又推进了一步。对于售电公司、电网、发电企业这些电力市场主体来说，全面放开的商业化模式是更具有挑战性的发展模式[30]。而对于储能产业来说，加强与售电公司的合作，即能源互联网的价值要通过与售电公司形成售电套餐变现才能更好地实现商业化发展。同时，7月由国家发展改革委等4个部门联合下发的《贯彻落实〈关于促进储能技术与产业发展的指导意见〉2019—2020年行动计划》更加完善了规划增量配电业务改革和电力现货市场建设[31]，为后期推动储能产业的发展明确了具体的任务和分工，从而在"十三五"期间实现由研发示范项目向商业化初期过渡的目标。之后在工业和信息化部发布的《绿色数据中心先进适用技术产品目录（2019 年版）》中也涉及了储能领域，即多项储能技术以及飞轮储能装置。工业和信息化部通过对绿色数据中心先进适用技术产品的筛选，最终目录中的入选产品涉及能源、资源利用效率提升，可再生能源利用、分布式供能[32]和微电网建设，废旧设备回收处理、限用物质使用控制，绿色运维管理等 4 个领域。使数据中心节能与绿色发展水平持续提升，更为之后储能技术作为商品进入电力市场提供了典范。10 月，工业和信息化部、国家发展和改革委员会、教育部、财政部等十三个部门印发《制造业设计能力提升专项行动计划（2019—2022 年)》，在重点设计突破工程专栏中指出，在节能与新能源汽车领域，形成指导汽车工装设计的标准化规范或导则。国家发展改革委发布的《产业结构调整指导目录（2019 年版）》引起广泛关注，其中鼓励新增"人工智能"行业 15 个条目，对新能源汽车电池提出了能量密度、循环寿命等参数要求，为新兴产业培育指明了方向，引导新兴产业快速发展。11 月，国家发展改革委、工业和信息化部等国家 15 个部门联合印发《关于推动先进制造业和现代服务业深度融合发展的实施意见》。该意见在新能源生产利用和制造业绿色融合方面指出，顺应分布式、智能化发展趋势，推进新能源生产服务与设备制造协同发展[33]。同时还强调了发展分布式储能服务，实现储能设施混合配置、高效管理、友好并网。在完善汽车制造和服务全链条体系方面，还指出要加快充电设施建设布局，鼓励有条件的地方积极探索发展换电和电池租赁服务，建立动力电池回收利用管理体系。

2020 年 1 月，教育部、国家发展改革委、国家能源局发布《关于印发〈储能技术专业学科发展行动计划（2020—2024 年)〉的通知》，以产教融合发展推动储能产业高质量发展[34]。7 月，国家能源局发布《国家能源局综合司关于组织申报科技创新（储能）试点示范项目的通知》，通过分析总结示范项目成功经验和存在问题，促进先进储能技术装备与系统集成创新，建立健全相关技术标准与工程规范，培育具有市场竞争力的商业模式，推动出台支持储能发展的相关政策法规。

通过梳理可以看出国家层面对于储能产业发展的重视程度，储能作为国家能源革命战略的需要，作为可再生能源系统以及智能电网的重要组成部分，在开放的市场中制定适宜的政策为储能产业的发展提供了广泛且重要的价值。就储能而言，能源结构的转型以及能源革命的推进都离不开政策的不断革新。国家对于储能领域政策的顶层设计对储能产业在技术革新以及市场应用方面给予正向激励，不仅为投资者指明了方向，为推动储能产业规模化、商业化提供助益，对节能减排以及提高能源利用效率意义重大，同时也为后期推动储能产业的发展明确了具体的任务和分工，从而进一步推动"十三五"期间实现由研发示范项目向商业化初期过渡的目标。

1）电力系统辅助服务市场：传统的电力系统管理体制中，电力政策主要以指令的形式提供，不但市场价值难以在电力辅助服务中突显出来，还会降低电力市场主体的总体效益。在我国电力系统市场改革的推动进程中，运用市场化手段推动不同种类市场主体提供电力辅助服务已经成为电力系统管理体制改革的重要方式。

目前，能源行业对于电力辅助服务的认知度不断提升，从电力市场改革、到"十三五"规划纲要、再到《关于推动电储能参与"三北"地区调峰辅助服务工作的通知（征求意见稿）》等，表明国家层面对储能领域尤其是电力辅助服务给予了高度重视。2017年，电力辅助服务新政成为国内电力市场改革的热点，如此密集的电力辅助服务新政出台，足见国家对电力辅助服务的重视。2019年8月，国家发展改革委和国家能源局印发《关于深化电力现货市场建设试点工作的意见》（下称《意见》），针对我国电力现货市场进入新阶段的现状，《意见》就推进电力辅助服务市场建设提出具体要求。具体来说，即凸显市场的主导型作用，依靠市场决定售价、依靠市场引导生产消费、依靠市场完善现货交易，从而在提高电力系统自调节水平的同时激发市场活力，遵守清洁低碳发展的要求[35]。2019年11月，国家能源局综合司发布了《关于2019年上半年电力辅助服务有关情况的通报》（以下简称《通报》），分别从电力辅助服务基本情况和各区域电力辅助服务规则执行情况两方面进行了通报（见图1-2、图1-3）。《通报》中指出，全国除西藏外31个省（区、市、地区）参与电力辅助服务补偿的发电企业共4566家，装机容量共13.70亿kW，补偿费用共130.31亿元，占上网电费总额的1.47%[36]。同月，华北能监局就《第三方独立主体参与华北电力调峰辅助服务市场试点方案（征求意见稿）》征求意见，致力于通过建立示范试点来完善电力辅助服务市场的新机制，即由发电侧延伸至负荷侧。文件指出，满足准入条件的第三方独立主体可参与调峰辅助服务市场。具体来说即储能装置、电动汽车（充电桩）、电采暖、负荷侧调节资源等第三方独立主体不仅能以经营主体的身份独立参与市场，也能以聚合的方式参与。同时由代理商分类代理资源参与市场，位于发电侧的储能装置可以独立参与或由所属发电企业代理参与市场，虚拟电厂可以参照聚合的方式，聚合资源参与市场。

储能在调峰调频方面具有突出的优势，辅助服务机制完善能够打开储能盈利空间，有望推动储能加速发展[37]。2020年6月，国家发展改革委和国家能源局发布《关于做好2020年能源安全保障工作的指导意见》，在能源生产供应、能源通道建设、能源储备能力、能源需求管理等方面提出若干措施，进一步完善调峰补偿机制，推动储能技术应用。2020年7月，国家发展改革委、国家能源局联合修订印发《电力中长期交易基本规则》[38]，对完善电力市场建设有利，促进电力行业持续健康发展。随后，国家发展改革委在 7 月 9 日组织召开安排部署2020 年能源迎峰度夏工作的全国电视电话会议，会议要求各地各有关方面重点在改革、增储、安全上下功夫，并且会议强调深化储能和调峰机制改革。辅助服务机制的完善有利于储能发展和技术应用，多个政策提及储能，代表了国家对储能的认可和支持。

可以看出，政府为促进电储能产业发挥其市场机制作用搭建了平台，为储能在辅助服务应用领域提供了多渠道盈利的可能性。通过对多种模式的电储能参与辅助服务的探索，从而推动了储能应用于辅助服务的试点推广力度，为实现储能在电力辅助服务应用领域的大规模商业化奠定了坚实的基础。

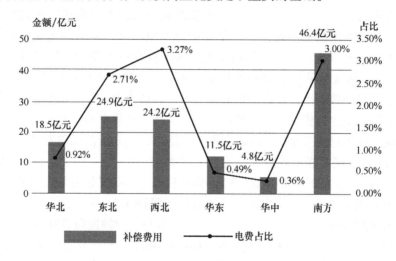

图 1-2　各区域电力辅助服务补偿费用情况

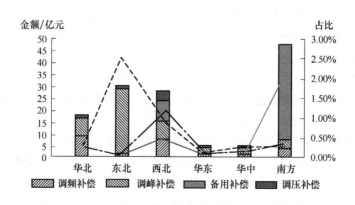

图 1-3　分项电力辅助服务补偿费用

2）新能源汽车产业：从 2009 年起，国家就开始推动新能源汽车产业的发展，目前新能源汽车发展已初现规模，政策也做出相应调整。2019 年 12 月，工业和信息化部发布了《新能源汽车产业发展规划（2021—2035）年》（征求意见稿），旨在完善法规标准制定以及维护市场秩序。同时该规划也落实了汽车领域开放时间表、路线图，以加快融入国际市场。这个时期的政策已经不再对动力电池的性能指标做具体的设计引导，而是强调企业在技术路线选择、产品产能布局等方面的主体地位，未来车企将更多依据消费者的实际需求来选择技术路线[39]。该规划作为发展新能源汽车的纲领性政策，指明了未来十五年新能源汽车的发展方向和发展目标[40]。进一步明确新能源汽车发展路径和政策支撑，将减少资源消耗率作为发展目标，以更具活力的政策激励企业自主创新。

虽然新能源汽车已进入后补贴时代，但市场的销售情况仍然与国家补贴政策密切挂钩。2019 年 11 月，工信部发布关于拟撤销《免征车辆购置税的新能源汽车车型目录》名单的公示，其中共有 141 款新能源汽车：插电式混合动力车 13 款、纯电动车 125 款、燃料电池车 3 款（见表 1-6），通过逐步减少国家补贴以鼓励新能源汽车过渡至自盈利阶段。紧随其后工业和信息化部又发布关于实施《电动汽车用动力蓄电池系统热扩散乘员保护测试规范（试行）》，要求自 2019 年 11 月 12 日起，按通知中的要求开展试行工作的车辆生产企业应加强对相关新能源汽车产品的安全监测。对新能源汽车产品的准入，企业可自愿按《热扩散测试规范》增加热扩散测试项目，提交由第三方检测机构出具的检测报告，以保障乘员的安全性。

表 1-6　免征车辆购置税的 3 款燃料汽车

企业名称	车辆型号	产品名称
东风汽车集团有限公司	EQ6100CACFCEV	燃料电池城市客车
中通客车控股股份有限公司	LCK6900FCEVG2	燃料电池城市客车
上海申龙客车有限公司	SLK6750GFCEVZ	燃料电车客车

2020 年全国两会政府工作报告提出，增加充电桩、换电站等设施，推广新能源汽车。5 月，工业和信息化部、国家税务总局发布《免征车辆购置税的新能源汽车车型目录》（第三十二批），包括 283 款车型，其中含乘用车 52 款（纯电动乘用车 49 款，插电式混合动力乘用车 3 款）。6 月，工业和信息化部装备工业发展中心发布《关于开展新能源汽车安全隐患排查工作的通知》，称为进一步提高新能源汽车安全运行水平，推动新能源汽车安全标准规范建设，促进产业安全健康发展，请各新能源汽车生产企业及动力电

池供应商对生产的新能源汽车开展安全隐患排查工作。这些政策不仅为新能源动力电池提供了商业化落地的机遇期,同时也对新能源汽车产品的安全规范做出了要求[41]。

面对不断扩大的新能源市场,我国的政策重点已经从生产端转向使用端,从扶持补贴阶段过渡到培育独立的消费市场,这些政策不仅为新能源动力电池提供了商业化落地的机遇期,同时也对新能源汽车产品的安全规范做出了要求[42]。

3)电价改革:国家发展改革委自 2018 年发布《关于创新和完善促进绿色发展价格机制的意见》以来,目前我国在利用峰谷电价差、辅助服务补偿等市场化机制方面都更加完善[43]。今年 4 月,《关于完善光伏发电上网电价机制有关问题的通知》的发布进一步加快了电价改革的进程,完善了集中式光伏发电上网电价形成机制,明确分布式光伏发电项目补贴标准,还将集中式光伏电站标杆上网电价改为指导价。该通知强调了应逐渐减少对分布式光伏发电给予的补贴帮助,同时逐渐以"自发自用、余量上网"的模式运营。从而引导在新能源方面的投资引商更加具有科学性、合理性、有效性[44]。5 月,国家发展改革委、国家能源局发布了《输配电定价成本监审办法》,明确了电储能设施等费用不计入输配电。随后,国家发展改革委于 10 月正式印发了《关于深化燃煤发电上网电价形成机制改革的指导意见》(以下简称《意见》),《意见》强调要发挥市场的主导性作用来完善辅助服务电价的形成机制。即通过市场对资源分配的决定性作用,使燃煤机组参与调峰、调频、备用、黑启动等辅助服务电价的制定,从而增加对燃煤发电成本的补偿,以及保障电力系统处于正常的运行状态[45]。针对某些燃煤机组利用小时数较小的地区,《意见》提出了解决方案,即通过市场灵活性制定容量电价和电量电价,完善对容量补偿机制的建立[46]。《意见》因此提出了具体方案:第一,把原有的标杆上网电价方案变为"基准价+上下浮动"的市场化定价方案。第二,将仍执行原有标杆电价机制,但是对满足市场交易条件的燃煤发电量的上网电价进行变动,改为在以市场主导的"基准价+上下浮动"范围内形成。第三,针对仍采用燃煤发电的居民以及农业用户,其用电价格仍按基准价执行。第四,对于已经根据交易市场而形成的上网电价,其燃煤发电电量仍按照目前的市场化规则施行。第五,在形成燃煤发电上网电价的机制之后,现行煤电机制停止实施[47]。

电价机制作为市场机制的核心,尽管电价调整可能会带来很多不确定性,但电价改革仍是缓解电力供需矛盾的主要手段,有了储能配置为电力市场的消纳提供助益,同时充分发挥市场的主体性配置作用,都为实现电力市场化交易绿色发展奠定了基础。

4)电池梯级回收体系:电池梯级利用指的是将容量不足 80% 的电池重新改造,以再次应用于储能领域的技术。具体来说,就是资源再生利用的手段之一,通过对目标电池进行破碎、拆解以及冶炼等改造来达到对镍、钴、锂等资源的再次利用[48]。中国汽车技术研究中心经过考虑汽车报废年限、动力电池寿命等因素综合得出，预计在 2018—2020 年，全国累计退役车用电池数量将达 12 万~20 万吨；到 2025 年报废量或达 35 万吨左右。针对退役电池庞大的回收规模，在 2012 年，国务院发布了《节能与新能源汽车产业发展规划（2012—2020 年）》，重点强调了制定电池回收利用管理办法的必要性，同时也敦促各个相关部门建立退役电池梯级利用和回收的方案。近几年来，国家发展改革委、工业和信息化部等部门陆续发布《生产者责任延伸制度推行方案》《电动汽车动力蓄电池回收利用技术政策（2015 年版）》《新能源汽车动力蓄电池回收利用管理暂行办法》《新能源汽车动力蓄电池回收利用溯源管理暂行规定》等指导性政策，这些政策的发布以及落实为电池梯级利用技术的发展指明了方向，同时推动了电池回收价值的更好转化，梳理了电池回收产业链上下游的责任分摊，为实现电池梯次回收商业化奠定了坚实的基础[49]（见表 1-7）。

表 1-7　梯次回收政策汇总

时间	发布部门	政策	要点
2016	国家发展改革委和工业和信息化部	《电动汽车动力蓄电池回收利用技术政策（2015 年版）》	对电动汽车动力电池的设计生产、回收主体、梯次利用及再生利用等做出了具体规定
2018.01	工业和信息化部、科学技术部、交通运输部等	《新能源汽车动力蓄电池回收利用管理暂行办法》	对新能源汽车生产企业提出回收处理退役电池的要求，同时推进完善回收处理退役电池的机制
2018.07	工业和信息化部	《新能源汽车动力蓄电池回收利用溯源管理暂行规定》	要求搭建追踪管理平台，尤其是在电池生产、销售、使用、报废、回收等各个环节收集信息并实时监测
2018.09	工业和信息化部	《新能源汽车废旧动力蓄电池综合利用行业规范条件》企业名单（第一批）	体现出国家对提高回收利用退役车用电池相关企业的规范程度的要求，同时要求回收电池的行业加快商业化进程
2019.09	工业和信息化部节能与综合利用司	《新能源汽车动力蓄电池回收服务网点建设和运营指南》（征求意见稿）	要求完善退役车用电池以及梯次利用的服务站建设，同时还要考虑到安全问题
2019.09	工业和信息化部节能与综合利用司	《新能源汽车废旧动力蓄电池综合利用行业规范条件》（修订征求意见稿）	旨在促进梯次利用的综合企业加大在基站备电、储能、充换电等领域的应用，以此提高经济收益

（续）

时间	发布部门	政策	要点
2019.09	工业和信息化部节能与综合利用司	《新能源汽车废旧动力蓄电池综合利用行业规范公告管理暂行办法（修订征求意见稿）》	鼓励退役车用电池实施梯次利用，以更好地适应新能源行业发展新形势

  国家数个梯次回收政策的发布，已经表明国家对梯次回收利用的重视程度。2019年，国家发展改革委颁布了《铅蓄电池回收利用管理暂行办法》，旨在建立铅蓄电池回收利用协作机制。该政策的发布具体化了铅蓄电池的回收目标，即在2025年底之前，其回收率应保持在60%及以上的水平[50]，与此同时，政府鼓励将铅蓄电池生产企业与退役铅蓄电池回收利用企业合作，以实现最终的回收目标。在规范铅蓄电池的回收管理机制后，工业和信息化部节能与综合利用司在9月发布了对2016年版修订后的《新能源汽车废旧动力蓄电池综合利用行业规范条件（修订征求意见稿）》以及《新能源汽车废旧动力蓄电池综合利用行业规范公告管理暂行办法（修订征求意见稿）》[51]，修改内容主要涉及对镍、钴、锰、锂等主要有价金属的综合回收率指标。同时修改方案还强调对退役车用电池进行筛选重组，通过加大其在基站备电、储能、换电等领域的应用率提升综合利用的收益[52]。此外，工业和信息化部还强调了完善梯次回收体系的必要性，保障退役梯次产品的规范回收。对此，工业和信息化部近日发布了《新能源汽车动力蓄电池回收服务网点建设和运营指南》（以下简称《指南》）。《指南》指明了建立收集型回收服务站的重要性，尤其是针对新能源汽车生产商以及致力于梯次利用的相关企业，这些企业可以通过在其新能源汽车销售和电池梯次利用的应用区域（至少地级）内建立服务站点，以更好地掌握对退役电池的追踪管理[53]。通过政府对梯次回收政策发布频率的密集程度，可以看出国家层面对完善梯次回收管理体系的决心之大，这些政策更好地发挥了信息技术的作用，完善了动力电池信息管理平台，实现了对退役电池来源可溯、去向可查、状态可知。针对退役电池梯次回收难处理的问题，提供了新的创新模式解决方法，从而使回收服务网点、梯次利用生产企业等形成健康共享的循环利用生态链，从而提升回收效益。

  伴随着诸多政策的落地以及各地政府的跟进，动力电池在储能领域梯次利用的商业价值又引起强烈重视。工业和信息化部着手展开建立车用电池回收利用试点工程，以助推各致力于汽车制造、电池生产及利用的企业建设储能领域的梯次利用示范工程[54]（见表1-8）。这些示范项目对于实现削峰填谷以及削弱弃光率具有极大的意义，同时这些示范项目也是对电池储能的安全性、节能减排和提高电网经济性等优势的极大认可。

表1-8　梯次利用示范工程

企业单位	示范工程	要点
国家电网	北京大兴建立 100kW·h 梯次利用锰酸锂电池储能系统示范	组建了退役电池分选评估技术平台，制定电池配组技术规范
国家电网	张北建立 1MW·h 梯次利用磷酸铁锂电池储能系统示范	研制了高效可靠的电池管理系统
北京匠芯	梯次利用光储能系统	建设基于大数据的动力蓄电池包（组）评估系统
北京普莱德与北汽等合作	储能电站项目、集装箱式储能项目	累计梯次利用量约 75MW·h
中国铁塔	开展梯次利用电池备电应用	突破了电池成组、容量综合评估等一批梯次利用关键技术
深圳比亚迪、国轩高科等	生产用于备电领域的梯次利用电池产品	利用退役动力蓄电池
无锡格林美与顺丰公司	将梯次利用电池用于城市物流车辆	—
中天鸿锂	通过"以租代售"模式推动梯次利用电池在环卫、观光等车辆的应用	—

目前来看，中国铁塔公司正积极响应梯次利用的号召。从 2018 年开始，中国铁塔公司已将其旗下约 200 万个基站的全部电池都采用了车用退役电池。同时，除了备用电源，在削峰填谷[55]、新能源发电和电力动态扩容等方面都采用了车用退役电池。此外，中国铁塔公司表示，到 2020 年该公司可接纳 1000 万辆电动汽车产生的退役电池。在电网储能领域，梯次电池应用的试点也在逐步增多，2018 年 3 月，江苏电力第二批电网侧储能的招标项目中，就包括了 20MW/75MW·h 的梯次利用储能电站。此外，备受瞩目的雄安新区对外发布了储能电站项目招标，采用电动汽车退役梯次电池建储能电站。雄安公司筹备组作为此次招标人，对外明确发布了其在储能领域的规划：初步规划每个区、县、小城镇均配置 1 个储能电站，每个储能电站规模在 10MW/40MW·h 左右，总体规模在 500MW/2000MW·h 左右。近 2GW·h 的调峰调频电站规划，全部采用电动汽车退役梯次电池。而此次雄安新区的储能电站规划，则是目前为止规划规模最大的以退役电池为主的电网侧储能电站项目。与雄安新区发布储能电站招标的同时，北汽集团旗下的北汽鹏龙动力电池梯次利用项目奠基仪式在河北沧州举行。

如此密集的行动计划已显示出梯次利用在储能领域尤其是在电池储能电站所发挥出的价值[56]，对电池梯次利用不仅可以降低储能电站的投资建设成本，同时使得电池利用效益最大化,对减少环境污染具有极大意义。而这些示范工程的探索也为实现规模化利用退役电池、最大化电池经济效益提供了现实基础,这些行动计划的落地更为之后电池储能电站商业化奠定了工程基础。

5) 5G 基建:随着储能技术的不断发展,具有高利用率、小型化等特点的新型储能系统会填补基站储能技术的空白,保证基站供电的稳定性。5G 宏基站功率大,覆盖范围广,一般建设在室外,需要储能系统作为备用电源,以保证供电的稳定性[57]。随着一系列 5G 基建政策发布(见表 1-9),5G 基建不断发展,同时,促进了电池储能技术发展。2020 年初中央密集部署"新基建",20 天内 4 次提及相关内容,其中 2 次提及 5G 网络。可以看出,国家重视 5G 基建发展。

表 1-9 5G 基建政策

时间	部门	政策	内容
2016	国务院	《"十三五"国家信息化规划》	开展 5G 研发试验和商用,主导形成 5G 全球统一标准
2017	国家发展改革委办公厅	《关于组织实施 2018 年新一代信息基础设施建设工程的通知》	以直辖市、省会城市及珠三角、长三角、京津冀区域主要城市等为重点开展 5G 规模组网建设
2018	工业和信息化部、发展改革委	《扩大和升级信息消费三年行动计划(2018-2020 年)》	加快第五代移动通信(5G)标准研究、技术试验,推进 5G 规模组网建设及应用示范工程
2019	工业和信息化部、国资委	《关于开展深入推进宽带网络提速降费 支撑经济高质量发展 2019 专项行动的通知》	指导各地做好 5G 基站站址规划等工作
2020	工业和信息化部	《关于推动 5G 加快发展的通知》	加大基站站址资源支持

5G 进入商用化阶段,主流运营商注重 5G 网络部署[58]。与 2019 年相比,2020 年中国移动、中国电信、中国联通三大运营商 5G 投入成倍提高。通信基站储能不仅能作为备用电源,也可能在电网负荷低的时候用于储能,在电网高负荷的时候输出能量,用于调峰调频,减轻电网波动,保证通信基站平稳运行。截至 2020 年 5 月底,上海累计建设 2 万个 5G 室外基站,2.2 万个 5G 室内小站。根据国家无线电办公室 4 月份的统计数据,上海已建 5G 基站数量在国内所有城市中排第一。2020 年上半年,北京通信行业就 5G 基建方面取得成效,截至 2020 年 6 月底,全市累计开通 36420 个 5G 宏站,新建 2477 套 5G 室内分布系统,发展 366.64 万户 5G 用户。2020 年以来,河北省通信管理局推动加快 5G 发展步伐,2020 年上半年,河北省新建 9440 个 5G 基站。2020 年上半年,重庆市信息通信业推动 5G 基础设施建设,截至 2020 年 7 月 1 日,新建 3.2 万个 5G 基站。

通过 5G 基建领域发展现状可以看出国家对 5G 基础设施建设的支持，同时 5G 基站的大规模建设也带动了储能电池的需求，进一步推动了储能技术和产业发展。

2. 储能"十四五"发展政策

碳达峰目标是指我国承诺在 2030 年前二氧化碳排放量不再增长，并且达到峰值后逐年降低；碳中和是指在 2060 年前二氧化碳整体排放量与吸收量相互抵消，实现二氧化碳"零排放"。碳中和目标的实现离不开可再生能源的大规模装机应用，但可再生能源发电具有间歇性、波动性和随机性，导致电力系统的灵活性调节能力面临更高的要求[59]，电能质量面临更大的挑战，而先进储能技术作为平抑新能源波动、提升消纳能力的主要途径备受关注。

"十三五"时期储能技术不断取得进展，储能电站装机规模持续扩大，储能技术也完成了从技术研发到商业化初期的目标。2020 年 12 月召开的 2021 年全国能源工作会议提到，要大力提升新能源消纳和储存能力，着力构建清洁低碳、安全高效的能源体系。发展储能经济是我国电力行业发展一项重大战略，储能对于促进能源转型方面起着至关重要的作用，"十四五"时期，我国已开启全面建设社会主义现代化国家新征程，为实现碳达峰碳中和这一目标，必须利用储能进行能源消纳，国内也出台了相应政策，将发展新型储能作为提升能源电力系统调节能力、综合效率和安全保障能力的重要措施，支撑新型电力系统建设，推动储能高质量发展。2021 年是碳中和元年，为了稳步推进"双碳"目标，"十四五"规划进一步提出完善能源消费强度和消费总量的"双控"制度，重点控制化石能源消费，2025 年单位 GDP 能耗和碳排放比 2020 年分别降低 13.5%、18%[60]。国务院对"双控"工作进行整体把控，并将"双控"目标分解下放到了全国各个地区。随着减少碳排放成全球共识，全球能源转型迫在眉睫。近年来，在新能源替代化石能源的进程中，储能市场迎来爆发式增长。2021 年 3 月，中央财经委员会第九次会议提出，构建以新能源为主体的新型电力系统。新型储能技术基本满足新型电力系统基本需求，对今后电力系统稳定、高效运行具有重要意义。2021 年 4 月，国家发展改革委、国家能源局发布《关于加快推动新型储能发展的指导意见（征求意见稿）》，进一步推动了新型储能技术的发展和应用，其中提及到 2025 年，实现新型储能从商业化初期向规模化发展的转变，并且新型储能装机规模要达到 3000 万 kW 以上，接近当前新型储能装机规模的 10 倍，该发展前景和市场规模给行业带来了巨大信心，促进新型储能全面市场化发展，为支撑"碳达峰碳中和"目标留出充分的预期空间。7 月 23 日，国家发展改革委、国家能源局正式联合发布《关于加快推动新型储能发展的指导意见》，这是国家层面首次明确提出量化的储能发展目标。国家发展改革委发布的《关于进一步完善分时电价机制的通知》要求进一步完善峰谷电价机制，合理确定峰谷电价差，统筹考虑当地电力供需状况、新能源装机占比等因素，科学划分峰谷时段，合理确定峰谷电价价差，规定系统峰谷差率超过 40% 的地方，峰谷电价价差原则上不低于 4∶1；其他地方原则上不低于 3∶1，对于尖峰电价也有尖峰电价在峰段电价基础上上浮比例原则上不低于 20% 的规定。峰谷价差套利作为目前储能产业最广泛最重要的商业模式，进一步拉大尖峰电价，无疑是对储能产业发展起到至关重要的作用。除此之外，为鼓励发电企业市场化参与调峰资源建设，2021 年 8 月 10 日，国家发展改革委、国家能源局正式发布《关于鼓励可再生能源发电企业自建或购买调峰能力增加并网规模的通知》，鼓励发电企业通过自建或者购买调峰储能能力的方式，增加可再生能源发电装机并网规模。在配比要求方面规定，超过电网企业保障性并网以外的规模初期按照功率 15% 的挂钩比例（时长 4h 以上）配建调峰能力，按照 20% 以上挂钩比例进行配建的优先并网。为推进源网荷储一体化和多能互补发展，设置负荷备用容量为最大发电负荷的 2%~5%，事故备用容量为最大发电负荷的 10% 左右，其中对于区外来电、新能源发电、不可中断用户占比高的地区，适当提高负荷备用容量；加强与电力市场的衔接，要求电力现货市场尚未运行的地方，电力中长期市场交易合同未申报用电曲线或未形成分时价格的，结算时购电价格应按目录分时电价机制规定的峰谷时段及浮动比例执行。新型市场主体包括储能装置、电动汽车（充电桩）、虚拟电厂及负荷侧各类可调节资源，可按照经营主体独立参与市场，也可通过聚合商以聚合方式（虚拟电厂）参与市场。允许可跨省聚合资源的区域性聚合商以分省聚合资源的方式参与市场。为确保市场运行平稳有序，初期对新型市场主体市场申报价格设立限价，省间调峰辅助服务报价不低于 120 元/MW·h。可以看出国家高度重视新型储能技术在推动能源领域碳达峰、碳中和过程中所发挥的重要作用，对今后储能产业的发展具有重要指导意义。随着碳中和目标的明确，能源领域将迎来一场巨大的革命，新能源必将取代传统化石能源，成为能源领域的支柱。

2022 年 3 月 22 日，国家发展改革委、国家能源局印发《"十四五"新型储能发展实施方案》（以下简称《实施方案》）。在"十三五"期间，我国新型储能实现了由研发示范向商业化初期的过渡，基于该背景，《实施方案》对我国"十四五"期间，新型储能规模化、产业化、市场化发展进行了总体部署。《实施方案》分为 8 大部分，包括：总体要求、六项重点任务和保障措施。以下将主要针对 8 大部分中的商业模式创新、规模化发展、多场景应用以及新型储能学科建设 4 个方面具体展开讨论。

（1）商业模式创新

回顾我国储能产业的发展历程，储能产业走过了技术研发、示范应用和商业化初期等 3 个阶段。储能产业在电力调频、调峰、需求响应等辅助服务市场的应用已经初具经济性，但作为一种新兴技术，储能参与市场的价格和机制还不够健全，无法实现其作为商品的属性。这一系列问题也在一定程度上制约了储能的商业化进程。

在电价改革方面，主要针对企业用电方面，进行电价结构优化，其中不仅有通过合理拉大峰谷电价差，建立尖峰电价机制，还有对高耗能企业设置阶梯电价的政策[61]，限制其用电量等政策。例如，2021 年 7 月 26 日，发改价格〔2021〕1093 号《国家发展改革委关于进一步完善分时电价机制的通知》鼓励各地因地制宜，合理拉大峰谷价差，建立尖峰电价机制，充分挖掘需求侧调节能力。此番政策能很好地引导用户侧配置储能以及根据分时电价合理用电。同年 8 月，发改价格〔2021〕1239 号《国家发展改革委关于完善电解铝行业阶梯电价政策的通知》，强调对电解铝等高耗能行业加强加价电费收缴工作，旨在通过政策倒逼企业改变用电模式[62]，提出更加合理规范的价格制度，进一步促进用户侧储能的发展。由此可见，用户侧储能作为优质的可调负荷，将是"十四五"时期市场化发展最好的应用领域之一，具有可观的发展空间[63]。

（2）规模化发展

储能可以解决新能源占比提高问题，但蓄水储能手段由于受到地理位置、占地面积等因素限制，近年来发展缓慢。而电化学储能逐渐受到世界各国重视，国内外纷纷开展示各类电化学储能示范工程项目，应用领域不断拓展的同时，电站规模也不断扩大。

从政策的发布中可以看出，各国正在积极推进大容量电化学储能电站建设。2014 年 11 月，国务院办公厅发布的《能源发展战略行动计划（2014—2020年)》[64]将大规模储能技术列为九大重点创新领域之一，展现了国家对于大规模储能技术的重视态度。2017 年 10 月，五部委联合发布了《关于促进我国储能技术与产业发展的指导意见》（以下简称《指导意见》），成为了我国大规模储能技术及应用发展的首个指导性政策。《指导意见》明确了储能行业发展的两个阶段：在"十三五"期间和"十四五"期间分别实现储能由研发示范向商业化初期过渡和实现商业化初期向储能规模化发展，同时，《指导意见》强调了储能技术应用与发展的规模、成本、寿命等技术问题是我国储能技术保持领先地位的重中之重。2020 年国家能源局发布的《国家能源研发创新平台管理办法》[65]将对储能关键技术的要求上升到了国家能源安全、能源可持续发展以及能源重大工程建设层面。可见，国家对电化学储能产业重视程度不断提高。

随着我国双碳战略的有序推进，百兆瓦级储能电站也拉开了大规模开工建设的帷幕，除江苏、河南、湖南等地已建成的百兆瓦级储能电站外，山西大同、朔州等地的 300MW/600MW·h、400MW/800MW·h 独立储能电站，山东 5 个100MW/200MW·h 共享储能电站也如雨后春笋般相继破土动工。与之配套的落地政策也接踵而至，既有储能可独立参与调峰、调频的合法身份，又有储能设施利用小时数不低于540h的最低保障；既有允许发电企业可以投资建设新能源配套送出工程，又有同一企业集团储能设施可视为本集团新能源配置储能容量；既有峰谷电价价差原则上不低于4：1，又有全国碳排放权交易市场的开放，诸如之类的利好政策不胜枚举，为百兆瓦级储能电站的普及推广奠定了坚实的基础。但现有电站因投资主体、归属权不同，导致多个百兆瓦级电化学储能电站之间难以协同控制，无法充分发挥电站汇聚效应，而吉瓦级电化学储能电站是解决该问题的首选。

吉瓦级电化学储能电站可被定义为：在同一区域电网内，可以由电网进行统一调度的集中或分布式电化学储能容量达到吉瓦级。其主要特征为：①容量达到吉瓦级；②同一区域电网；③受统一调度。针对未来储能装机缺额，吉瓦级储能电站是一种可行的解决手段，推进吉瓦级电化学储能电站建设已迫在眉睫[66]。

吉瓦级电化学储能电站的建设仍然面临着许多难题。吉瓦级电化学储能电站系统集成难度大，运行调控策略实现复杂，目前仍处于摸索阶段。在兆瓦级电化学储能电站由数十兆瓦发展到百兆瓦的过程中，曾遇到过电池选型指标及并网指标不完善、不适宜[67-68]，电站结构中经济性与安全性不平衡[69]，现有应用场景发展及新型应用拓展取舍[70]等问题。因此在电站规模进一步提升至吉瓦级的过程中，吉瓦级电化学储能电站需要借鉴已有的兆瓦/百兆瓦级电化学储能电站运行经验，加强在这些方面的理论分析，才能加快吉瓦级电化学储能电站的建设，推动新型电网格局的形成与稳定运行，贯彻落实国家"四个革命、一个合作"能源安全新战略。2020年青洽会、国网综能集团/中国诚通集团与青海市政府分别签署吉瓦级电化学储能电站战略合作协议，为吉瓦级电化学储能电站奠定了坚实基础。

（3）多场景应用

目前，储能在我国电力市场有5个应用领域：电源侧、集中式可再生能源并网、辅助服务、电网侧、用户侧[71-72]。根据CNESA的数据，截至2017年底，全球电化学储能项目在电源侧、集中式可再生能源并网、辅助服务、电网侧、用户侧的占比分别为4%、28%、34%、16%和18%，2017全球电化学储能项目应用分布如图1-4所示，其中可再生能源并网的累计装机规模达到820.8MW，占全球累计投运电化学储能规模的28%，与2016年相比增幅达36.6%。目前，集中可再生能源并网项目已经初具规模，辅助服务和电网侧项目也迎来新的发展。

1）电源侧：储能在发电领域的应用集中在辅助动态运行和取代或延缓新建机组，主要凭借储能技术的快速响应能力来提高辅助动态运行时的火电机组的效率，并减少碳排放以及设备维护和更换的费用，以避免动态运行对机组寿命的损害，同时降低或延缓对新建发电机组容量的需求。

2）用户侧：用户侧储能主要应用于用户分时电价管理、容量管理以及电能质量调节等方面，是帮助电力用户实现分时段电价管理的主要手段。用户在电价较低时对储能系统充电，在高电价时放电。用户在自身用电负荷较低的时段对储能设备充电，在高负荷时，利用储能设备放电，从而降低自己的最高负荷，达到减低容量费用的目的，提高供电质量和可靠性[73]。

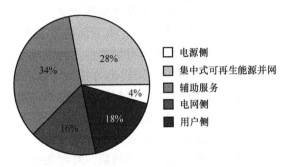

图 1-4   2017 全球电化学储能项目应用分布

3）电网侧：2019 年是储能产业发展速度很快的一年，全国很多省市都出台相应的政策来保证储能技术在电力系统中的主导地位，储能市场发展潜力无限，产业结构也随之发生变化，储能技术的应用已经从用户侧转为电网侧发展，并主要以电网侧为主。2018 年新增投运的电网侧储能规模为 206.8MW，居各种储能类型之首[74-75]。

电网侧储能增长还要从 2018 年夏季镇江的"用电危机"谈起，由于夏季的用电高峰以及天然气项目停滞，电网侧的电化学储能受到了江苏国网的重视，这一举动导致电网侧储能在这之后的一段时间内发展迅速，就在这段时间，江苏镇江的电化学储能电站集群应运而生。有了镇江储能电站的开端，全国其他地区也开始重视电网侧储能电站的发展，电网侧储能在 2018 年的崛起不是偶然的，是由多种因素共同驱动的。

电网侧储能区别于电源侧和用户侧，是应用于输配电领域的储能类型。作为电网中优质的有功无功调节电源，它的主要功能是有效提高电网安全运行水平，实现电能在时间和空间上的负荷匹配，增强可再生能源消纳能力，在电网系统备用、缓解高峰负荷供电压力和调峰调频方面意义重大[76]。在商业模式上，电网侧储能采用的经营模式是租赁的经营模式，就是在建立储能电站后，通过出租容量或者是发电量，电网公司支付租赁费用，规则和期限各不相同，等到租赁期满，该部分资产移交给电网公司，部分条件较好的地区，电网租赁费用较高，项目经济性比较可观。这些因素导致对于电网侧储能的需求增加。已有学者对储能在电源侧[77-79]和用户侧[80-82]的优化配置方法进行了深入研究，但电网侧电化学储能的研究和应用较少，尚处于初步发展阶段。不同于源、荷侧仅解决相关应用

21

场景下的容量配置问题，电网侧储能的应用需结合区域电网的特性与储能多功能应用需求。

电网侧大规模储能规划中需要考虑储能接入电网中的位置是否恰当，储能作为一个双向电力元件，在电力系统中的接入位置会直接影响系统潮流流向，改变线路负载，影响网络损耗，甚至进而影响系统电压水平。所以，选择合理的布局来提高系统运行安全稳定性尤为关键[83-85]。由于储能技术在电网侧应用尚不具备规模经济性，所以选择合理的配置来提升储能应用的经济性水平也成为重要的研究内容。因此，综合考虑应用需求、储能出力特性与多功能应用的综合经济性，对储能选址与配置方法进行研究，不仅对提高电网侧供电可靠性、电能质量以及新能源发电消纳能力有直接影响，而且从长远来看，更是对促进我国新能源产业发展、转变电力的发展方式等具有重要作用。

而我国电网侧储能技术的应用刚步入发展期，对储能技术在削峰填谷、提升系统可靠性、电网调频等方面的应用正逐步开展中。从各地区的储能行业来看，随着储能在电网侧的技术提升、成本下降，电网侧储能已被纳入国家级政策规划。随着国家对电网侧储能应用的激励和扶持以及电力市场的进一步开放，我国在完善电网侧储能的建设方面也实现了进一步发展。

随着储能行业技术的不断更新，电网侧储能技术已经进入成熟发展期，全球范围内都拥有了商业示范项目。同时，由于电化学储能技术已经实现成本的降低，物理储能已经实现材料的改进，新型储能技术完成了技术上的更新，储能技术取得了实质性的发展与进步。从整个储能应用规模来看，物理储能技术在现代储能技术中发展较成熟，规模最大，电化学储能技术应用最为广泛，发展前景最好，是未来全球储能开发的核心内容。

随着相关政策的出台，近几年投入的电网侧示范项目也应运而生，如表1-10所示。2018年建成的江苏镇江电网侧百兆瓦级储能电站，为电网侧储能电站的规划设计、施工建设、运行控制、消防保障等提供了有力的工程借鉴作用。在用电负荷急剧攀升的迎峰度夏、迎峰度冬时期，为镇江电网提供紧急供应，有效保障了当地生产生活用电需求，验证了百兆瓦级电网侧储能可根据电网调度需求快速响应、精准动作、双向调节，大大充实了坚强智能电网的灵活调节手段。2018年河南电网100MW/100MW·h电网侧储能电站、江苏镇江101MW/202MW·h电网侧储能电站投运，实现了国内容量最大的电网侧储能站并网运行，用于满足区域电网在调峰、调频、电力辅助服务以及紧急功率支撑[86-87]方面的应用需求；广东电网5MW/10MW·h储能电站，用于缓解电网建设困难区域的供电受限问题，提高供电可靠性，缓解可再生能源发电大规模接入电网带来的调频压力等。2019年，湖南长沙60MW/120MW·h储能电站投运，对该地区削峰填谷的意义重大，不仅大幅度提高了电能的输送效率，同时还有效解决了该地区出力供不应求的状况。在建的甘肃电网 182MW/720MW·h 储能电站，是国内最大、商业化运营的储能虚拟电厂，主要用于平抑新能源电力波动，提升清洁能源外送能力，提高河西区域电网和酒泉至湖南±800kV 特高压直流输电工程调峰调频能力、输电能力和安全稳定性等。江苏电网侧储能在延缓电网建设新增投资方面，对于额定输送容量为 15MW 的配电线路，增配 3MW 储能设备，可延缓 3 年扩容改造。

表 1-10　国内外典型 MW 级电池储能电站

项目名称	电池类型	储能规模	应用功能
美国诺特里斯风力发电场项目	铅酸电池	36MW×15min	风场调频，削峰填谷、电能质量改善
美国普里默斯公司储能电场项目	氧化锌液流电池	25MW×3h	对风场和光伏电站进行削峰填谷
智利安加莫斯 20MW 电池储能电站	锂离子电池	20MW×0.33h	电网调频及备用电源
日本仙台变电站锂离子电池试点项目	锂离子电池	40MW/200MW·h	可再生能源并网、改善电能质量
美国夏威夷风力发电储能项目	铅酸电池	15MW/10MW·h	风电场的调频和出力爬坡控制
智利阿塔卡马电池储能工程	锂离子电池	12MW×0.33h	电网调频及备用电源
中国张北风光储示范工程	锂离子电池	14MW×4.5h	平抑波动、矫正预测误差、削峰填谷
辽宁卧牛石风电场电池储能电站	液流电池	5MW×2h	改善风电电能质量
国网江苏镇江储能电站项目	锂离子电池	101MW/202MW·h	调峰、调频、紧急功率支撑
河南电网 100MW 电池储能示范项目	锂离子电池	100MW/100MW·h	平滑出力曲线，削峰填谷
甘肃 720MW·h 网域大规模储能项目	锂离子电池	182MW/720MW·h	平抑新能源电力波动，提升清洁能源外送能力

4）分布式光伏：分布式储能可应用于源网荷 3 类场景，不同种类的储能适用于不同场景，而在每种场景中，储能的作用也各不相同。配电网侧储能的主要应用有削峰填谷、频率调节和电压调节；分布式电源侧储能的主要应用有平滑功率波动、实现端节点电压控制和增强功率的可调度性；用户侧储能的主要应用有提供不间断电源、改善电能质量和实现需求侧响应。对于分布式电源、配电网和用户，各自有不同的构成要素，需具体分析。3 种场景的构成要素可对储能接入的具体环境有更深入了解，为分布式储能的优化配置建立良好的前提条件。分布

式储能的应用场景和场景构成要素如图 1-5 所示。

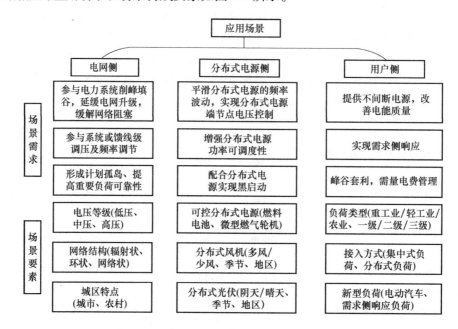

图 1-5　分布式储能的应用场景和场景构成要素

　　分布式储能应用于户用光伏中可实现光伏消纳的最大化,进而保证光伏收益的最大化。安装在基础设施、农村居民以及村委会、社区家庭中的分布式储能系统在满足自身需求的同时可参与电网需求响应,通过低电费充电、高电费放电实现峰谷套利,降低购电费用的同时实现收益最大化。对于电网而言,这种错峰用电可以缓解电网多负荷同时用电的压力,降低线路损耗、延长输电线路寿命。由于储能系统的成本目前还较高,随着政策的扶持可实现分布式储能的平稳发展,实现多方面的经济效益。

　　2013 年 7 月,国务院出台《国务院关于促进光伏产业健康发展的若干意见》,提出大力开拓分布式光伏发电市场,优先支持在用电价格较高的工商业企业、工业园区建设规模化的分布式光伏发电系统;在学校、医院、党政机关、事业单位、居民社区建筑和构筑物等地推广小型分布式光伏发电系统。2021 年 6 月,国家能源局综合司下发《关于报送整县(市、区)屋顶分布式光伏开发试点方案的通知》,明确要开展分布式光伏试点工作,并指出申请试点条件要求为具有丰富的屋顶资源、有较高的开发利用积极性、有较好的新能源消纳能力。并且对党政机关、学校、医院、村委会等基础设施以及农村、工商业等产业提出指标要求:党政机关安装比例不低于 50%,学校、医院、工商业等分别不低于 40%、30%,农村居民屋顶不低于 20%。这一政策涉及工业、农业等多项基础设施产业且屋顶分布式光伏的成本收益差大，实现自发自用的同时还可以实现利润的最大化[88-89]，同时该政策进一步明确了分布式光伏在目前新能源发电中的地位，是使分布式光伏未来屋顶资源深入利用的一项重要途径[90-91]。

全国各地区纷纷响应国家要求开始颁布地区政策法规明确要求各地区建设试点、开发新模式并给予政策性补贴，有的地区提出各基础设施建设屋顶光伏的指标要求，具体如表 1-11 所示。

表 1-11　各地区屋顶分布式光伏政策

政策内容	省区（市）
开展试点	甘肃、河北、山西、青海、河南等
明确容量	新疆、浙江、内蒙古、上海、辽宁
开发新模式	福建、山东、江苏

福建、广东、陕西、江西、甘肃、安徽、浙江等 10 余省已陆续下发了《关于开展分布式光伏整县推进试点工作的通知》《关于开展户用光伏整县集中推进试点工作的通知》《推进屋顶光伏发电建设三年方案》等文件，各省提出因地制宜试点推进方案，按照"宜建尽建"原则，大力推动开发屋顶光伏发电发展。例如，山西平陆县 2.79GW 光伏 175MW 整县分布式项目、陕西丹凤县签约335MW 整县屋顶分布式及农光互补项目，这些项目利用农村屋顶资源丰富这一特性开展试点工作。北京市党政机关屋顶分布式光伏发电项目也已并网使用，据测算该项目年平均发电量约为 11.6 万 kW·h，在减少财政支出的同时可以顺应"双碳"的背景[92-94]。

屋顶分布式光伏不光应用在党政机关、村民等小型用电场所下，应用于政府大楼以及地铁站、火车站等大型用电场所带来的经济效益也很可观，例如，刚刚建成的京雄城际铁路雄安站采用的是屋顶分布式光伏，项目采用"自发自用、余电上网"模式，总装机容量 6MW，每年可为雄安高铁站提供 580 万 kW·h 清洁电力供应。

由于不同地区的资源分布、利用率具有差异性，所以对于政策的解读大有不同，不同的地区因地制宜，采取不同的措施保证整县分布式光伏的发展。而且不同的行业、地区对于屋顶光伏选取的标准具有差异性。对于农村来说，由于农村人口基数大，但相较于城市来说人口密集程度低，安装屋顶光伏主要看中的是其可以"自发自用""余量上网"产生一定的收益这一特点。相较于农村来说，工商业开展屋顶光伏除了看中其具有可观性收益这一特点外还可以节约成本，随着光伏组件价格的下调，光伏发电成本降低，各种大中小型企业为了实现利润最大化选择比购电成本低的光伏自发电，进而推动了屋顶分布式光伏的发展[95-96]。

（4）新型储能学科建设

随着"碳达峰、碳中和"战略以及"两个一体化"战略的强力推进，储能作为促进风电、光伏等可再生能源消纳的有效手段，市场前景广阔。与此同时，"十四五"国家重点研发计划启动实施"储能与智能电网技术"重点专项，共有6个技术方向，21个指南任务，与电池储能技术相关的共涉及3个技术方向，7个指南任务，凸显出国家对储能技术发展的重视程度。

当今世界各国的竞争，本质上是人才的竞争，国家安全、经济社会发展都离不开创新型人才。面对以新技术、新产业、新业态和新模式为特征的新经济，2017年，教育部提出"新工科"发展规划，旨在树立工程教育新理念、新结构、新模式、新体系[97]。其中，培养学生解决复杂和不确定性工程问题是我国高等工程教育的一项重要内容，也是全世界工程教育所面临的共同课题，因为没有两个工程项目完全相同[98-100]。因此，在产业融合、能源转型的背景下，培养高素质、强基础、创新型的杰出工程人才已成为高等工程教育的重要任务。

储能产业的迅猛发展与储能领域专业人才短缺的矛盾日益突出，建设和发展储能学科已成为国家重大战略需求[101-102]，需加快培养储能领域"高精尖"人才。

近年来国家颁布了一系列涉及储能学科的相关文件[103]，促进储能可持续发展，如图1-6所示。储能调节灵活、布点便利，能够促进风电、光伏等可再生能源消纳，有利于建设以新能源为主体的新型电力系统[104]。为推动新型储能快速发展，国家发展改革委、国家能源局发布《关于加快推动新型储能发展的指导意见》。大规模储能是国家战略，为使其更高效安全发挥作用，就必须在现有技术的基础上不断进行创新，而储能领域人才培养对储能技术创新至关重要。

高校是人才培养的核心阵地，多所高校响应国家号召，更加紧密对接国家能源发展战略的需求，大力推进储能学科建设，积极培养储能领域"高精尖"人才。继2020年西安交通大学开设"储能科学与工程"专业后，2021年又有25所学校设置"储能科学与工程"专业，如图1-7所示。储能学科作为一门新兴交叉学科，需加强学科间的交叉融合，以国家重大需求为导向，研究储能领域相关知识。其中，在储能学科建设方面起步较早的西安交通大学，联合学校6个理工类优势学院共同建设，配备高质量科研教学团队，集学科优势与校企联合制优势，推动储能专业发展，为我国储能学科建设工作进行了有益尝试。厦门大学、华北电力大学、中国石油大学（北京）、长沙理工大学等高校整合多个学院的优势师资力量，进行储能学科建设。此外，北方工业大学、同济大学等高校也积极进行储能领域相关研究，与众多大型企业良好合作，为储能专业进入高校教育体系打下了坚实基础[105]。由此可见，储能学科是一门综合性较强的学科，需建立健全储能学科体系，加强储能领域师资队伍建设。

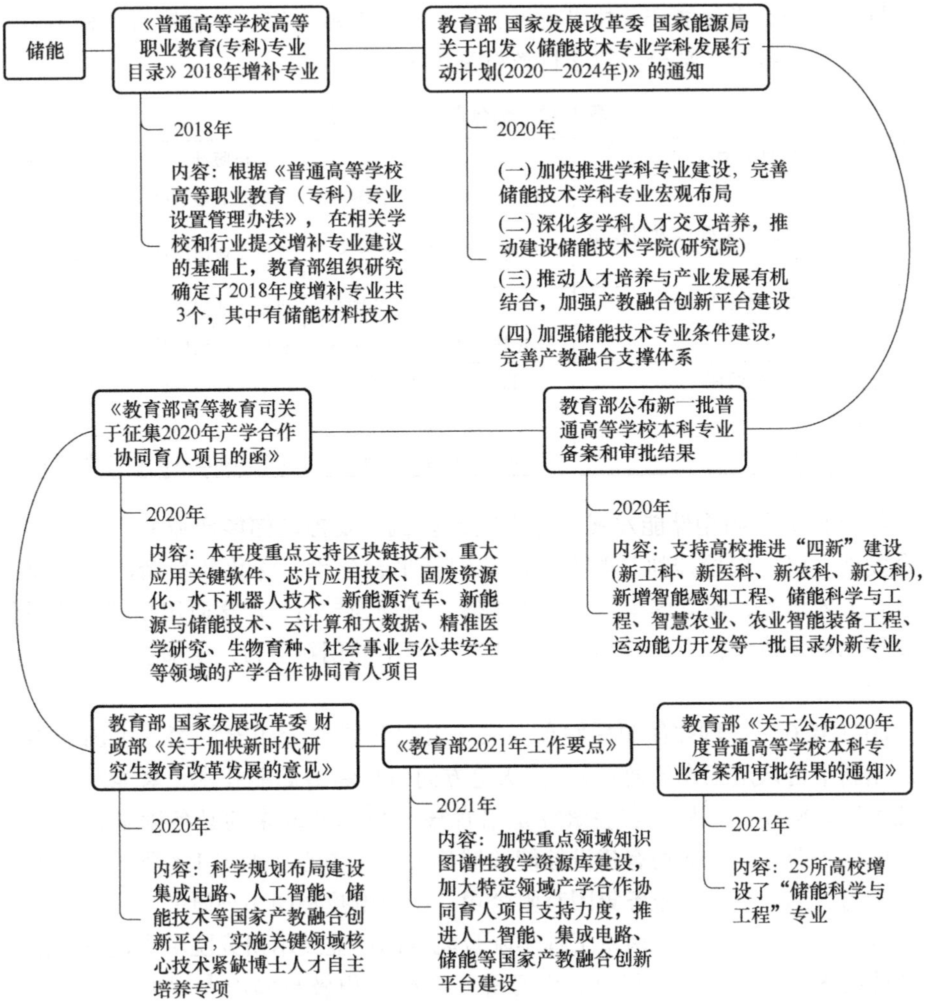

储能
《普通高等学校高等职业教育(专科)专业目录》2018年增补专业
2018年
内容：根据《普通高等学校高等职业教育（专科）专业设置管理办法》，在相关学校和行业提交增补专业建议的基础上，教育部组织研究确定了2018年度增补专业共3个，其中有储能材料技术
教育部 国家发展改革委 国家能源局关于印发《储能技术专业学科发展行动计划(2020—2024年)》的通知
2020年
(一) 加快推进学科专业建设，完善储能技术学科专业宏观布局
(二) 深化多学科人才交叉培养，推动建设储能技术学院(研究院)
(三) 推动人才培养与产业发展有机结合，加强产教融合创新平台建设
(四) 加强储能技术专业条件建设，完善产教融合支撑体系
教育部公布新一批普通高等学校本科专业备案和审批结果
2020年
内容：支持高校推进“四新”建设(新工科、新医科、新农科、新文科)，新增智能感知工程、储能科学与工程、智慧农业、农业智能装备工程、运动能力开发等一批目录外新专业
《教育部高等教育司关于征集2020年产学合作协同育人项目的函》
2020年
内容：本年度重点支持区块链技术、重大应用关键软件、芯片应用技术、固废资源化、水下机器人技术、新能源汽车、新能源与储能技术、云计算和大数据、精准医学研究、生物育种、社会事业与公共安全等领域的产学合作协同育人项目
教育部 国家发展改革委 财政部《关于加快新时代研究生教育改革发展的意见》
2020年
内容：科学规划布局建设集成电路、人工智能、储能技术等国家产教融合创新平台，实施关键领域核心技术紧缺博士人才自主培养专项
《教育部2021年工作要点》
2021年
内容：加快重点领域知识图谱性教学资源库建设，加大特定领域产学合作协同育人项目支持力度，推进人工智能、集成电路、储能等国家产教融合创新平台建设
教育部《关于公布2020年度普通高等学校本科专业备案和审批结果的通知》
2021年
内容：25所高校增设了“储能科学与工程”专业

图 1-6　部分储能学科方面相关文件

储能科学与工程
西安交通大学
华北电力大学
天津大学
厦门大学
中国石油大学(华东)
武汉理工大学
哈尔滨工业大学
辽宁科技大学
东北电力大学
南京工程学院
福州大学
长沙理工大学
大理大学
北京科技大学
中国石油大学(北京)
中国矿业大学
山东大学
华中科技大学
重庆大学
河北建筑工程学院
沈阳工程学院
上海理工大学
江苏理工学院
福建师范大学
西南石油大学
青海大学

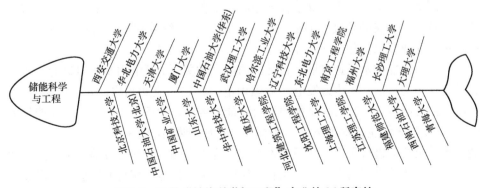

图 1-7　设置“储能科学与工程”专业的 26 所高校

同时，为促进储能产业技术发展，国内储能领域专家、学者撰写了相关研究方向的一系列教材，部分储能学科教材见表 1-12。

表 1-12　部分储能学科教材

教材名称	作者	出版社	出版年份
储能技术	梅生伟、李建林、朱建全	机械工业出版社	2022.6
全钒液流电池储能系统建模与控制技术	李鑫、李建林、邱亚等	机械工业出版社	2020.11
电池储能系统调频技术	李建林、黄际元、房凯等	机械工业出版社	2018.9
大规模储能技术	李建林、惠东、靳文涛等	机械工业出版社	2016.7
储能技术发展及路线图	陈海生、吴玉庭等	化学工业出版社	2020.10
电力储能技术及应用	唐西胜、齐智平、孔力	机械工业出版社	2020.3
储能技术及应用	丁玉龙、来小康、陈海生等	化学工业出版社	2018.7

《"十四五"新型储能发展实施方案》强调，要推动储能产业的产学研用的融合发展，以"揭榜挂帅"等方式推动创新平台建设，深化新型储能学科建设和复合人才培养；建立健全以企业为主体、市场为导向、产学研用相结合的绿色储能技术创新体系，充分释放平台、人才、资本的创新活力，增加技术创新的内生动力。

2021 年 6 月，国家能源局发布《关于组织开展"十四五"第一批国家能源研发创新平台认定工作的通知》，其认定方向包括新型储能技术、氢能及燃料电池技术等。储能技术相关实验研究是培育核心技术和成果的必备因素，发电企业、电网企业、高校等均有建设储能领域相关技术中心。如图 1-8 所示，北方工业大学与国网综合能源服务集团有限公司、国家电投集团中央研究院合作成立了储能技术工程研究中心，南京工程学院智能电网产业技术研究院牵头建设了南京市储能技术与高效应用工程研究中心等。高校应积极与国内大型央企、科研院所、设备生产与集成厂家紧密联合，产学研用优势互补，共同筹建国家级、省部级等不同层级、不同维度的储能技术中心、实验室等，为储能学科建设提供有力抓手。从长远发展的角度，储能技术中心建设仍需统筹规划，构建由理论到实验，进而完成成果转化的科研体系。

此外，储能技术迅速发展，备受国内期刊的关注，《电力系统自动化》《电力系统保护与控制》《热力发电》等国内电力领域一流期刊均设立了储能专刊，储能领跑者联盟、中国可再生能源学会储能专委会、中国电工技术学会储能标委会、IEEE PES 储能技术委员会（中国）、中关村储能产业技术联盟、朔州市储能技术委员会等进行了储能领域学术交流，为推进储能学科建设提供了广阔的学术平台和便捷的交流通道。这些期刊的储能专栏与储能领域行业协会共享最新学术和技术成果，搭建了高校教师、学生与技术人员之间交流的桥梁，对储能技术创新与储能学科建设起到了推动作用。如图 1-9 所示，列出了部分涉及储能领域的期刊和行业协会，储能相关的期刊及行业协会应积极组织储能领域学术交流，培养学生在储能领域完成基础知识储备。

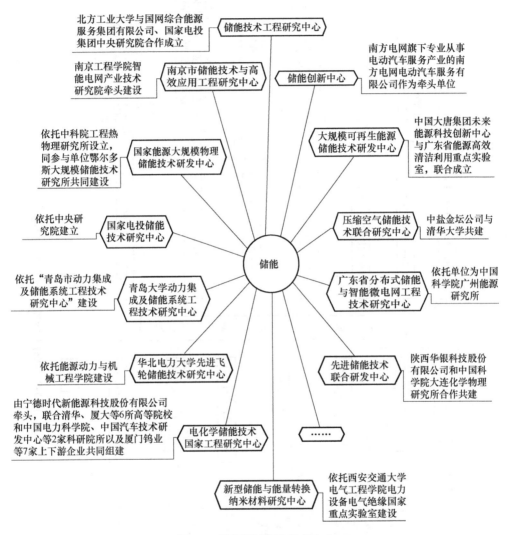

图 1-8　储能领域部分技术中心

1.1.2　地方性政策

在国家政策的引导下，各省、市地区也积极发布相关政策，推动储能产业发展。本节将依照国家在储能重点方向发布的政策，对地方相应政策进行梳理。与此同时对大力开展储能发展的部分地区进行单独分析。

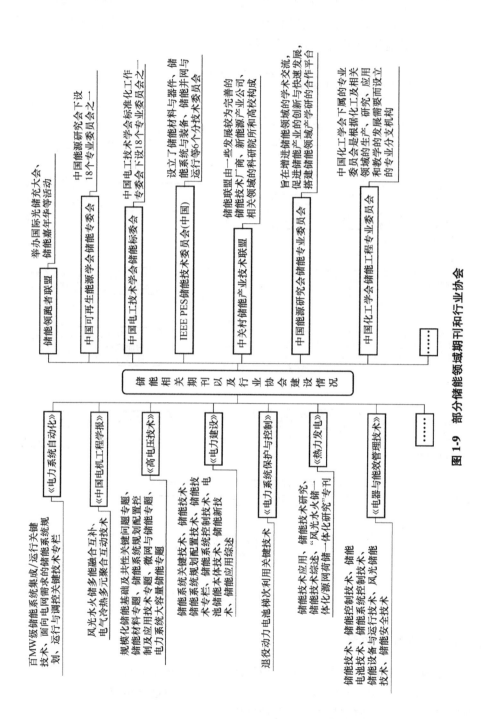

图 1-9 部分储能领域期刊和行业协会

1. 储能发展重点方向

（1）新能源配储

为落实国家能源发展战略，构建清洁低碳、安全高效的能源体系，各地加快煤电油气风光储一体化示范，根据在气候雄心峰会上给出的中国 2030 年碳达峰目标，风电、太阳能发电总装机容量需要达到 $12 \times 10^8 kW$ 以上，而目前风电、光伏并网装机均达到 $2.2 \times 10^8 kW$，合计约为 $4.5 \times 10^8 kW$，仍有近 $7.5 \times 10^8 kW$ 的装机差额。对此，为响应国家号召[106]，国家电力投资集团有限公司、国家能源投资集团有限责任公司、中国华能集团有限公司、中国大唐集团有限公司等也均给出了碳达峰的具体时间节点和新能源装机目标（见表 1-13），储能作为新能源并网的前置条件，其重要性日益凸显。

表 1-13　各大发电集团规划

企业	2019 年清洁能源占比	2020 年清洁能源占比	碳达峰年份/占比		2035 年目标
国家电力投资集团有限公司	50.5%	56.09%	2023 年	60%（2025 年）	电力总装机 $2.7 \times 10^8 kW$，清洁能源占比 75%
中国大唐集团有限公司	32.51%	38.2%	2025 年	50%	—
中国华能集团有限公司	34%	36.5%	2025 年	50%	电力总装机突破 $5 \times 10^8 kW$，清洁能源占比 75% 以上
中国华电集团有限公司	40.4%	43.4%	2025 年	50%	—
国家能源投资集团有限责任公司	24.9%	26.59%	2025 年	50%	—
中国长江三峡集团有限公司	79.6%	94%	2023 年	50%	—

除了各大发电集团积极响应国家号召外，各省、自治区、直辖市也随之开展新能源建设，光伏、风力发电装机量都得到大幅度提升（具体见表 1-14）。大量可再生能源的增长对储能配置有了新的要求，河北、内蒙古、天津、安徽、新疆、广西等地对风光装机规模要求都已达吉瓦级以上，其他各省装机规模也几乎都在吉瓦级以上。

表 1-14　各地风电、光伏规模汇总表

省份	风电、光伏装机规模	风电规模	光伏规模
河北	2021 年风电、光伏保障性并网项目规模为 16GW，户用与分布式光伏不包含在内	保障性并网规模 5GW	保障性并网项目规模 11GW
内蒙古	10GW	集中式风电项目 $620×10^4$kW	集中式光伏发电项目 $380×10^4$kW
四川	5 年 $2000×10^4$kW	5 年建成 $1000×10^4$kW	5 年建成 $1000×10^4$kW
天津	规模共计 5.3GW	新增 0.98GW	新增 4.32GW
安徽	2021 年风电、光伏新增规模 6GW	2021 年保障性并网 1GW	2021 年保障性并网 4GW
山西	2021—2022 年新增风电、光伏并网规模 $1120×10^4$kW	2021 年 $224×10^4$kW	2021 年 $896×10^4$kW
广东	2021 年保障性并网规模 $900×10^4$kW	—	—
河南	力争 2025 年新增 $2000×10^4$kW 左右	—	—
甘肃	2021—2022 年新增 $1200×10^4$kW	—	—
陕西	2021 年保障性并网建设规模为 $600×10^4$kW	—	—
江苏	"十四五"风电、光伏总装机容量达到 $6300×10^4$kW 以上	—	—
新疆	2021—2022 年新增风电、光伏项目保障性并网规模约 5.2GW	—	—
广西	2021 年风电、光伏保障性并网规模 10.27GW	—	—

在各个地区公布的规划和建议中，目前已有多个省份发布有关"碳中和、碳达峰"在能源领域的文件政策，并推动建设了一批"可再生能源发电+储能"的典型示范工程。

2020 年开始，多个省市新能源政策陆续出台（见表 1-15），激励可再生能源场站配置储能。

表 1-15 新能源政策

时间	部门	政策	内容
2020.4	河南省发展改革委	《关于组织开展 2020 年风电、光伏发电项目建设的通知》	优先支持已列入以前年度开发方案的存量风电项目自愿转为平价项目，优先支持配置储能的新增平价项目
2020.6	湖北省能源局	《湖北省 2020 年度平价风电项目竞争配置工作方案》	风储一体化、风光互补项目优先支持
2020.3	内蒙古自治区能源局	《内蒙古自治区 2020 年光伏发电项目竞争配置工作方案》	对提高电网消纳能力效果好且具备价格竞争力的电站项目优先支持。如果普通光伏电站配置储能系统，则应保证储能系统时长为 1h 及以上、配置容量达到项目建设规模（即预计备案规模）5% 及以上，并提出储能配置对提高电网消纳能力的实施方案，承诺接受电网调度
2020.6	上海市发展改革委	《上海市可再生能源和新能源发展专项资金扶持办法（2020 版）》	在市节能减排专项资金中安排资金用于扶持可再生能源发展
2020.5	新疆发展改革委	《新疆电网发电侧储能管理暂行规则》	通过市场化的经济补偿机制激励电储能装置参与调峰，促进风电、光伏等清洁能源消纳
2020.4	山西省	《关于 2020 年拟新建光伏发电项目的消纳意见》	建议新增光伏发电项目应统筹考虑具有一定用电负荷的全产业链项目，配备 15%~20% 的储能
2020.11	贵州省	《关于上报 2021 年光伏发电项目计划的通知》	在送出消纳受限区域，计划项目需配备 10% 的储能设施
2021.4	山东省	《关于开展储能示范应用的实施意见》	新增集中式风电、光伏发电项目，原则上按照不低于 10% 比例配建或租赁储能设施，连续充电时间不低于 2h
2021.6	河北省	《关于做好 2021 年风电、光伏发电开发建设有关事项的通知》（征求意见稿）	在光伏保障性项目竞争配置方面，项目前期工作占比最高为 45%，其中土地落实与支持性文件占比为 35%，储能配置方面占比 10%，组件与逆变器的技术先进性占比 10%

2021 年，部分地方采取强配储能推进双碳目标、高效利用新能源（见表 1-16）。

表 1-16　2021 年全国强制配储政策一览（部分）

省份	强制配储份额	主要内容
内蒙古	15%、2h	2025 年建成并网新型储能规模达到 500 万 kW，新建保障性配储不低于 15%、2h
		市场化配储不低于 15%、4h
陕西	10%~20%、2h	陕北、关中地区和延安市按照 10%配储
		榆林市按照 20%配储
河南	10%~20%	Ⅰ类区配 10%、2h 储能
		Ⅱ类区配 15%、2h 储能
		Ⅲ类区配 20%、2h 储能
山东	10%、2h	规模 50 万 kW，风电、光伏配 10%、2h 储能
甘肃	5%~20%	600 万 kW 存量新能源项目
		河西 5 市配置 10%~20%、2h 储能，其他地区配置 5%~10%、2h 配套储能设施
海南	10%	每个申报项目规模不得超过 10 万 kW
		需配套建设 10%的储能装置
新疆	10%	2021 年新增 20 万 kW 光伏项目，需配 10%储能
贵州	10%	2021 年新增光伏项目，在消纳受限区域需配 10%储能
青海	10%、2h	新增水电与新能源、储能容量配比达到 1∶2∶0.2
山西	5%~10%	山西大同新增新能源项目需配 5%储能
		大同、朔州、忻州、阳泉四市 240 万 kW 风电光伏项目配置 10%的储能

　　2021 年 2 月，国网吉林电力建设源网荷储协同互动示范工程，这是组织的第三次针对蓄热式电采暖用户的交易。截至 2020 年年底，吉林省蓄热式电采暖负荷容量已达 69 万 kW，占全省最大供电负荷的 6.5%。吉林省通过建立中长期与短期相结合的带曲线的交易模式，引导电采暖用户在风电富余时集中用能，发挥"源网荷储"协同互动示范实践效能。2021 年 4 月，云南省能源局指出，云南能源将以碳达峰碳中和示范省、新型电力系统建设试点省、金沙江下游风光水储一体化国家级示范工程、澜沧江中下游风光水储一体化国家级示范基地为目标，不断推进可再生能源发电装机利用率，持续做大做强清洁能源。2021 年 6 月，湖南电网二期电池储能示范工程竣工，该示范工程包含 4 座储能电站，总规模达 6 万 kW/12 万 kW·h，投运后将与一期储能电站示范工程共同服务电网。届时，将显著提升湖南地区新能源消纳能力和供电可靠性与灵活性，同时为夏季用电高峰的平稳供电提供有力的保障；同月，新疆发展改革委"十四五"规划提出：推进风光水储一体化清洁能源发电示范工程，推动建设哈密北千万千瓦级新能源基地和南疆环塔里木千万千瓦级清洁能源供应保障区，建设新能源平价上网项目示范区。推进风光水火储一体化清洁能源发电示范项目，开展智能光伏试点。2021 年 7 月，陕西省工信厅发布《2021 年全省工业稳增长促投资若干措施》，强调将加快发展太阳能、风力等可再生能源发电，推动陕北—湖北配套光

伏、风电项目建设，积极谋划集中式储能项目；同月，宁夏回族自治区发展改革委发布储能政策，明确配置原则，支持储能项目投运，陕西、新疆、青海、宁夏、甘肃河西 5 市等富含风光资源地区给出的储能配比均在 10% 以上，配置时长均在两小时及以上，保障充分实现新能源消纳；广西通过建立储能评分系统，鼓励增加储能配置比，为储能行业的发展创造有利条件。此外，各省市还出台了各项政策，落实示范项目优先落地机制，例如，鄂能源新能〔2021〕44 号《湖北省能源局关于 2021 年平价新能源项目开发有关事项的通知》提出，将优先支持源网荷储和多能互补百万千瓦基地等新能源项目建设。山东省将储能发展作为新型电力系统的重要支撑，出台实施优先调用储能、配储风光电站，优先并网消纳、调峰调频优先发电量计划奖励、充放电量"平进平出"等支持政策。山东省发布的 2021 年储能试点示范项目名单，为推动储能在电源侧、电网侧和用户侧协同发展，以及在提升电力系统调节能力、保障电网安全稳定运行、促进清洁能源消纳等方面发挥了有效作用。此外，福建、青海、浙江、西藏等地也相继开展储能方面示范工程的建设与投运，各个地区结合当地可再生能源情况，积极探索"光伏发电+储能"与"风力发电+储能"的灵活性运用，对电力系统的稳定运行和碳中和目标的实现具有重要意义。

（2）商业化推进

1）电力系统辅助服务市场：目前，能源行业对于储能的认知度不断提升[107]。从电力市场改革到"十三五"规划纲要，再到《关于推动电储能参与"三北"地区调峰辅助服务工作的通知（征求意见稿）》等，多个政策提及储能，也代表了国家宏观层面对于储能行业的认可和支持。2017 年，电力辅助服务新政成为国内电力市场改革的热点，东北、江苏、山东陆续发布实施本省的电力辅助服务市场运营规则，2017—2019 年电力辅助服务政策如表 1-17 所示，其中有文件明确指出储能电站的建设标准、补偿结算办法等。除此之外，新疆已经发布了征求意见稿，山西和福建两省正在积极筹划。2020—2021 年电力辅助服务相关政策如表 1-18 所示。

如此密集的电力辅助服务新政出台频次，足见国家对电力辅助服务的重视。

表 1-17　2017—2019 年电力辅助服务政策

时间	政策	部门/应用	政策内容概括
2017/1/3	《东北电力辅助服务市场专项改革试点方案》	东北能监办【电源侧】【用户侧】	电储能设施投资补偿费用按照双边交易合同执行；充电功率 10MW、持续充电时间在 4h 以上的独立储能设施，允许参加发电测调峰。用户侧电储能设施的购售电价按照有关规定执行，可以和风电企业协商开展双边交易，上、下限为 0.2 元/kW·h、0.1 元/kW·h

（续）

时间	政策	部门/应用	政策内容概括
2017/1/3	《江苏电网统调发电机组辅助服务管理实施办法》	江苏能监办	明确对并网发电厂提供的基本辅助服务不予补偿
2017/5/31	《山东电力辅助服务市场运营规则（试行）》	山东能监办	规定有偿调峰交易采用"阶梯式"报价方式，分七档报价，交易方式为日前组织、按15min出清
2017/7/26	《福建省电力辅助服务（调峰）交易规则（试行）》	福建能监办 【电网侧】 【用户侧】	用户侧电储能设施既可以自用也可以参与调峰市场交易。独立电储能充电电量即可执行峰谷电价，也可以参与直接调峰交易购买低谷电量；放电电量作为分布式电源就近向电网出售电量
2017/8/18	《东北电力辅助服务市场运营规则补充规定》	东北能监办	火电厂非供热期实时深度调峰费用减半处理；实时深度调峰有偿辅助服务补偿费用由负荷率高于基准的电厂共同分担
2017/8/21	《山西省电力辅助服务市场化建设试点方案》	山西能监办	具备 AGC 装置的火电机组和满足技术标准的机组、储能设施运营商等均可以参与调频辅助服务市场
2017/9/25	《新疆电力辅助服务市场运营规则（试行）》	新疆能监办 【电源侧】 【用户侧】 【电网侧】	定义了可中断负荷；采用"阶梯式"报价方式和价格机制，发电企业在不同时期分两档浮动报价；电储能用户申报价格上、下限分别为 0.2 元/kW·h、0.1 元/kW·h；作为独立市场主体的电储能设施即可采取双边交易也可以采取集中竞价交易
2017/11/7	《关于鼓励电储能参与山西省调峰调频辅助服务有关事项的通知》	山西能监办	
2018/1	《南方区域电化学储能电站并网运行管理及辅助管理实施细则（试行）》	南方电网 【电网侧】	对提供充电调峰服务的电站进行 0.05 万元/kW·h 的补偿；储能电站参与电能量市场、辅助服务市场交易结算的，不在同时进行调峰服务补偿
2018/3/5	《华北电力辅助服务市场建设方案（征求意见稿）》	华北能监局	

（续）

时间	政策	部门/应用	政策内容概括
2018/3/22	《宁夏电力辅助服务市场运营规则（试行）》	西北能监局【电源侧】【用户侧】	定义可调节负荷；用户侧电储能设施可与风电、光伏企业开展双边交易，电价上、下限 0.2 元/kW·h、0.1 元/kW·h
2018/4/1	《甘肃省电力辅助服务市场运营规则（试行）》	甘肃能监办【电网侧】【用户侧】	定义可中断负荷；电储能设施的建设标准：电功率在 10000kW 及以上、持续充电时间 4h 以上；电储能设施报价上、下限分别为 0.2 元/kW·h、0.1 元/kW·h
2018/8	《安徽电力调峰辅助服务市场运营规则（试行）》	华东能监办	详细定义电储能调峰交易模式、储能企业的调峰服务费用
2018/8/2	《广东调频辅助服务市场交易规则（试行）》	南方能监局【电网侧】	规定第三方辅助服务主体

表 1-18　2020—2021 年电力辅助服务相关政策

部门	时间	政策	内容
甘肃能监办	2020. 1. 31	《甘肃省电力辅助服务市场运营暂行规则》（2020 年修订版）	火电月度计划停备是指在火电月度机组组合中安排的停机备用或按调度指令超过 72h 的停机备用，按 1 千元/（万 kW·天）进行补偿，补偿时间不超过 7 天
贵州能监办	2020. 4. 17	《贵州黑启动辅助服务市场交易规则（试行）》	若黑启动机组调用成功，但调用时间超过约定耗时标准且未超过约定耗时 3 倍的，按照其使用费中标价的 80% 予以补偿；超出约定耗时 3 倍的，不予补偿
江苏能监办、江苏省发展改革委	2020. 6. 30	《江苏电力辅助服务（调频）市场交易规则（试行）》	江苏电力调频辅助服务市场补偿费用按日统计、按月结算，分为基本补偿和调用补偿两类。在江苏电力调频辅助服务市场获得调用的机组依据调频里程、调频性能及里程单价计算相应调用补偿费用；所有具备合格 AGC 功能的机组（含风电、光伏）、储能电站以及综合能源服务商依据调频性能、调频容量及投运率计算基本补偿费用

（续）

部门	时间	政策	内容
浙江省发展改革委、浙江省能源局	2020.7.2	《关于开展 2020 年度电力需求响应工作的通知》	削峰日前需求响应按照单次响应的出清价格、有效响应电量进行补贴，出清价格设置 4 元/kW·h 价格上限。填谷日前需求响应执行 1.2 元/kW·h 年度固定补贴单价。实时需求响应执行 4 元/kW·h 年度固定补贴单价
国家能源局西北监管局	2021.3.24	《关于征求〈青海省电力中长期交易规则（征求意见稿）〉的通知》	市场主体中增加储能
河南能源监管办	2021.4.1	《关于进一步深化河南电力辅助服务市场工作的通知》	调整和细化电力深度调峰交易"阶梯式"负荷率和报价
国家能源局云南监管办	2021.4.1	《〈云南调频辅助服务市场规则（试行）〉优化调整事项》意见的函	调整发电单元调频容量申报值为不超过调频容量需求值的 50%且不低于调频容量需求值的 8%
甘肃能源监管办	2021.4.10	《甘肃省电力辅助服务市场（征求意见稿）》	修改调频辅助服务补偿价格，规定在电储能资源交易中，明确参与电网调峰的电储能设施要求规模在 10MW/40MW·h 及以上
	2021.4.30	《甘肃省电力辅助服务市场规则的通知》	参与电网侧调峰的电储能设施要求持续充电时间 4h 以上且充电功率在 $1×10^4$ kW 及以上
浙江能源监管办	2021.5.20	《浙江省第三方独立主体参与电力辅助服务市场交易规则（试行）（征求意见稿）》意见的函	电储能、虚拟电厂等可参与，在高峰电价时段参与调峰、填谷补偿价格上限分别为 0.5 元/kW·h，储能参与充放电一次最高可获 1 元/kW·h 补偿
山东能源监管办	2021.9.3	《山东电力辅助服务市场规则（征求意见稿）》	提出储能调峰每日最多可申报 3 个调用时段；AGC 调频辅助服务申报价格上限，此前经历了从 6 元/MW 变为 8 元/MW；储能设施可作为主体参与电力辅助服务市场，其充电功率不低于 5MW，持续充电时间不低于 2h

（续）

部门	时间	政策	内容
东北能源监管局	2021.11.2	《运用辅助服务市场机制激励保供电保供热能力提升》	顶尖峰旋转备用交易最高限价由0.2元/kW·h调整至1元/kW·h；深度调峰交易第一档报价上限由0.4元/kW·h提升至0.5元/kW·h
内蒙古自治区工业和信息厅办公室	2021.12.27	《关于做好2022年内蒙古电力多边交易市场中长期交易有关事宜的通知》	风电优先发电计划小时数1100h、特许权项目2000h；光伏优先发电计划小时数900h，领跑者项目1500h
福建能监办	2021.12.28	《福建省电力调峰辅助服务市场交易规则（试行）》	取消对储能规模限制，申报价格上限1元/kW·h，优先调用储能电站

　　除了密集的电力辅助服务政策外，各地区各公司也积极开展相关示范工程建设。2019年4月，国网青海省电力公司联合鲁能集团青海分公司、国电龙源青海分公司、国投新能源投资有限公司，四家企业就实施共享储能调峰辅助市场化交易达成共识，并且已于同年4月下旬建立了富余光伏与共享储能的联合试点交易。这标志着青海共享储能调峰辅助服务市场试点启动。在短短10天的时间内，在该试点共计完成充换电量80.36万kW·h，放电量65.8万kW·h，储能综合转换效率达到81.9%。根据该试点数据推算，经过共享储能调峰的光伏发电站年利用小时数可增加180h，即利润可达2250万元人民币。8月22日，由华润电力（海丰）有限公司与深圳市科陆电子科技股份有限公司合作的30MW储能辅助调频项目正式开工。该项目位于广东省汕尾市海丰县小漠镇大澳村，旨在为华润海丰公司百万机组建立规模达到30MW/14.93MW·h的辅助调频系统。小漠电厂AGC调频储能项目完工后将成为国内储能规模最大的储能调频项目。该项目通过利用安全性能高的磷酸铁钛电池，首次在百万发电组成功实验了辅助AGC调频功能以及精确至毫秒级的广域直控技术，将调频综合性能 K_p 值提高至2左右。不仅为电网稳定提供高质量的AGC调频服务[108]，丰富了储能应用场景，而且还带来了可观的调频补偿利润[109]。9月23日零时，顺利完成30天试运行的湖南华润电力鲤鱼江有限公司（下称"鲤鱼江公司"）储能调频项目正式投入商业运营，正式成为国内首个由发电厂自主投资建立运维的项目。华润鲤鱼江AGC调频储能项目建立了规模为12MW/6MW·h的磷酸铁锂电池储能调频系统[110]，通过利用自主研发的灵犀能量管理系统（LEMS），分段接入两台机组厂用6kV母线，该项目可同时配合单机、双机三种运行模式下进行辅助调频[111]。华润鲤鱼江AGC调频储能项目的投运意义重大，它不仅第一个将储能联合调频系统应用于南方电网直调机组，还首次将储能技术投运于厂级AGC调频模式。在给电

网提供优质的调频服务的同时，更为鲤鱼江公司获得了不错的收益。

2）电价改革：储能能有效解决新能源弃风弃光和电网本身调峰能力不足的问题，随着"30.60"目标的提出，可再生能源飞速发展，新能源配储迫在眉睫。新能源配储不仅必要，还具备经济性[112]。通过制定合理的充放电策略不仅可以有效避免弃风弃光，还可以通过参与提供调峰、调频等电力辅助服务，获取响应收益。其中，需求响应（Demand Response）是指电力用户根据价格信号或激励机制做出响应，改变固有习惯用电模式的行为，具体分为价格型需求响应、激励型需求响应两种。2017 年 11 月，国家能源局发布《完善电力辅助服务补偿（市场）机制工作方案》（下称"方案"），明确了全面推进电力辅助服务补偿（市场）工作主要目标和主要任务，自 2017 年至 2020 年分 3 阶段进行实施。其中，第二阶段的任务是建立电力用户参与电力辅助服务分担共享机制，其亮点在于《方案》鼓励"电力用户参与提供电力辅助服务，签订带负荷曲线的电力直接交易合同"。这也就创造了对辅助服务的市场需求，从而为用户需求响应和储能参与电力市场创造了条件。江苏、上海、河南和山东等地已成功实施电力需求响应，表 1-19 所示为近年储能在电力需求响应上的应用案例。电力需求响应政策如表 1-20 所示。其中，山东创新性地采用了单边集中竞价方式确定客户补偿价格，根据客户响应比例优化补偿系数，充分调动用户参与积极性，推动用户负荷管理水平持续提升。得益于需求响应的成功实施，2019 年河南、广东、山东也相继出台了电力需求响应的补贴规则，为需求响应的发展添砖加瓦。

表 1-19 四地区储能在电力需求响应现状汇总

地区	政策	开展电力需求响应结果
江苏	《关于进一步深化电力需求响应实施细则》	6 次电力需求响应累计"填谷"7.19GW，最大两次为 1.28GW、1.42GW；储能设备参与 6 次需求响应，累计"填谷"53.2MW
上海	《国网上海市电力公司关于开展端午期间电力需求响应工作的请示》	电力需求响应补偿标准为 5 元/kW；首次大规模"填谷"电力负荷需求响应中，单次最大提升负荷 105.93 万 kW，响应时段平均填谷负荷 87.28 万 kW，填谷负荷量占夜间电网低谷负荷总量的 8.42%
河南	《关于 2018 年开展电力需求响应试点工作的通知》	响应日的前日完成负荷削减的用户，每次补贴 12 元/kW，对于实时参与并完成负荷削减的用户，每次补贴 18 元/kW；响应负荷 125.4MW，其中大容量电池储能电站参与电力需求响应，削减高峰负荷 8MW
山东	《关于开展电力需求响应市场试点工作的通知》	需求响应最高补偿价格为 30 元/kW；山东省成功实施首次电力需求响应，最大响应负荷 439MW·h

表 1-20   电力需求响应政策

时间	政策	地区	内容概要
2018/6/8	《关于 2018 年开展电力需求响应试点工作的通知》	河南	按照要求每次补贴 12 元/kW 或 18 元/kW
2018/7/10	《关于开展电力需求响应市场试点工作的通知》	山东	补偿价格最高 30 元/kW
2018/9/28	《电力需求侧管理项目节约电力测量技术规范》		规定了电力需求侧管理项目的分类和项目节约电力的计算方法
2019/3/4	全国首例电动汽车参与"填谷"电力需求响应试点		
2019/3/28	《关于 2019 年开展电力需求响应工作的通知》	河南	梯次规定补贴价格 6 元/kW、9 元/kW、12 元/kW、18 元/kW
2019/4/18	《广东省 2019 年电力需求响应方案》	广东	规定参与需求响应的服务价格标准为 10 或 20 元/kW·天两个标准
2019/5/22	《2019 年全省电力迎峰度夏预案》	山东	
2019/7/5	《广西电力调峰辅助服务交易规则》	广西	明确市场主体是指调峰服务提供方与调峰服务费用缴纳方

2018 年 3 月国务院指示一般工商业电价将平均降低 10%。2019 年 3 月一般工商业电价继续降低 10%[113-114]，其中江苏省的两次连续降价后峰谷电价差已经跌破 0.8 元/kW·h。在连续降价的背景下，储能行业获利的空间也进一步被压缩，据资料分析，峰谷差价大于 0.7 元/kW·h 便可以有收益[115]。

2018 年 7 月 2 日，国家发展改革委还印发了《关于创新和完善促进绿色发展价格机制的意见》，旨在为电储能设施参与削峰填谷增加补贴。目前，已有江苏、广东、山东、贵州、甘肃、四川等地先后转发了该文件，表示将加大峰谷电价支持力度，绿色发展价格机制汇总如表 1-21 所示。同月，南方能监局印发《广西电力调峰辅助服务交易规则（征求意见稿）》。文件提出需求侧调峰务，对于参与响应的需求侧用户，会获得相应的收益。

表 1-21   绿色发展价格机制汇总

时间	政策	地区	内容概要
2018/7/27	《关于创新和完善促进绿色发展价格机制的实施意见》	江苏	利用峰谷电价差，辅助服务补偿等市场化机制促进储能发展

（续）

时间	政策	地区	内容概要
2018/8/7	《关于创新和完善促进绿色发展价格机制的实施意见》	陕西	建立峰谷电价动态调整机制，引导用户用电行为，利用峰谷电价差、辅助服务补偿等市场化机制，促进储能发展
2018/12/25	《关于创新和完善促进绿色发展价格机制的实施意见》	山东	利用峰谷电价差、辅助服务补偿等市场化机制，促进储能发展。鼓励电动汽车提供储能服务补偿 30 元/kW
2018/12/25	《关于印发河南省电力需求侧管理实施细则（试行）的通知》	河南	开展电池储能示范应用
2018/12/29	《关于创新和完善促进绿色发展价格机制的实施意见》	贵州	运用价格信号引导削峰填谷
2018/12/30	《关于落实加快创新和完善促进绿色发展电价机制有关事项通知》	四川	鼓励电动汽车提供储能服务，并通过峰谷差价削峰填谷获得收益
2019/2/2	《关于创新和完善促进绿色发展价格机制的实施意见》	甘肃	利用峰谷电价差、辅助服务补偿等市场化机制促进储能发展

2021 年 7 月，国家发展改革委发布的《关于进一步完善分时电价机制的通知》，完善了现行分时电价机制，各地也进一步出台了相应政策[116]，细化电价（见表 1-22），同时完善分时电价机制，拉大峰谷价差，从技术变革以及政策层层加码，都在经济性方面鼓励发展储能行业[117]，如图 1-10 所示。

表 1-22　2021 年地方性电价改革政策汇总

省份	时间	文件	峰谷电价水平	尖峰电价设置
山西	8 月 24 日	《山西电力中长期分时段交易实施细则》	峰段：0.4746 ~ 0.6420元，平段：0.2941~0.3979元，谷段：0.1263~0.1709元，深谷段：为 0.1011~0.1367 元	尖峰段：0.5695 ~ 0.7705 元
安徽	8 月 26 日	《关于试行季节性尖峰电价和需求响应电价的通知（征求意见稿）》	—	季节性尖峰电价，用电价格在当日高峰时段电价基础上每千瓦时上浮 0.072 元

（续）

省份	时间	文件	峰谷电价水平	尖峰电价设置
宁夏	8 月 27 日	《关于进一步完善峰谷分时电价机制的通知》	平段电价执行我区目录销售电价；峰谷段电价以平段电价（不含政府性基金及附加）为基础上下浮 50%	—
广东	8 月 31 日	《关于进一步完善我省峰谷分时电价政策有关问题的通知》	峰谷平电价比从 1.65：1：0.5 调整为 1.7：1：0.38	在峰时电价基础上上浮 25%
广西	9 月 7 日	《关于完善广西峰谷分时电价机制方案公开征求意见的公告》	平段电价基础上上下浮 50% 形成高峰电价和低谷电价	在高峰电价上浮 20% 形成尖峰电价
浙江	9 月 10 日	《关于进一步完善我省分时电价政策有关事项的通知》	提高大工业高峰电价每千瓦时 6 分，降低大工业低谷电价每千瓦时 6.38 分	提高高峰电价每千瓦时 6 分，降低大工业低谷电价每千瓦时 6.38 分
江西	9 月 18 日	《关于完善分时电价机制有关事项的通知（征求意见稿）》	高峰低谷时段电价分别上下浮动 60%	冬季和夏季不同时间段有尖峰电价，尖峰电价与低谷电价价差最高可达 0.9 元/kW·h 以上
云南	10 月 12 日	《向社会公开征求〈关于进一步完善分时电价机制的通知（征求意见稿）〉意见的公告》	峰谷平电价比：1.5：0.5：1	峰时电价基础上再上浮 20%
山东	10 月 18 日	《关于分时电价政策有关事项的通知（征求意见稿）》	峰谷平电价比：1.5：0.5：1	峰时电价基础上再上浮 20%
江苏	10 月 25 日	《关于进一步做好深化燃煤发电上网电价市场化改革工作的通知》	大工业用电：峰谷平电价比：1.7196：0.4185：1 普通工业用电：峰谷平电价比：1.6719：0.4518：1	—
甘肃	10 月 28 日	《进一步完善我省分时电价机制的通知（征求意见稿）》	高峰时段不低于平段价格的 150%、低谷时段不高于平段的 50%	—
重庆	11 月 9 日	《关于公开征集重庆市完善分时电价机制方案意见的通知》	峰谷平电价比值为 1.6：0.38：1	峰时电价基础上再上浮 20%

（续）

省份	时间	文件	峰谷电价水平	尖峰电价设置
青海	11月16日	《关于向社会公开征求进一步完善青海电网峰谷分时电价（征求意见稿）意见的公告》	峰谷平电价比值为1.63：0.37：1	峰时电价基础上再上浮20%
四川	12月3日	《关于进一步完善我省分时电价机制的通知》	峰谷平电价比值为1.6：0.4：1	峰时电价基础上再上浮20%

各省均根据各地用电情况，在不同程度上拉大峰谷价差电价，优化时段划分，从经济方面促进用户侧储能的发展。从图1-10中可以看出，各省市峰谷平电价比基本稳定在1.5：1：0.5，部分发达地区，如广东、重庆等峰谷平电价比会更高，根据浙江省最新政策浙发改价格〔2021〕341号《省发展改革委关于进一步完善我省分时电价政策有关事项的通知》中，对大工业行业进一步拉大峰谷电价差，限制大工业企业用电，通过此项政策为大工业企业安装储能设施带来可观的收益，促进储能行业在用户侧的发展[118]。优化峰谷电价机制、出台尖峰电价机制，有利于充分发挥电价信号作用，引导用户侧合理配置储能，保障电力系统安全稳定运行[119-122]。

3）电池梯次回收体系：随着新能源汽车的不断增加，动力电池回收变得越来越迫切。2019年，河北保定开展了梯次回收行动，并且着手建立针对蓄电池回收的企业试点工程。7月，北京市经信局、天津市工信局和河北省工信厅联合印发通知，公布了京津冀地区新能源汽车动力电池回收利用试点示范项目名单，共计18个项目。其中，保定市有1个项目入围，该项目为长城汽车股份有限公司、蜂巢能源科技有限公司、保定长城报废汽车拆解有限公司共同申报的动力蓄电池全生命周期产业链建设项目。同时，河北政府还发布了关于蓄电池生产企业报名建设废铅蓄电池回收体系设点单位的公告。公告中提出，对于生产铅酸蓄电池的企业，凡达到省内规模以上，需着手建立追踪电池生命周期的跟踪系统。同时，生产铅酸蓄电池的企业应通过自主回收、联合回收或委托回收方式，在各企业自有的销售渠道或专业企业在消费末端建立的网络中回收利用铅酸蓄电池。此外，公告还强调，今后的废电池收集站将依据是否属于生产性分为两类废蓄电池收集站。

2019年9月，四川遂宁市印发《遂宁市支持锂电产业发展的若干政策》，政策提出将对第一次把储能电池运用在铁塔、电信、移动、联通公司及国家电网采购体系的锂离子电池企业给予奖励，由市财政一次性奖励10万元。可以

2021年全国储能补贴政策一览		
地区	补贴金额	主要内容
浙江乐清	0.89元/kW·h	现有电价基础上补贴0.89元/kW·h
江苏南京	0.2元/kW·h	500kWh以上光储充放设施 运营补贴0.2元/kW·h
广东佛山顺德	10~30万元	顺德多地购买储能设备, 一次性补助10~30万元不等
陕西	15元/kW·次~35元/kW·次	紧急性削峰需求响应补贴最高35元/kW·次, 经济性非居民需求响应补贴最高15元/kW·次
辽宁沈阳	投资额的10%	光储充示范站按投资的10%奖励, 最高50万元/kW·h
广州	削峰5元/kW·h, 填谷2元/kW·h	削峰填谷,补贴费用=有效响应电量×补贴 标准×响应系数, 削峰补贴最高5元/kW·h,填谷补贴最高2元/kW·h
天津	1.2~2元	削峰填谷响应能力不低于500kW, 填谷固定补贴1.2元/kW·h, 竞价补贴1.2~2元/kW·h, 削峰采用固定补贴价格模式
青海	0.1元/kW·h	新建新能源配储项目补贴0.1元/kW·h, 省产储能电池60%以上的项目, 增加补贴0.05元/kW·h

图 1-10　2021 年全国储能补贴政策

看出四川政府对于储能电池发展的支持力度之大。此外,四川遂宁政府还出台六大方面共计 21 条奖补措施,分别涉及锂电企业的投资建设、锂电企业的品牌化、锂电企业的创新发展、锂电服务平台的建设等方面,该倾斜式的政策旨在推进四川遂宁"中国锂电之都"建设,从而打造垂直分工、合理布局的千亿级锂电材料及其应用产业的集群聚集区。早在 2015 年年初,南京江北储能电站已破土动工。该储能电站的规模在江苏全省电力第二批电网侧储能十个项目中位列第一,达到了 130.88MW/268.6MW·h。在该储能电站中,不仅拥有110.88MW/193.6MW·h 的集中式锂电储能,还包括 20MW/75MW·h 用于梯次利用的储能电站。

(3) 规模化发展

新能源发电占比不断升高[123],其附带的发电随机性、波动性对电网产生了

不可忽视的影响。因此，为增加储能在电网中的占比，国家五部委联合颁布近
40 余项储能相关的政策，青海、河南、湖南、新疆等多地明确发布关于新能源
配套储能政策文件，且大多为新能源加装 10%～25% 配套储能的激励政策[124]，
对兆瓦级及百兆瓦级电化学储能电站的落地有积极推进作用[125-126]，部分典型示
范工程如表 1-23 所示。如平抑波动和峰荷管理等应用场景对储能性能的要求如
表 1-24 所示。

表 1-23　国内电化学储能示范工程发展情况表

项目	投运时间	规模	储能类型	功能	作用	控制模式
江苏镇江百兆瓦级示范工程	2018.07	101MW/202MW·h	磷酸铁锂	需求响应、调频、调压	弥补镇江百 MW 级别电力缺口	AGC/AVC 控制、一次调频控制
河南百兆瓦级示范工程	2018.07	96MW	磷酸铁锂	特高压线路应急	缓解河南峰谷差	应急响应控制
长沙百兆瓦级示范工程	2018.10	全期 120MW/240MW·h	磷酸铁锂+全钒液流	调节峰谷差、提供毫秒级快速响应能力	辅助新能源并网，保障电网安全性	应急响应控制
青海海西州百兆瓦级示范工程	2019.01	50MW/100MW·h	磷酸铁锂电池	新能源就地消纳、长距离送电、提高能源灵活性	新能源+储能多能互补运行模式	多能互补优化集成协同控制、多电源联动控制、AGC/AVC 控制
湖南新能源储能	采购阶段	60MW/120MW·h	磷酸铁锂电池	促进新能源消纳	发电侧电化学储能示范	风储联合调频控制
晋江试点示范项目	规划阶段	30MW/108MW·h	磷酸铁锂电池	独立储能电站	非电网企业管理、独立并网模式	辅助服务

表 1-24　不同应用场景对储能性能要求

应用场景	储能类型		响应时间	性能要求	
	能量型	功率型		容量	功率
平抑波动	×	√	超短	—	—
峰荷管理	√	×	中长	大	大
改善电能质量	×	√	短期	—	—

（续）

应用场景	储能类型		响应时间	性能要求	
	能量型	功率型		容量	功率
参与调频	×	√	超短	—	大
提高电网暂态安全性	√	√	超短	—	大
参与调压	×	√	超短	大	—

从表 1-23 展示的兆瓦级以及百兆瓦级电化学储能电站示范工程可以看出，近年来储能产业发展势头十分凶猛，自"十三五"期间储能进入商业化初期，研发了一批重大关键技术与核心装备，形成了许多重点技术规范和标准，建成了一批不同技术类型、不同应用场景的试点项目[127]，完成了由兆瓦级向百兆瓦级电化学储能电站的转变，而在"十四五"期间，电化学储能的应用将更为广泛，形成完整的产业、完善的技术和标准体系，形成有国际竞争力的市场主体。目前，我国兆瓦级及百兆瓦级电化学储能电站的发展方向主要表现在扩展电化学储能电站应用场景；开发低成本、高性能的新型储能电池；安全合理地提升电化学储能电站规模，以便响应多种服务需求。

作为电网的优质大容量调节资源，吉瓦级电化学储能电站可以实现多功能多时段复用。从功能角度分析，调压对吉瓦级电化学储能电站剩余电量无要求，调频要求电化学储能电站剩余电量不低于阈值，而调峰对剩余电量的要求较高；从时间尺度分析，电网需要调峰、调压以及调频的时间段各不相同，因此储能可以实现不同时段、不同功能复用，将电网设备的利用效益最大化[128]。吉瓦级电化学储能电站具有十分广阔的发展空间，目前国内已有对于吉瓦级电站的规划，青海海西州计划在格尔木、乌图美仁等多地区部署建设 1GW/2GW·h 电化学储能电站，河南、山西、福建、云南、内蒙古等地也已经对吉瓦级电化学储能电站的可行性进行讨论并进入了部署阶段。

1）吉瓦级电化学储能电站电网侧应用：

① 电网安全保障：随着特高压直流输电的建设以及新能源发电的飞速增长，电网整体构架发生改变，电网调节能力不断下降，因此安全运行面临重大挑战[129]，而电网侧大规模储能可有效缓解此问题。吉瓦级电化学储能电站通过接收上级调度可以与新能源发电站之间协调控制，有利于新能源发电并网过程中的暂态频率响应特性；同时，储能装置的电压及无功快速调节能力可实现就地无功功率补偿，缓解可再生能源并网导致的电压波动问题[130]。如青海、新疆等新能源依赖性较强的地区，区域配电网波动相对较大，百兆瓦级电化学储能电站无法

满足其新能源并网对储能的需求，因此需要建设吉瓦级电化学储能电站，通过统一调度的大容量有功、无功调节资源，在风电、光伏电站等场站范围较广的新能源发电区域内进行有功、无功补偿，保证区域电网的电压、频率波动在安全阈值内。

② 电网频率调节：储能系统具有与优质调频资源相同的特征功能，因此可利用大规模储能技术辅助电网调频[131]，随着新能源比例的增大，调频资源缺口也日益增大[132]。目前的调频主体依靠火电机组调频器以及调相器进行一次及二次调频，但对于 AGC 指令的跟踪具有一定时延。相比之下，吉瓦级储能作为调频资源，其容量足够大，运行成本远小于常规调频电源，且其作为调频资源具备快速响应能力，可以将频率波动对电网的影响降至最小[133]。当吉瓦级电化学储能电站出现后，其容量可以追赶传统调频发电机组，因此吉瓦级电化学储能电站存在成为调频主体的潜力。一旦吉瓦级电化学储能电站作为调频主体的技术实现，吉瓦级电化学储能电站在电网的频率调节领域将具有极其广阔的应用潜力。

③ 电网峰谷调节：吉瓦级电化学储能电站还可以对电网提供调峰服务[133-134]。吉瓦级电化学储能电站的规模巨大，足以提供电网级别的电能储备服务，在电网的负荷低谷期储备电能，在负荷高峰期释放电能支撑电网运行，提升电网运行稳定性的同时增加了电网经济效益。目前已有多省份出台了储能提供电网调峰服务的规定，大部分省份要求调峰的容量为 10MW/40MW·h，且各省交易模式与价格也存在较大差异，如表 1-25 所示。

表 1-25　2020 年典型地区储能调峰价格

交易模式	代表省份	交易价格
火储联合深度调峰	广东、福建、河南、山西等多地	"阶梯式"报价，限定上限
电网调用调峰	山西	0.4 元/kW·h
	广东	0.5 元/kW·h
	新疆	0.55 元/kW·h
	青海	0.5 元/kW·h
竞价调峰交易	甘肃	0.1~0.2 元/kW·h
	青海	未明确
与新能源企业双边协商交易	宁夏	0.1~0.2 元/kW·h
	青海	未明确
启停调峰	江苏	储能不参与报价

可以看出，吉瓦级电化学储能电站应用于电网调峰已经有一定的政策基础[135]，与火电机组联合调峰模式最为普遍[136]，各省份均涉及；青海调峰补偿

暂定0.5元/kW·h[137]，新疆发电侧调峰补偿为0.55元/kW·h[138]；竞价调峰在青海、甘肃等地施行[139]；宁夏为代表的储能与新能源双边交易，协商价格交易模式[140]；启停调峰以江苏为代表，储能不参与报价，其工作指标由相关部分给定。吉瓦级电化学储能电站示范工程落地后，对电网有较强的支撑能力，其调峰容量较大，可在提供调频等服务的同时辅助电网调峰。典型储能参与调峰的服务机制如图1-11所示。

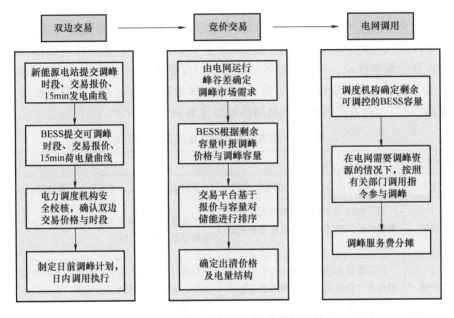

图1-11　典型储能参与调峰服务机制

制定适合吉瓦级电化学储能电站的调峰机制，可以缓解电网负荷压力，充分发挥吉瓦级电化学储能电站的调峰能力，缓解电网负荷峰谷期电力缺口。

2) 吉瓦级电化学储能电站发电侧应用：由于风力发电[141]、光伏发电等形式均依赖于如光照强度、风力大小等随机性较强的自然资源，其发电波动性较大[142-143]。另外，风力发电与光伏发电场站往往集中于同一区域，导致部分新能源发达城市区域电网负荷峰谷期电力波动较大。随着新能源占比不断提高，多个百兆瓦级电化学储能电站由于无法协同调度，在区域电网层面进行调用较为困难。建设吉瓦级电化学储能电站可以在负荷低谷期储存多余的电能，在负荷高峰期释放电化学储能电站储蓄的能量，从而在时间尺度上转移电能，缓解了新能源发电并网所带来的随机性与波动性问题[144]。由于吉瓦级电化学储能电站可以协同调度，因此对于区域电网的支撑能力以及其电能转移能力远大于多个百兆瓦级电化学储能电站。吉瓦级电化学储能电站是未来新能源高渗透率局面下[145]解决新能源消纳问题、稳定电网波动、保障电网安全的最佳选择之一[146]。

(4) 多场景应用

由于我国的能源中心和电力负荷中心距离跨度大,电力系统一直遵循着大电网、大机组的发展方向,按照集中输配模式运行。随着可再生能源的飞速发展和社会对电能质量要求的不断提高,储能技术应用前景广阔。在电源侧、电网侧、用户侧以及微网中的各应用场景中,储能发挥的功能及其对电力系统的作用各不相同。

2019 年,南方电网公司和国家电网公司都发布了有关储能的政策,其中,南方电网的《电网公司关于促进电化学储能发展的指导意见》将储能作为推进电力发展的重要技术,要大力发展储能技术,保证电力系统稳定运行。国家电网的《关于促进电化学储能健康有序发展的指导意见》确定了下属公司发展储能的重点[147-148]。南方电网和国家电网政策对比如表 1-26 所示。

表 1-26 南方电网和国家电网政策对比

储能应用	南方电网	国家电网
发电侧	支持与火电机组、新能源配套储能	支持新能源发电,常规火电配置储能
电网侧	提升电网防灾抗灾,推动大型储能电站发展,推进配网侧储能和移动式储能应用	将储能纳入电网规范并滚动调整,引导储能合理布局、有序发展
用户侧	经济高效的用电管理,研究用户侧储能或"虚拟电场"等形式参与电力市场交易要求	可参与电网需求响应、电量平衡和负荷特性改善,优先在电网调节有困难、改造成本较高地区投资建设

1)电网侧:相较于早已大规模应用的电源侧以及用户侧储能系统,电网侧储能在 2018 年发展迅速,但在 2019 年,电网侧储能的发展速度开始降低,造成这种现象的主要原因是,2019 年 4 月,国家发展改革委发布了《输配电定价成本监审办法(修订征求意见稿)》:抽水蓄能电站与电储能设施被列入与电网企业输配电业务无关的费用而被排除在电网输配电管理之外。储能系统不作为输配电的组成部分,会影响电网企业投资储能电站的积极性,从而在一定程度将延缓电网侧储能的发展步伐,但是具体来看,在江苏、河南、湖南等几地建设的电网侧储能项目,相较于发电侧和用户侧通常几兆瓦十几兆瓦的规模,项目往往达到百兆瓦级,规模集聚效应也就比较明显。从覆盖面来看,电网侧储能电站的建设已经在国内诸多地区广泛铺开,发展的速度也相对平稳,从储能的发展时间和基础来看,虽然储能技术属于刚刚起步,基础薄弱,市场机制建设还明显落后于产业应用的速度,但是国内已经有相应的法律法规来保障市场机制,无论是发电侧、用电侧还是电网侧,目前都属于平稳发展的状态。

目前已经建设投运的储能电站，都是通过电网租赁的方式实现电网管理，就电池储能系统影响因素来说，与技术经济性水平、市场环境、政策密切相关[149]。江苏、河南等地大力度建设储能项目，跟其电网结构和电力运行特性有关。江苏镇江电网侧百MW级储能电站采用"分布式建设、集中式控制"建设原则，利用退役变电站、在运变电站空余场地等，分8个站址建设了储能子站，并接入了统一的控制器，运行策略主要采用AGC模式，设定响应优先级为：紧急功率控制>一次调频>AGC，大幅提升了江苏电网频率考核指标；河南电网100MW电池储能示范工程项目，采用精准切负荷控制系统，不仅可以实现自身负荷的精准切除，而且还可实现跨省调用模式，验证了省间储能资源整合配置的可行性，充分利用储能电站双向调节、响应快速、控制精准的本质属性，通过跨省调用辅助服务，对湖北、江西等电网实现了紧急支援，实现了区域电网储能资源共享利用，提升了华中电网安全、稳定运行水平；福建晋江储能电站试点项目（30MW/108MW·h）由当地电网纳入统一调度，为附近3个220kV重负荷变电站提供调峰调频辅助服务，变电站的平均负载率以及区域电网的利用效率得到了大幅提升；规划建设中的青海格尔木32MW/64MW·h电网侧储能电站采用全市场化运营的共享商业模式，验证储能电站解决周边地区新能源场站弃光、弃风问题的技术可行性，为电网侧储能电站的市场化运营进行有益尝试。基于对电网侧储能系统的技术研究的不断深入，不仅将储能电池的利用效率达到最高，不造成能源浪费，节约了能源，提高了经济利益。同时，随着储能技术的不断进步和各项政策的有序推进，电网侧储能从运营模式、功能定位、投资主体上不断演化，逐步走向成熟。在我国目前能源紧缺的情况下，提高了我国的能源结构调整的合理性以及适用性。

2）分布式光伏：为促进新能源消纳，并增强电力系统的调峰、调频能力，各地区接连响应政府出台的光伏优先支持政策和要求光伏电站加配储能，具体如表1-27所示。

表1-27 地方光伏政策

地区	时间	政策文件	要点
山东	2019.8.2	《关于做好我省平价上网项目电网接入工作的通知》	鼓励较大规模的集中式光伏电站自主配置适当比例的储能设施，减少弃光
江苏	2019.12.10、2019.12.9	《关于促进新能源并网消纳有关意见的通知》《江苏省分布式发电市场化交易规则（试行）》	提出支持一些新能源发电企业配置新能源发电储能设施，推动储能系统在新能源发电中的发展，协调储能与新能源并网运行

（续）

地区	时间	政策文件	要点
山西	2020.6.2	《关于 2020 年新建光伏消纳意见》	新增光伏项目统筹考虑用电负荷全产业链项目，配备 15%~20%储能
安徽	2019.1.4	《关于进一步促进光伏产业持续健康发展的意见》	鼓励光储应用，对储能系统给于 1 元/kW·h 充电量补贴
内蒙古	2020.3.26	《2020 年光伏发电项目竞争配置方案》	优先支持光伏+储能项目建设，储能容量不低于 5%，储能时长在 1h 以上
西藏	2019.8.23	《关于申报我区首批光伏储能示范项目的通知》	支持已经建成的光储电站系统，其规模不超过 200MW/1GW·h，并在阿里地区建设光储系统，容量为 20MW 光伏+120MW·h 储能
新疆	2019.7.3	《关于开展发电侧光伏储能联合运行项目试点的通知》[9]	在光照强度高的地区，例如和田、阿克苏等地建设光伏储能项目，容量不超过 350MW，储能容量不低于光伏电站装机容量 15%，额定功率下储能时长不低于 2h 配置

除了传统的光伏电站配储外，"十四五"期间国家强调，要在用户侧灵活多样地配置新型储能支撑分布式供能系统建设，为用户提供定制化用能服务，提升用户灵活调节能力。2021 年 9 月，国能综通新能〔2021〕84 号《国家能源局综合司关于报送整县（市、区）屋顶分布式光伏开发试点名单的通知》正式下发，在《通知》的引导下，各省积极响应国家政策，相继出台发布开展屋顶分布式光伏的政策。目前国家能源局关于该项目的试点名单共包含 676 个县，文件要求各地电网企业要在电网承载力分析的基础上，配合做好省级电力规划和试点县建设方案，充分考虑分布式光伏大规模接入的需要，积极做好相关县（市、区）电网规划，加强县（市、区）配电网建设改造，做好屋顶分布式光伏接网服务和调控运行管理[150]。

2. 储能发展重点地区

（1）江苏

1）电力系统辅助服务：江苏省为华东区域省级代表地区，在电力系统辅助服务市场方面已进入建设的关键阶段，江苏省通过市场化手段积极建设调峰资源优化配置设施，增强电网安全稳定运行机制，增加辅助服务产品品种，推进中长期备用市场建设。

① 有偿调峰服务补偿：

a. 针对基础调峰，当常规调峰出力少于额定值的一半时，相比深度调峰出力多出的那部分电量应遵循 150 元/MW·h 的补偿规则进行补偿。

　　b. 针对要求基础发电机在三天内能够进行启动/停止调峰的情况，遵循 1000 元/MW 的补偿规则实施。

　　c. 针对要求燃气火电机在两天内完成启停调峰一次的情况，在燃气供应充足的条件下，遵循 100 元/MW 的补偿规则进行实施。

　　② 自动发电控制（AGC）服务补偿：

　　a. 自动发电控制（AGC）服务的补偿费用遵循的计算规则与补偿标准、实测调节速率、目标调节速率、可调容量和月度总投率有关。供热燃气遵循的每分钟获取的额定容量为非供热型的一半。

　　b. 调用补偿是依据自动发电控制调节容量增加或者减少发出的电量来补偿的。其中，补偿电量的补偿量是调整后和预期发电曲线的积分值之差。调用补偿遵循 50 元/MW·h 的补偿规则实施补偿。

　　③ 有偿无功服务补偿：

　　a. 有偿无功服务按机组计量。

　　b. 在满足电力调度的条件下的补偿标准：与迟相功率因数低于额定或进相功率因数低于 0.98 的电量进行比较，补偿金额为 50 元/Mvar·h。

　　c. 火电、水电机组在不同工况条件下的补偿规则不相同。各机组启停调相一次补偿 14 元/MW。

　　d. 在光伏、风电执行调度机构指令时，有偿无功服务的补偿费用为：补偿费用=调相运行补偿标准×机组调相运行时发出或吸收的无功电量。其中，按 15 元/MW·h 进行补偿。

　　④ 自动电压控制（AVC）服务补偿：电力系统自动电压控制补偿服务满足调整参数和参数设定应满足相关规范要求，这种补偿服务收取的补偿费用计算方式为：补偿费用=机组容量×机组 AVC 投用时间×AVC 补偿标准。

　　⑤ 旋转备用、热备用服务补偿：在已知备用容量和备用时间的条件下，补偿费用的计算方式为：补偿费用=备用容量×备用时间×备用补偿标准。在运用过程中，水电厂采用的针对黑启动服务的补偿标准为 6 万元/月，其他为 8 万元/月。

　　2）电价改革：2019 年 9 月，江苏发展改革委发布《江苏省分布式发电市场化交易规则（征求意见稿）》。文件指出，目前该省的分布式发电的市场化交易试点基本是以年度为周期的双边协商交易为主。交易过程主要是通过发电项目与邻近的电力用户之间自主协商交易电量、电价，之后再将双方同意后的方案进行安全核验，待核验通过即实现交易。然后再根据其交易的进展情况，适时开展挂牌交易以及集中竞价交易[151]。文件明确了分布式发电市场化交易的成交价格主要由市场主体通过双边协商达成，严禁第三方干预。发电项目的结算电价即为交易电价；电力用户的平段结算电度电价由交易电价、过网费、政府性基金及附加等构成。执行峰谷电价的电力用户参与市场交易时，继续执行峰谷电价，峰、谷电价按市场交易电价和目标电价的差值同幅增减。为规范电力用户侧执行峰谷分时电价损益的管理，省发展改革委可根据损益情况统筹考虑峰谷电价的调整。

（2）华北

华北地区采取的辅助服务补偿规则在 6 个方面分别进行分析：

1）有偿调峰服务：针对有偿调峰服务补偿的标准如表 1-28 所示。

表 1-28　不同机组条件下有偿调峰服务规则

机组条件	补偿条件	补偿规则
深度调峰比基本调峰的发电量少	针对少发的电量进行补偿	50 元/MW·h
燃煤火电机组	单机容量在 100MW 以下的启停调峰一次	500 元/MW
	单机容量在 100MW 以上的启停调峰一次	1000 元/MW
燃气火电机组	启停调峰一次	260 元/MW
水电机组	启停调峰一次	7 元/MW

2）自动发电控制（AGC）服务：针对自动发电控制（AGC）服务补偿标准为安装有自动发电装置的系统以调节深度和调节性能作为补偿参数进行补偿。

① AGC 服务贡献日补偿费用：日补偿费用=日调节深度×调节性能指标×AGC 调节性能补偿指标。其中，火电机组为 15 元/MW；水电机组为 10 元/MW。

② AGC 辅助服务贡献月补偿费用：贡献月补偿费用为各贡献日补偿费用之和。

3）有偿无功服务补偿标准：

① 满足电力调度的条件下的补偿标准：与迟相功率因数 0.8 或进相功率因数 0.97 进行比较，补偿金额为 30 元/Mvar·h。

② 发电机组应遵循的补偿规则为：

a. 调相运行启停费用补偿：

机组启停调相一次补偿 14 元/MW。

b. 调相运行成本补偿：

调相运行成本的补偿费用的计算方法与江苏省相同。

4）自动电压控制（AVC）服务：针对自动电压控制标准服务的补偿费用计算方式为：补偿费用=[（机组调节合格率-98%)/(100%-98%)]×机组容量×补偿标准×机组投运时间。其中，补偿标准为 0.1 元/MW·h。

5）旋转备用服务：旋转备用服务补偿计算方式为：旋转备用服务采用日发电补偿，其中的标准发电补偿标准为 10 元/MW·h。

6）黑启动服务：黑启动辅助服务按 6000 元/天计算补偿费用。

（3）西北

西北地区辅助服务的补偿采用打分制补偿的方式。

1）一次调频服务补偿：电厂补偿标准依据的补偿参数为月度平均合格率。

每月的一次调频平均合格率为积分电量的实际值与理论值的百分比，并与机组类型有关。

不同机组类型的一次调频平均合格率要求如表 1-29 所示。

表 1-29　不同机组类型一次调频平均合格率要求

机组类型	一次调频平均合格率
火电	大于等于60%
燃气	大于等于60%
水电	大于等于50%

其中，遵循的补偿规则为高出 1% 即补偿 5 分。

2）有偿调峰服务补偿：

① 机组深度调峰的补偿电量的计算方法为：补偿电量等于 50% 机组额定容量与机组实际有功出力之差在该时间范围内的积分。根据每万 kW·h 补偿 3 分的原则进行补偿。

② 不同类型发电机组遵循调度指令在一定时间内实现启停调峰，其补偿规则如表 1-30 所示。

表 1-30　不同发电机组实现启停调峰的补偿规则

发电机组类型	实现启停调峰条件	补偿规则
燃煤机组	按调度指令三天内完成	每万 kW 补偿 20 分
燃气机组	按调度指令完成	每万 kW 补偿 0.1 分
水电机组	按调度指令完成	每万 kW 补偿 0.02 分

3）旋转备用服务补偿：在火电机组发电出力比额定出力的一半大且比最大可调出力小时，补偿电量为最大可调出力与实际值之差的积分值，其中补偿原则如表 1-31 所示。

表 1-31　不同机组在旋转备用服务中的补偿标准

机组类型	实际出力	补偿标准
火电机组	大于70%额定出力，低于最大可调出力	0.1 分/万 kW
	大于50%额定出力，低于70%额定出力	0.5 分/万 kW
水电机组	低于70%额定出力	0.001 分/万 kW

如果发电机组无法达到可调出力的最高值时，当日旋转备用无法给予补偿。

4）自动发电控制（AGC）服务补偿：自动发电控制（AGC）服务补偿的三种补偿方式为可用率补偿、调节容量补偿和贡献电量补偿。

AGC补偿按机组计量。其中，三种补偿方式的补偿规则如表1-32所示。

表1-32 三种AGC补偿服务的补偿标准

补偿方式	补偿计算依据	补偿标准
可用率补偿	按月可用率进行机组计算	月可用率提升1%补偿0.5分/万 kW
调节容量补偿	按日统计机组参数来计算	0.02分/万 kW
贡献电量补偿	按日统计贡献电量代数和来计算	火电和水电机组分别为3分/万 kW·h 和0.5分/万 kW·h

5）自动电压控制（AVC补偿）：

① AVC补偿按机组计量。

② 若设计的机组设置自动电压控制补偿，则补偿电量的计算为：补偿电量=（机组实际AVC调节合格率−99%）×机组容量×机组自动电压控制投运时间。

其中，按0.01分/万 kW·h 补偿。

6）有偿无功服务补偿：满足电力调度的条件下的补偿标准：与迟相功率因数0.85或进相功率因数0.97进行比较，其无功电量与机组的有功、无功出力有关，计算方式为

$$
\begin{cases}
\int_{t_1}^{t_2} \left[|Q| - P\tan(\arccos 0.85) \right] \mathrm{d}t & \cos\varphi < 0.85;\ Q > 0 \\
\int_{t_1}^{t_2} \left[|Q| - P\tan(\arccos 0.97) \right] \mathrm{d}t & \cos\varphi < 0.97;\ Q < 0 \\
\int_{t_1}^{t_2} |Q| \mathrm{d}t & P = 0
\end{cases}
\tag{1-1}
$$

式中，P 为机组有功出力，Q 为无功出力。积分开始及结束时间 t_1、t_2 以电网调度机构EMS系统数据及相关运行记录为准。火电和水电机组分别遵循的补偿规则为1分/万 kW·h 和0.5分/万 kW·h 的规则进行补偿。

7）调停备用服务补偿：燃煤发电机组按照每日1分/万 kW 的补偿规则在停止运行七天时间内进行补偿。

8）黑启动服务补偿：以市场竞价的方式黑启动机组在调度范围内，针对水电机组、火电机组分别遵循5分/月和10分/月的补偿规则进行补偿。

9）稳控装置切机补偿：当稳控装置运行状态为减出力或切机时，运行结束后按照每万 kW 20分/次进行补偿。稳控装置用来提高电力系统的送出能力为不

能满足补偿标准的情况。

另外，新疆地区政策中另外提到的部分为：

① 深度调峰交易：深度调峰交易过程中不同火电厂类型在不同时期的负荷率和报价上、下限情况如表 1-33 所示。

表 1-33　不同火电厂在不同时期分档报价表

时期	报价档位	火电厂类型	火电厂负荷率	报价下限 /(元/kW·h)	报价上限 /(元/kW·h)
非供热期	第一档	纯凝火电机组	40%<负荷率≤50%	0	0.22
		热电机组	40%<负荷率≤45%		
	第二档	全部火电机组	负荷率≤40%	0.22	0.5
供热期	第一档	纯凝火电机组	40%<负荷率≤45%	0	0.22
		热电机组	40%<负荷率≤50%		
	第二档	全部火电机组	负荷率≤40%	0.22	0.5

② 电储能交易：电储能交易指储蓄设施在特定时段以物理或者化学的方式，能够将存储的能量在调峰交易时提供电量。可通过市场平台集中交易或双边协商确定交易价格后进行交易。当企业符合合同标准时，电网用户能够补偿费用的计算方法为：电储能设施交易补偿费用=成交电量总额×交易价格。当实际电量超出合约电量，若企业未按合同标准履行合约，则仅补偿合约电量部分；当实际电量少于合约电量，则补偿电量为储能用户低谷时间段的用电量。

（4）东北

东北辅助服务政策分析：

1）实时深度调峰交易：不同类型火电机组根据调峰速率指令要求提供实时服务，实时调整机组出力情况。

火电厂有偿调峰基准如表 1-34 所示。

表 1-34　火电厂有偿调峰基准

时期	火电厂类型	有偿调峰补偿基准
非供热期	纯凝火电机组	负荷率50%
	热电机组	负荷率48%
供热期	纯凝火电机组	负荷率48%
	热电机组	负荷率50%

实时深度调峰交易在不同时间的分档报价如表 1-35 所示。

表 1-35　深度调峰不同时间分档报价

时期	报价档位	火电厂类型	火电厂负荷率	报价下限/(元/kW·h)	报价上限/(元/kW·h)
非供热期	第一档	纯凝火电机组	40%<负荷率≤50%	0	0.4
		热电机组	40%<负荷率≤48%		
	第二档	全部火电机组	负荷率≤40%	0.4	1
供热期	第一档	纯凝火电机组	40%<负荷率≤48%	0	0.4
		热电机组	40%<负荷率≤50%		
	第二档	全部火电机组	负荷率≤40%	0.4	1

不同时间段内，火电厂机组在两档电价条件下的深度调峰补偿费用的计算方法：

$$火电厂实时深度调峰获得费用 = \sum_{i=1}^{2}（第\,i\,档有偿调峰电量 \times 第\,i\,档实际出清电价）$$

当省内负荷率高出调峰基准时，各类型电厂实行共同承担费用原则进行分摊。当火电厂机组比额定最小运行条件下的机组少时，遵循补偿费用为原补偿费用的一半来计算。

2）电储能调峰交易：电网的辅助服务采用电源或者负荷侧进行调峰服务，并可参与发电侧的辅助服务调峰市场。

电储能调峰交易采用双边交易的方式在一个月及以上范围内展开，交易上限为 0.12 元/kW·h，下限为 0.1 元/kW·h。

用户侧电储能设施的辅助服务补偿费用的计算方法为：

电储能设施获得的辅助服务费用 = 成交总电量 × 成交价格 + 调用电量总价格

签订双边合同的风电企业提供的辅助服务费用 = 成交总电量 × 成交价格

（5）南方

南方区域辅助服务政策主要以广东省辅助服务政策为典型进行总结梳理，广东省在辅助服务政策方面采取的补偿政策如下：

1）AGC（自动发电控制）服务实施补偿：电力调度机构遵循按日公布调频性能指标的平均值。当发电机运行期间发电机组最近的七日范围内综合调频性能指标的均值大于等于 0.5 时，可作为进入调频市场的基准。

① 调节容量补偿费用 = 调节容量服务供应量 × R_1（元/MW·h），其中，调节容量服务供应量即每日各调度时间段的容量服务供应量总和的每月累计值。如果没有投入自动发电控制，在该时间段内将不存在容量服务供应量。

② AGC 投调频控制模式的调节电量补偿费用 = 自动发电控制调节电量 × R_2。

若在其他控制模式条件下，调节电量将不采取补偿措施。其中，AGC 实际调节电量计算为实际发电量与预期发电量之差的绝对值总和。

2）深度调峰服务：不同类型机组启停调峰，每次采取的补偿标准如表 1-36 所示：

表 1-36　南方区域不同机组深度调峰补偿标准

机组类型	补偿标准
燃煤机组	每万千瓦装机容量 R_3 万元
燃气机组	每万千瓦装机容量 $0.05×R_3$ 万元
燃油机组	每万千瓦装机容量 $0.05×R_3$ 万元
生物质机组	每万千瓦装机容量 R_3 万元

3）有偿旋转备用服务：火力发电机组的有偿旋转备用服务补偿标准均为：若电厂申报的最高可调整出力高于实际出力时，两者之差对时间的积分遵循高峰补偿 R_4 元/MW·h，在低谷补偿 $0.5×R_4$ 元/MW·h。

（6）山东

电力系统辅助服务：2019 年 11 月，位于山东省菏泽市东明 100MW 的储能电站项目正在进行储能相关设备采购，这意味着继江苏、河南、湖南之后，山东也将迎来百兆瓦储能电站项目。在 11 月 11 日，山东能监办印发《山东电力辅助服务市场运营规则（试行）》修订稿，修订版本的运营规则于 11 月 15 日起正式执行。这是 2019 年山东能监办对电力辅助服务市场运行规则进行的第二次修订，主要涉及有偿调峰和 AGC[152]，市场交易方式为日前组织、日内调整[153]。相比 2019 年 3 月修订版，此次修订版本提高了停机调峰，将其由 270 元/MW·h 调整为 400 元/MW·h，在 AGC 最高上限方面，则依然维持 6 元/MW。此外，为了解决光伏平价上网项目电网接入问题，山东省能源局发布《关于做好我省光伏平价上网项目电网接入工作的通知》，其中针对该省调峰压力较大的情况给出解决方案，即鼓励初具规模的集中式光伏电站自主配备储能设施，以减少弃光风险。同时还强调，为建立辅助服务补偿新机制，充分发挥市场对资源分配的灵活性和引导性，使得电力系统保持稳定运行，激励风电、光伏发电、核电等清洁能源消纳[154]。

（7）甘肃

电力系统辅助服务：2019 年 10 月，甘肃能源监管办也正式印发了《甘肃省电力辅助服务市场运营规则（暂行）》，规则中涉及的调峰辅助服务是指并网发电机组或电储能装置、需求侧资源按照电网需求调峰。文件旨在规范建设电储能项目的供应商应满足其充电功率在 1 万 kW 及以上、持续充电时间 4h 以上，并且发电机组、需求侧资源、电储能等各类市场主体参与深度调峰时，电力调度机构根据电网运行需要，按照日前竞价结果统一由低到高依次调用。该文件的制定不仅致力于满足调峰辅助服务市场需求，更进一步推动甘肃电力市场建设，完善辅助服务市场机制，通过建设与现货市场配套衔接的调频市场使得辅助服务市场越加完善。

（8）安徽

新能源配储：2021 年 7 月 12 日，安徽发展改革委印发《安徽省电力供应保障三年行动方案（2022—2024 年）》，文件提出，要结合全省集中式新能源项目布局，积极推动全省电化学储能建设，鼓励电网侧储能项目建设，提高系统调节能力，要积极推动灵活性电源建设，新增电力顶峰能力 400 万 kW，其中应急备用电源 120 万 kW、气电 160 万 kW、储能 120 万 kW；7 月 20 日，安徽省经济和信息化厅、安徽省发展和改革委员会、安徽省住房和城乡建设厅、安徽省能源局共同印发《安徽省光伏产业发展行动计划（2021—2023 年）》的通知，通知要求，加强储能电池产品布局，推动光储一体化发展；加大系统解决方案开发，形成储能系统辅助光伏并网、电力调频调峰、需求侧响应、微电网等多种系统解决方案。

1.2 标准规范

近年来，电化学储能技术蓬勃发展，电站容量不断增长，截至 2018 年底，中国电化学储能市场累计装机功率规模为 1033.7MW，同比增长 146%，是目前技术发展最快、最有前景的储能方式[155-158]。行业发展，标准先行，标准体系建设是储能行业的一个重要环节，电化学储能标准的制定和修订工作在国内外受到普遍重视，IEC 等国际标准制定组织很早就开展了储能标准的制定工作；美国国家标准与技术研究院（National Institute of Standards and Technology，NIST）将电能存储列为智能电网标准制定的优先领域之一；我国国家能源局印发《关于加强储能技术标准化工作的实施方案（征求意见稿）》，指出"十三五"期间，我国应初步建立储能技术标准体系并形成一批重点技术规范和标准，"十四五"期间，形成较为科学、完善的储能技术标准体系。

针对储能标准体系的研究仍处于起步和完善阶段，2016 年中国电力科学研究院结合电化学储能标准制定现状，最先提出了初步的标准体系架构，涵盖了基础通用、系统要求、设备要求及检测、调试验收、运行维护检修方面，并按照标准的重要性，制定了电力储能标准体系工作路线图，推进标准的制定和规范化管理[159]。参考文献［160］介绍了不同储能类型标准的现状以及储能标准体系的建设情况，重点进行了国内储能标准的需求分析，给出了下一步的工作计划。参考文献［161］详细对比分析了国内外对于锂离子电池的安全标准，涵盖结构安全、电池本体安全、环境影响、系统要求方面。

现有的文献没有针对储能标准分环节进行系统性梳理，所提出的储能标准体系框架无法满足储能行业发展的新需求，对于消防安全、储能系统典型设计等重要环节没有涵盖。需要根据储能各环节的最新需求进行重新划分。本节对现有的电化学储能电站标准框架进行增补和完善，从基础通用、系统要求、设备及实验、运行维护评价、施工及验收、消防安全方面研究国内外电化学储能标准现状，分析每个技术层面标准的颁布情况，对储能行业关注的重点领域标准进行布局，并就我国下一阶段的储能标准发展给出建议。

1.2.1　国内外储能标准制定现状

在标准制定方面，目前国际电工委员会 IEC 涉及储能标准制定工作的工作组有 TC 8、TC 21、SC 21A、TC 120 等，具体标准工作内容情况见表 1-37。美国电气与电子工程师学会（IEEE）自 2003 年起陆续发布了一系列储能电站相关标准[162]，其中 IEEE 1547 在全球得到实际应用与广泛执行，是推动储能在智能电网应用的关键基石标准。美国保险商试验所（UL）、美国国家防火委员会（NF-PA）、德国电气工程师协会（VDE）、日本电气技术规格委员会（JESC）、德国技术监督协会（TÜV）、欧盟 CEN-CENELEC 联合工作组等标准制定组织也陆续发布了关于电化学储能的系列标准[163]。

在标准体系方面，美国将储能系统标准分为通用技术要求、通用规范、术语、检测、通信方式、接入标准及标准协调等。IEC T120 储能标准委员会下设 5 个工作组，分别负责术语、单位参数和测试方法、规划和安装、环境问题、安全等，但制定的标准分散，只衡量标准的重要性和关注度来进行标准制定工作，缺乏系统性和逻辑性。IEEE 的标准大多集中在储能电站并网方面，对储能系统的整体规划缺乏全局的指导[164]。国内高度重视储能标准体系建设工作，2008 年发布了第一项有关电化学储能的国家标准《储能用铅酸蓄电池》，2014 年成立全国电力储能标准化技术委员会（SAC/TC 550），主要负责电力储能技术领域国家标准制修订工作，目前 SAC/TC 550 归口管理的现行国家标准共有 11 项，地方标准和团体标准的制定工作也在不断推进并日臻成熟。我国储能标准的制定以我国储能应用现状为基础[165]，反映了我国储能技术的发展水平，同时具有一定的引领作用。

表 1-37　IEC 储能相关委员会工作情况

工作组	标准制定工作范围	已发布标准数量	在编标准数量
TC 8	电能供应的系统方面	11	12
TC 21	二次电池和电池	39	15
SC 21A	含有碱性或其他非酸性电解质的二次电池和电池	22	7
TC 57	电力系统管理及相关信息交换	188	63
TC 120	电能储存系统	6	7

我国以实践工程为基础，综合考虑用户与电网双方需求，2016 年由中国电力科学研究院牵头的"电力储能标准体系框架及路线图研究"项目将标准体系分为基础通用、系统要求、设备要求与检测、调试验收和运行维护 5 大类，建立了分阶段、分层次的电力储能标准体系工作路线图，为编制和制定标准明确了方向[166-170]。

1.2.2　国内标准体系架构

本节基于国内已颁布的储能系统系列标准及规范，对储能系统不同环节标准进行了梳理和归类。结合储能产业化应用过程中的实际需求，提出储能系统标准体系框架，如图 1-12 所示。将储能系统各环节分为基础通用、系统要求、设备及实验、运行维护评价、施工及验收、消防安全 6 个环节，共 32 个技术方面的标准。

根据目前标准的制定和颁布进度，进行了进一步的梳理，分为已颁布国家标准、在编或已布局标准以及规划中的标准 3 个层面。

已颁布国家标准涵盖了储能系统通用技术条件、储能系统规划设计、接入电网规定、电池本体技术要求、装备技术条件等方面，如图 1-12 中深黑色部分所示。其中锂离子电池管理系统和变流器技术条件与检验规程的相关标准于 2018 年实施[171-173]，电力储能系统通用技术条件、储能系统接入电网技术规定、储能系统接入电网测试规程、电化学储能电站锂离子电池技术条件、移动式电化学储能系统要求、电化学储能电站铅炭电池技术条件、储能电站电池管理系统技术条件与测试相关国家标准都于 2019 年实施[174-180]，为规范储能行业发展提供了基础支撑。

近年来，随着储能电站建设规模不断增加，从电站规划到运维环节布局了系列新的标准，如图 1-12 中灰色部分所示。涵盖了标识编码、典型设计、监控与通信、运行与调度以及消防安全等方面。其中电力行业标准涵盖电化学储能电站

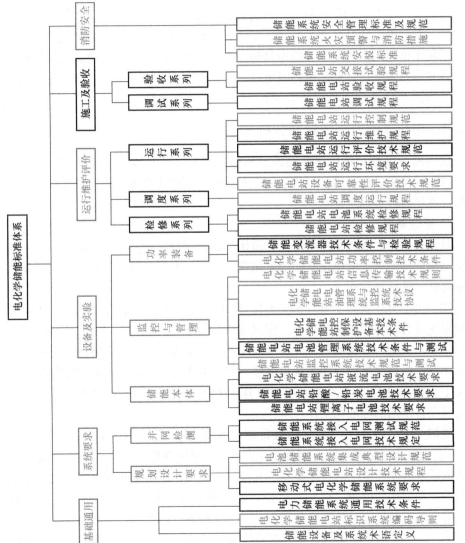

图 1-12 电化学储能标准体系框架

标识系统编码、电化学储能电站信息传输技术规范等领域。能源行业标准涵盖电化学储能电站功率控制技术条件等领域。企业标准主要由国家电网有限公司和中国南方电网有限责任公司制定和颁布，涵盖电化学储能电站设计技术规程、电池储能系统集成典型设计规范、储能电站监控系统技术规范与测试、储能电站调度运行规程、储能电站运行控制规程、储能电站交接试验规程等领域。消防安全方面作为储能行业发展的重点领域，目前正在积极布局。

通过对储能系统各环节的梳理，亟需开展相关标准制定的方面还包括储能设备及系统术语定义、电化学储能电站液流电池技术要求、电化学储能电站控制保护设备基本技术条件、储能电站及电池系统检修规程、储能电站运行环境要求等方面，如图 1-13 中浅黑色部分所示。

1.2.3　电化学储能系统标准分析

依据图 1-12 修订的电化学储能电站标准体系，本节将从基础通用、系统要求、设备及实验、运行维护评价、施工及验收、消防安全 6 个方面对比分析国内外储能系统各环节标准现状。

1. 基础通用

基础通用类标准包括术语规定、适用于各个场景下的技术条件和准则等，在各类型与应用场景下的电化学储能电站普遍适用，对标准的制定和行业的发展具有不可替代的标杆作用。

2018 年，IEC 发布了 IEC 62933-1：2018《电力储能系统 1：术语》，将电力储能系统进行了不同种类的划分，定义了电力储能系统的单元参数、测试方法、规划安装、安全与环境问题。此标准规定的术语涵盖储能系统各方面，贯穿各个环节，为不同情况下的应用系统提供技术与内容支撑，对全球性的储能标准制定奠定了重要基础[181]。在编的两项标准 IEC 60050-631 ED1 与 IEC 62933-1 ED2 将会继续完善术语的标准化工作。

我国关于基础通用的国家标准目前仅有 2018 年发布的 GB/T 36558—2018《电力系统电化学储能系统通用技术条件》，此项标准确立了不同类型电化学电池储能系统和单体电池的技术要求，在应用于电力系统的电化学储能设备，电池管理系统和储能变流器，保护、监控、通信和电量计量等方面都做出了相关规定，对电化学储能电站的实际应用起到了全方位的支撑作用。电力行业标准 DL/T 1816—2018《电化学储能电站标识系统编码导则》是国内第一个针对电化学储能电站的标识程序的标准。

国际对术语的制定工作比较全面，虽然我国储能标准制定工作开展较早，但储能电站术语方面只发布了抽水蓄能电站的术语标准，针对电化学储能系统基本术语的标准尚不完备，不利于新标准的编写和行业之间的技术交流，需要加快推进制定工作；另一方面，国内电化学储能电站的整体设备编码已经具备系统性，利于检索。基础通用标准的制定是储能技术发展的关键要素，建议加强国内储能系统术语方面相关标准制定。

2. 系统要求

储能电站系统要求包括电化学储能系统的规划设计要求和并网检测要求。其中电化学储能系统并网是投入应用的重要环节，相关标准编写工作受到高度重视，在国际和国内已有详细规定。

IEC TS 62933-5-1：2017《电力储能系统 5-1：电力储能系统接入电网的安全考虑》将储能系统接入的电网及应用场景进行分类，分析了储能系统接入电网的风险，给出了削弱风险的预防措施，包括过电流的保护设计、储能系统断开时的操作步骤、人员训练以及储能系统的维护，提出了不同故障下储能系统如何反应的测试方法以及要求。IEEE 2030.3 对接入电力系统的储能电站提出了技术要求，规定安装评估标准、参数测定试验及并网试验步骤[182]。

我国于 2010 年发布第一项涉及储能系统接入电网的企业标准，此后不断出台新的标准，对储能电站并网进行规范，截至目前发布国家标准两项，行业标准三项。GB/T 36547—2018《电化学储能系统接入电网技术规定》是目前招标中主要采用的标准，规定了电化学储能电站接入电网的功能、技术要求，包括接入电网连接点的电压要求、接入电网的适应性、保护与通信及接入电网的测试内容等，对储能系统直接接入电网具有重要引领作用。国网江苏省电力公司 2018年发布的《储能电站并网技术规范》[183] 在 GB/T 36547—2018 基础上加入了电化学储能电站接入电网应进行电能质量校核的内容；并对充放电响应时间提出了更严格的要求，缩减到国家标准的一半；在电网适应性章节中，在频率适应性和故障穿越两方面以外还增加了对电能质量适应性的要求；增加了辅助服务层面对储能电站具有黑启动、参与热备用等功能的要求；在测试内容中增加了额定功率性能测试和通信与自动化测试，探索并建立健全储能参与辅助服务市场机制、推进储能提升电力系统灵活性、稳定性和提升用能智能化水平应用示范。随着"分布式能源+储能"的智能电网的发展，中国电力企业联合会发布了 T/CEC 173—2018[184]，提出了适用于分布式储能接入配电网的规划方案，为分布式储能系统接入电网后的电能质量、电气安全、调度自动化等划定了标准；T/CEC 175—2018[185]针对电化学储能系统方舱，对具体性能、结构与安全性等做了相关规定；企业和地方基于区域电网实际情况对国家标准做出的完善，有利于我国智能电网的技术发展与工程建设。其他标准如 DL/T 2313—2021《参与辅助调频的电厂侧储能系统并网管理规范》，DL/T 5810—2020《电化学储能电站接入电网设计规范》将充实我国的电化学储能电站并网标准。储能系统并网相关标准详见表 1-38。

表 1-38　系统并网要求相关标准

标准号	标准名称	实施日期
IEC TS 62933-5-1：2017	电力储能系统 5-1：电力储能系统接入电网的安全考虑	2017-07-12
IEEE 2030.3	应用于电力系统中电力储能装置和系统标准指南	2016
IEEE 2030.2—2019	固定和移动的电池储能系统的设计、操作和维护与接入电力系统的应用标准指南	2019
GB/T 36547—2018	电化学储能系统接入电网技术规定	2019-02-01
GB/T 36548—2018	电化学储能系统接入电网测试规范	2019-02-01
NB/T 33014—2014	电化学储能系统接入配电网运行控制规范	2015-03-01
NB/T 33015—2014	电化学储能系统接入配电网技术规定	2015-03-01
NB/T 33016—2014	电化学储能系统接入配电网测试规程	2015-03-01
Q/GDW 10696—2016	电化学储能系统接入配电网运行控制规范	修订代替 Q/GDW 696-2011
Q/GDW 11725—2017	储能系统接入配电网设计内容深度规定	2018-06-27
DL/T 5810—2020	电化学储能电站接入电网设计规范	2021-02-01
DL/T 2041—2019	分布式电源接入电网承载力评估导则	2019-10-01
GB/T 41235—2022	能源互联网与分布式储能系统互动规范	2023-10-01

我国电力行业主要由国家统一管理，储能技术的发展侧重于电网侧，因此在并网方面的标准也最多，重叠部分的技术要求基本一致，更多是对某一方面的细化，这样的并网标准现状有利于储能电站并网技术的发展。近年来百兆瓦级储能电站示范工程不断推进，吉瓦级储能电站的建设提上议案，可再生能源渗透率逐步增长，对储能电站并网技术提出了新的挑战，有必要在原有标准的基础上不断更新完善，适应储能行业发展新的需要[186]。

3. 设备及实验

设备及实验方面的标准包括储能本体、监控与管理以及功率装备等方面。不同设备的设计生产、技术条件、需要考虑的故障等都不同，设备的故障可能会引发储能电站甚至整个系统的安全问题。明确电化学储能电站的设备需达到的技术标准以及安全性指标，保障电化学储能系统电能质量和设备安全运行，对储能电站高效率经济运行具有重要意义。

（1）储能本体

储能电池作为储能电站的基本组成单元，对电站的安全和运行性能有着根本影响，是标准制定中至关重要的一项，处于技术设备要求最优先等级。

国际标准 IEC 62933-2-1：2017/修订版 1：2019 对储能系统的测试环境和测试程序做了相关规定[187]。德国针对锂离子技术固定式的存储系统发布了储能标准 VED-AR-E 2510-50、VE-AR-E 2510-2，主要关注储能用锂离子电池的安全问题。

我国的储能电站所用电池大部分来自于动力电池生产线，因此在没有储能专用电池标准的领域沿用了动力电力的电芯标准。新发布的 3 项动力电池国家标准 GB/T 34013—2017、GB/T 34014—2017 和 GB/T 34015—2017[188-190] 备受关注，主要解决了动力电池回收利用于储能电站中由于尺寸不一引起的不匹配问题，对动力电池的余能检测进行了规定，使得所有电池都有源可溯，保证了电池信息的唯一性。这 3 项标准填补了电池回收方面的标准空白，使动力电池的标准化覆盖了全过程，各个阶段都有标准可依。但是电动汽车和电力储能用电池在性能方面的要求存在差别，储能用电池更加注重成本、安全，并且需要兼顾充放电，对响应时间和参数准确度也有更高的要求，因此储能专用电池标准也意义重大，针对储能专用电池的国家标准目前有 3 项。2008 年我国发布了第 1 项关于储能用铅酸蓄电池的国家标准 GB/T 22473—2008[191]（现已被 GB/T 22473.1—2021 替代），之后相关国家标准、地方标准和企业标准相继发布。国家标准 GB/T 36276—2018、GB/T 36280—2018 综合考虑操作者、用户、环境要求，分别针对锂离子电池和铅炭电池，对储能用电池的规格、电池单体性能、安全要求等方面做出了相关规范，提出了电池出厂检验的分类、项目以及试验方法与判定条件，标准还包含了电池的包装、运输及储存，这些综合性标准涉及储能用电池工作的方方面面，推进了储能行业中电池的标准化生产，为电池产品的定型制定了明确方向。国家能源局发布的 NB/T 42091—2016 对储能用锂离子电池的运行使用环境做出了规定[192]，中国电力企业联合会 2018 年发布了 4 项针对电力储能用锂离子电池的技术标准以及检测试验方法[193-196]。

此外还有关于锂离子电池梯次利用技术的标准处于在编阶段。储能本体相关标准详见表 1-39。

表 1-39　储能本体相关标准

标准号	标准名称	实施日期
IEC 62933-2-1：2017/修订版 1：2019	电能存储系统第 2-1 部分：单元参数和试验方法	2022
VED-AR-E 2510-50	带电池的固定式储能系统	
VE-AR-E 2510-2	用于连接低压电网的固定电能储存系统	
GB/T 22473—2008（被 GB/T 22473.1—2021 替代）	储能用铅酸蓄电池	2009-10-01

（续）

标准号	标准名称	实施日期
GB/T 36276—2018	电力储能用锂离子电池	2019-01-01
GB/T 36280—2018	电力储能用铅炭电池	2019-01-01
NB/T 42091—2016	电化学储能电站用锂离子电池技术规范	2016-12-01
NB/T 42145—2018	全钒液流电池安装技术规范	2018-07-01
T/CEC 171—2018	电力储能用锂离子电池循环寿命要求及快速检测试验方法	2018-04-01
T/CEC 169—2018	电力储能用锂离子电池内短路测试方法	2018-04-01
T/CEC 170—2018	电力储能用锂离子电池烟爆炸试验方法	2018-04-01
T/CEC 172—2018	电力储能用锂离子电池安全要求及试验方法	2018-04-01

储能本体作为电化学储能电站的基础，相关标准目前比较完善。由于锂离子电池是电化学储能的重点发展领域，锂离子电池相关标准相对较多，标准逐渐覆盖运输与安装、具体的安全试验标准以及特殊气候条件下储能用电池的性能要求，具有良好的参考意义。随着电池的研发进程，电化学电池的安全考虑和性能要求也需要根据储能技术的现实发展进行实时修订以及开发新标准。

（2）监控与管理

结合我国电化学储能电站实际技术条件制定电站管理与监控的标准，有利于电化学储能电站安全运行，提升运行管理效率，使用科学的算法实现应用场景对电化学储能电站的技术要求，有利于电站的经济发展，增强电化学储能电站大规模应用的可行性。通信对于储能电站消纳可再生能源引起的电压波动有重要作用，优化储能电站的通信拓扑有利于储能电站的运行规划和功能应用，提高储能电站应用于不同场景下的能力，因此监控系统的通信环节也很重要[197]。

目前，国内电化学储能电站管理监控方面的标准比较少，Q/GDW 1884—2013[198]对锂离子电池的管理系统做出要求，规定了电池管理系统的功能，提出了性能要求及检测方法，是一个具有导向性和前瞻性的标准，填补了当时电化学储能电站管理系统方面标准的空白。2017年发布的国家标准 GB/T 34131—2017要求电池管理系统应与电池成组方式及变流器拓扑结构相协调，能分级实现功能要求，这也符合储能电站管理系统的分层设计。标准提出了对管理系统的具体功能要求，对管理系统的安全性能做出了要求并规定了出厂试验项目，为管理系统的生产指明了方向[199]。

电化学储能电站监控与管理系统之间的通信方面，针对性的国家标准尚未颁布。国家电网有限公司发布的 Q/GDW 1887—2013[200]提及了监控系统与管理系统之间的网络通信结构，规定了主机之间、站控层、间隔层、过程层之间使用的网络以及通信协议。Q/GDW 10111-03-004—2018[201]对此进行了更新与增补，规定了储能电站监控系统信息的采集方式、传输规约以及传输通道组织。2019年国家能源局批准的DL/T 1989—2019标准提出了新的通信协议。电站管理与监控相关标准详见表1-40。

表1-40　电站管理与监控相关标准

范围	标准号	标准名称	实施日期
管理系统	GB/T 34131—2017	电化学储能电站用锂离子电池管理系统技术规范	2018-02-01
	Q/GDW 1884—2013	储能电池组及管理系统技术规范	2014-01-29
	Q/GDW 11265—2014	电池储能电站设计技术规程	2014-12-31
监控系统	NB/T 42090—2016	电化学储能电站监控系统技术规范	2016-12-01
	Q/GDW 697—2011	储能系统接入配电网监控系统功能规范	
	Q/GDW 1887—2013	电网配置储能系统监控及通信技术规范	2014-01-29
	Q/GDW 10111-03-003—2018	储能电站计算机监控系统技术规范	2018-09-20
	Q/GDW 10111-03-004—2018	储能电站监控信息技术规范	2018-09-20
	Q/GDW 10111-03-008—2018	储能电站监控系统测试技术规范	2018-09-20
通信	DL/T 1989—2019	电化学储能电站监控系统与电池管理系统通信协议	2019-10-01
	Q/GDW 10111-03-004—2018	储能电站自动化监控信息传输技术规范	2018-09-20
		大容量电池储能站监控系统与电池管理系统通信协议	在编

我国电化学储能电站监控管理方面的标准的制定相对滞后，国家标准亟待完善，不能满足电化学储能电站暂态和稳态的能量管理。特别是现在大规模电化学储能电站组成电池类型多样，数量庞大，常规的控制策略不能满足运行要求，急需相关标准进行指导。通信方面应尽快开展相关标准的制定，并需要考虑连接过程中涉及标准的逻辑性，保证各环节标准的互操作性。

（3）功率装备

国内2013年发布了第1项针对储能变流器的企业标准，此后不断出现新的标准对储能电站功率装备进行规范，截至目前，发布国家标准2项，行业标准3项[122-125]。GB/T 34120—2017《电化学储能系统储能变流器技术规范》作为当前行业适用的低压储能变流器产品招标以及产品设计定型所依据的技术标准，内容包括对储能变流器的性能要求、功能要求和安全要求等，并且在电能质量、功率控制、电网适应性等并网要求方面完全适配 GB/T 36547—2018 并网标准，为储能变流器的生产及验收提供了依据，提高了储能变流器的生产门槛，刺激了储能变流器技术进步。

我国已有广泛适用的电化学储能电站的功率装备统一标准，为功率设备的生产提供了技术支撑，利于设备制造的高质量发展[202-209]。

4. 运行维护评价

运行维护评价方面具体包含运行指标评价以及运行中的安全环境问题、检修等。运行标准为电化学储能电站的运行情况提出了要求，规范了电站质量水平，促进行业技术的提高。

GB/T 34120—2017[210] 主要聚焦储能电站运行中产生的环境问题，界定了评估环境因素的方法，提出了对环境与储能系统相互影响的指南。在编的 IEC TR 62933-4-200 ED1 与 IEC 62933-5-2 ED1 将在温室气体排放和安全要求方面进行规范。

目前关于储能电站运行维护的国家标准和行业标准各有一项。GB/T 36549—2018 对电化学储能电站运行指标、能效指标以及可靠性做了规定，给定了评价指标。NB/T 42089—2016[211] 针对全钒液流电池提出了维护要求。

目前国内关于电化学储能电站运行维护的相关标准处于滞后状态，先进性不足，特别在环境安全等方面落后于国际水平，应尽快开展相关标准的制定。

5. 施工及验收

施工及验收方面的标准保障电化学储能电站的安全、高效投运，有利于提升电化学储能电站市场效益，并方便前期管理工作顺利进行。

现行标准中，GB/T 51311—2018 对风光储联合发电站中储能单元的调试、启动验收以及系统联合试运行与竣工验收进行了规范。企业标准《箱式储能电站调试规范》对大型移动式储能箱的安装、调试前的安全检查、操作检查以及调试操作流程做出了详细的步骤指导。随着储能电站数目不断增长，建设经验逐渐积累，其他应用场景下相关标准已开展制定工作。目前《电化学储能电站施工及验收规范》已完成报批稿，IEC 正在制定《电池储能系统并网试验与调试规程》。

6. 消防安全

最近各国电化学储能电站火灾的发生使安全问题引起了各国的重视，成为行业内的焦点。

国外对于电化学储能电站及用户侧储能系统的安装、接地、消防都有相关规定[213-216]。美国和加拿大通用的 UL 9540[217] 标准于 2014 年发布，适用于多种储能技术，在储能系统安装后的安装参数、间距、通风、产生的热量和气体等方面进行了规范。澳大利亚发布的《储能标准路线图》对用户侧的储能系统做了安装方面的规范。欧盟的 STABALLON 项目也在系统层面与生命全周期方面对锂离子电池的安全问题提出了预防策略。美国消防协会（National Fire Protection Association，NFPA）制定的 NFPA 855[218]《固定式储能系统安装标准》适用于大型电网并网，已于 2019 年秋季发布。NFPA 855 规定了每种电化学储能系统的容量阈值；将储能系统划分为室内和室外两类，据此对于储能系统相互距离以及与墙壁的安全距离进行了规定；规定了储能系统配备的消防及防撞保护措施，对消防人员进行应急准备培训等，突破了消防安全针对于小型储能系统的局面，适用于大型储能电站。

国内只有 GB 51048—2014 第 11 章对锂离子电池的火灾危险等级与安装格局做了规定，目前大多数国内储能电站的建设遵循此规则。国内对电化学储能系统的火灾危险性认识逐步提升，但系统安全及消防安全方面的标准尚不完善，对电化学储能电站的火灾预警和消防措施尚处于研究制定阶段，应尽快开展相关标准的制定工作。

参 考 文 献

[1] 胡静，李琼慧，黄碧斌，等. 适应中国应用场景需求和政策环境的电网侧储能商业模式研究 [J]. 全球能源互联网，2019，2（4）：367-375.

[2] 李建林，屈树慷，黄孟阳，等. 锂离子电池建模现状研究综述 [J]. 热力发电，2021，50（7）：1-7.

[3] 尤毅，刘东，钟清，等. 主动配电网储能系统的多目标优化配置 [J]. 电力系统自动化，2014，38（18）：46-52.

[4] 赵乙潼，王慧芳，何奔腾，等. 面向用户侧的电池储能配置与运行优化策略 [J/OL]. 电力系统自动化 [2020-01-21]. http://kns. cnki. net/kcms /detail/32. 1180. TP. 20191022. 1625. 012. html.

[5] 李臻. "十四五" 时期我国储能产业发展方向 [J]. 电力设备管理，2020（05）：27+67.

[6] 王伟. 能源法再入公众视野　优先发展可再生能源引关注 [N]. 国家电网报，2020-04-14（005）.

[7] 时智勇. "新能源+储能" 认识几何？ [J]. 能源，2020（06）：26-30.

[8] 李清然，张建成. 含储能分布式光伏系统并网点电压调整方案设计 [J]. 现代电力，2016，033（002）：33-38.

[9] 王佳丽. 新能源配储能 "由暗到明" [J]. 能源，2020（07）：15-18.

[10] 杨军峰，郑晓雨，惠东，等. 储能技术在送端电网中促进新能源消纳的容量需求分析 [J]. 储能科学与技术，2018，7（4）：698-704.

[11] 侯力枫. 风电功率波动平抑下储能出力与平滑能力的动态优化控制策略 [J]. 热力发电，2020，49（8）：134-142.

[12] 施涛，司学振，饶宇飞，等. 考虑聚合效应的多点分布式储能系统灵活性评价方法研

究［J］. 电网与清洁能源，2019，35（12）：67-73.

［13］ 白帆，陈红坤，陈磊，等. 基于确定型评价指标的电力系统调度灵活性研究［J］. 电力系统保护与控制，2020，48（10）：52-60.

［14］ 李则衡，陈磊，路晓敏，等. 基于系统灵活性的可再生能源接纳评估［J］. 电网技术，2017，41（7）：2187-2194.

［15］ 张高航，李凤婷. 计及源荷储综合灵活性的电力系统日前优化调度［J］. 电力自动化设备，2020，40（12）：159.

［16］ 杨卫明，胡岩，殷新建，等. 储能技术及应用发展现状［J］. 建材世界，2019，40（5）：115-119.

［17］ 安琪. 储能技术在清洁取暖的应用及区域政策［J］. 电力设备管理，2020（11）：23-25.

［18］ 黄际元，李欣然，曹一家，等. 面向电网调频应用的电池储能电源仿真模型［J］. 电力系统自动化，2015，39（18）：20-24+74.

［19］ 曹家军. 新能源配置储能的政策建议及商业模式分析［J］. 能源，2020（12）：45-47.

［20］ 王思. 2020 中国储能政策盘点：储能将正式迈入"十四五"发展新阶段［J］. 新能源科技，2021（2）：2-5.

［21］ 王冰，王楠，李娜，等. 面向大规模新能源并网的电化学储能产业政策研究［J］. 电器与能效管理技术，2021（4）：1-5+23.

［22］ 刘英军，刘亚奇，张华良，等. 我国储能政策分析与建议［J］. 储能科学与技术，2021，10（4）：1463-1473.

［23］ 黎冲，王成辉，王高，等. 电化学储能商业化及应用现状分析［J］. 电气应用，2021，40（7）：15-22.

［24］ 裴善鹏，林华，王炎，等. 电力现货市场背景下的山东新能源储能应用模式研究［J］. 热力发电，2021，50（8）：30-38.

［25］ 李岱昕，张静. 首个产业政策发布助推中国储能迈向商业化［J］. 电器工业，2017（11）：42-44.

［26］ 储能 100 人. 电池梯次利用冲向风口［J］. 新能源经贸观察，2019（4）：27-29.

［27］ 政经要闻［J］. 中国石油企业，2019（5）：8-9.

［28］ HE Yuqing, CHEN Yuehui, YANG Zhiqiang, et al. A review on the influence of intelligent power consumption technologies on the utilization rate of distribution network equipment［J］. Protection and Control of Modern Power Systems, 2018, 3（3）：183-193.

［29］ 宋作森. 全面放开经营性电力用户发用电计划影响分析［J］. 云南电力技术，2021，49（03）：19-23.

［30］ 黎静华，汪赛. 兼顾技术性和经济性的储能辅助调峰组合方案优化［J］. 电力系统自动化，2017，41（9）：44-50，150.

［31］ ESSAYEH C, FENNI M R E, DAHMOUNI H. Optimization of energy exchange in microgrid networks：a coalition formation approach［J］. Protection and Control of Modern Power Systems, 2019, 4（4）：296-305.

［32］ ZHANG Delong, LI Jianlin, HUI Dong. Coordinated control for voltage regulation of distribution network voltage regulation by distributed energy storage systems ［J］. Protection and Control of Modern Power Systems, 2018, 3（3）: 35-42.

［33］ MAGDY G, MOHAMED E A, SHABIB G, et al. Microgrid dynamic security considering high penetration of renewable energy ［J］. Protection and Control of Modern Power Systems, 2018, 3（3）: 236-246.

［34］ 储能技术专业学科发展行动计划 ［J］. 电力设备管理, 2020（02）: 18-19.

［35］ 王轶辰. 电力现货市场试点进入"深水区" ［N］. 经济日报, 2019-08-09（7）.

［36］ 支彤. 2018年全国电力辅助服务补偿费用共147.62亿元 ［N］. 中国电力报, 2019-05-07（1）.

［37］ 李波, 孟凡凡. 储能辅助电厂AGC调频前景分析 ［J］. 通信电源技术, 2020, 37（05）: 261-262.

［38］ 杨鲲鹏. 国家发展改革委、国家能源局联合印发《电力中长期交易基本规则》 ［N］. 中国电力报, 2020-07-03（001）.

［39］ 政策法规 ［J］. 日用电器, 2019（9）: 7-8.

［40］ LI Guodong, LI Gengyin, ZHOU Ming. Model and application of renewable energy accommodation capacity calculation considering utilization level of interprovincial tie-line ［J］. Protection and Control of Modern Power Systems, 2019, 4（4）: 1-12.

［41］ 李建林, 李雅欣, 周喜超, 等. 储能商业化应用政策解析 ［J/OL］. 电力系统保护与控制: 1-11 ［2020-07-26］.

［42］ 曾鸣, 李晨, 刘超, 等. 考虑电价补贴政策的风电投资决策模型与分析 ［J］. 电力系统保护与控制, 2012, 40（23）: 17-23, 86.

［43］ 曾鸣, 李晨, 刘超, 等. 考虑电价补贴政策的风电投资决策模型与分析 ［J］. 电力系统保护与控制, 2012, 40（23）: 17-23, 86.

［44］ 国家发展改革委. 国家发展改革委关于完善光伏发电上网电价机制有关问题的通知 ［J］. 太阳能, 2019（5）: 5-5.

［45］ 丁怡婷. 确保工商业平均电价只降不升 ［N］. 人民日报, 2019-10-29（2）.

［46］ 孙冰莹, 杨水丽, 刘宗歧, 等. 国内外兆瓦级储能调频示范应用现状分析与启示 ［J］. 电力系统自动化, 2017, 41（11）: 8-16, 38.

［47］ 顾阳. 燃煤发电将告别"标杆价" ［N］. 经济日报, 2019-10-25（5）.

［48］ LI Gengyin, LI Guodong, ZHOU Ming. Comprehensive evaluation model of wind power accommodation ability based on macroscopic and microscopic indicators ［J］. Protection and Control of Modern Power Systems, 2019, 4（4）: 215-226.

［49］ 上海有色网. 锂电池回收利用政策利好梯次利用已形成示范效应 ［J］. 资源再生, 2019（2）: 24-26.

［50］ 周航, 马玉骁. 新能源汽车动力电池回收利用工作进展及标准解析 ［J］. 中国质量与标准导报, 2019（7）: 37-43.

［51］ LI Junhui, GAO Fengjie, YAN Gangui, et al. Modeling and SOC estimation of lithium iron phosphate battery considering capacity loss [J]. Protection and Control of Modern Power Systems, 2018, 3 (3): 61-69.

[52] 资讯 [J]. 汽车纵横, 2019 (9): 8-16.

[53] CAI Hui, CHEN Qiyu, GUAN Zhijian, et al. Day-ahead optimal charging/discharging scheduling for electric vehicles in microgrids [J]. Protection and Control of Modern Power Systems, 2018, 3 (3): 93-107.

[54] 袁铁江, 陈洁, 刘沛汉, 等. 储能系统改善大规模风电场出力波动的策略 [J]. 电力系统保护与控制, 2014, 42 (4): 47-53.

[55] 孙铭爽, 贾祺, 张善峰, 等. 面向机电暂态分析的光伏发电参与电网频率调节控制策略 [J]. 电力系统保护与控制, 2019, 47 (18): 28-37.

[56] 李建林, 王上行, 袁晓冬, 等. 江苏电网侧电池储能电站建设运行的启示 [J]. 电力系统自动化, 2018, 42 (21): 1-9, 103.

[57] 李建林, 谭宇良, 王楠, 等. 新基建下储能技术典型应用场景分析 [J/OL]. 热力发电: 1-11 [2020-07-26].

[58] 赛迪智库电子信息研究所. 5G终端产业白皮书 [N]. 中国计算机报, 2020-02-24 (008).

[59] 王蓓蓓, 丛小涵, 高正平, 等. 高比例新能源接入下电网灵活性爬坡能力市场化获取机制现状分析及思考 [J]. 电网技术, 2019, 43 (8): 2691-2702.

[60] 李建林, 李雅欣, 周喜超, 等. 储能商业化应用政策解析 [J]. 电力系统保护与控制, 2020, 48 (19): 168-178.

[61] 郭凡. 储能有效参与电力现货市场需更合理的政策支持 [N]. 中国能源报, 2020-07-20 (004).

[62] 刘志清, 王春义, 王飞, 等. 储能在电力系统源网荷三侧应用及相关政策综述 [J]. 山东电力技术, 2020, 47 (7): 1-8+21.

[63] 张志, 邵尹池, 伦涛, 等. 电化学储能系统参与调峰调频政策综述与补偿机制探究 [J]. 电力工程技术, 2020, 39 (5): 71-77+84.

[64] 《能源发展战略行动计划 (2014—2020年)》 [M]. 北京: 人民出版社, 2014.

[65] 国家能源局关于印发《国家能源研发创新平台管理办法》的通知 [J]. 电力设备管理, 2020 (09): 17-19.

[66] 孙玉树, 杨敏, 师长立, 等. 储能的应用现状和发展趋势分析 [J]. 高电压技术, 2020, 46 (01): 80-89.

[67] de la Torre Sebastian, Gonzalez-Gonzalez Jose M, Aguado, et al. Optimal battery sizing considering degradation for renewable energy integration [S]. IET RENEWABLE POWER GENERATION, 2019, 13 (04): 572-577.

[68] 刘闯, 孙同, 蔡国伟, 等. 基于同步机三阶模型的电池储能电站主动支撑控制及其一次调频贡献力分析 [J]. 中国电机工程学报, 2020, 40 (15): 4854-4866.

[69] Crespo, Miguel Garcia, Pablo Georgious, Ramy. Design and Control of a Modular 48/400V Power Converter for the Grid Integration of Energy Storage Systems [S]. 11th Annual IEEE

Energy Conversion Congress and Exposition（ECCE），Baltimore，MD，SEP 29-OCT 03，2019.

［70］ 杨修宇，穆钢，柴国峰，等. 考虑灵活性供需平衡的源-储-网一体化规划方法［J］. 电网技术，2020，44（09）：3238-3246.

［71］ 邹鹏，陈启鑫，夏清，等. 国外电力现货市场建设的逻辑分析及对中国的启示与［J］. 电力系统自动化，2014，38（13）：18-27.

［72］ 刘冰，张静，李岱昕，等. 储能在发电侧调峰调频服务中的应用现状和前景分析［J］. 储能科学与技术，2016，5（6）：909-914.

［73］ 李相俊，张晶琼，何宇婷，等. 基于自适应动态规划的储能系统优化控制方法［J］. 电网技术，2016，40（5）：1355-1362.

［74］ 孙辉，刘鑫，贾驰，等. 含风储一体化电站的电力系统多目标风险调度模型［J］. 电力系统自动化，2018，42（5）：94-101.

［75］ 伍俊，鲁宗相，乔颖，等. 考虑储能动态充放电效率特性的风储电站运行优化［J］. 电力系统自动化，2018，42（11）：41-47.

［76］ 胡泽春，夏睿，吴林林，等. 考虑储能参与调频的风储联合运行优化策略［J］. 电网技术，2016，40（8）：2251-2257.

［77］ 甘伟，郭剑波，艾小猛，等. 应用于风电场出力平滑的多尺度多指标储能配置［J］. 电力系统自动化，2019，43（9）：92-99.

［78］ NICK M，CHE R KAOUI R，PAOLONE M. Optimal allocation of dispersed energy storage systems in active distribution networks for energy balance and grid support［J］. IEEE Transactions on Power Systems，2014，29（5）：2300-2310.

［79］ 张立梅，唐巍，赵云军，等. 分布式发电接入配电网后对系统电压及损耗的影响分析［J］. 电力系统保护与控制，2011，39（5）：91-96，101.

［80］ 丁逸行，徐青山，吕亚娟，等. 考虑需量管理的用户侧储能优化配置［J］. 电网技术，2019，43（4）：1179-1186.

［81］ SUB R AMANI G，R AMACHANDA R AMU R THY V K，VIJYAKUMA R K N. Optimal sizing of battery energy storage system（BESS）for peak shaving under Malaysian electricity tariff［J］. Advanced Science Letters，2018，24（3）：1861-1865.

［82］ 郑国太，李昊，赵宝国，等. 基于供需能量平衡的用户侧综合能源系统电/热储能设备综合优化配置［J］. 电力系统保护与控制，2018，46（16）：8-18.

［83］ K R ISHNAMU R THY S，ELENGA BANINGOBE R A B. IEC 61850 standard-based harmonic blocking scheme for power transformers［J］. Protection and Control of Modern Power Systems，2019，4（2）：121-135.

［84］ 李建林，王上行，袁晓冬，等. 江苏电网侧电池储能电站建设运行的启示［J］. 电力系统自动化，2018，42（21）：1-9，103.

［85］ LUO X，WANG J H，DOONER M，et al. Overview of current development in electrical energy storage technologies and the application potential in power system operati［J］. Applied Energy，2015，137：511-536.

[86] 白浩，于力，梁朔，等. 计及多级配电网运行效率提升价值的电网侧储能优化配置[J]. 电力系统及其自动化学报，2020，32（3）：7-13.

[87] 郭威，修晓青，李文启，等. 计及多属性综合指标与经济性的电网侧储能系统选址配置方法[J]. 电力建设，2020，41（4）：53-62.

[88] 李建林，牛萌，王上行，等. 江苏电网侧百兆瓦级电池储能电站运行与控制分析[J]. 电力系统自化，2020，44（2）：28-35.

[89] 许晓艳，黄越辉，刘纯，等. 分布式光伏发电对配电网电压的影响及电压越限的解决方案[J]. 电网技术，2010，34（10）：140-146.

[90] 牛焕娜，杨明皓，井天军，等. 农村主动型配电网优化调度线性模型与算法[J]. 农业工程学报，2013，29（16）：198-205.

[91] 李芮. 分布式光伏发展形势及发电模式探究[J]. 太阳能，2019（9）：5-8，14.

[92] 赵娜，高赟. 分布式光伏+储能电站模式与经济性分析[J]. 太阳能，2017（12）：17-25.

[93] 丁明，王伟胜，王秀丽，等. 大规模光伏发电对电力系统影响综述[J]. 中国电机工程学报，2014，34（1）：1-14.

[94] 李清然，张建成. 含储能分布式光伏系统并网点电压调整方案设计[J]. 现代电力，2016，33（2）：33-38.

[95] 慈松，李宏佳，陈鑫，等. 能源互联网重要基础支撑：分布式储能技术的探索与实践[J]. 中国科学信息科学，2014，44（6）：762-773.

[96] 黄哲洙，金鹏，王洋，等. 含光伏发电的配电网分布式状态估计方法[J]. 太阳能学报，2021，42（7）：167-178.

[97] 杨毅刚，孟斌，王伟楠. 如何破解工程教育中有关"复杂工程问题"的难点——基于企业技术创新视角[J]. 高等工程教育研究，2017（02）：72-78.

[98] 王萍，路志英，李鹏，等. 面向新工科非电类人才培养的电气工程知识体系构建与思考[J]. 中国电机工程学报，2021，41（11）：3730-3741.

[99] 李志义. 对毕业要求及其制定的再认识——工程教育专业认证视角[J]. 高等工程教育研究，2020（05）：1-10.

[100] 钟登华. 新工科建设的内涵与行动[J]. 高等工程教育研究，2017（03）：1-6.

[101] 李建林，王哲，王力. 储能学科建设的现状及启示[J]. 储能科学与技术，2021，10（02）：774-779.

[102] 李建林. 大规模储能学科建设之我见[J]. 电气时代，2020（01）：18-19.

[103] 李建林，李雅欣，周喜超，等. 储能商业化应用政策解析[J]. 电力系统保护与控制，2020，48（19）：168-178.

[104] 韩肖清，李廷钧，张东霞，等. 双碳目标下的新型电力系统规划新问题及关键技术[J/OL]. 高电压技术：1-12 [2021-07-24].

[105] 李建林，王哲，王力. 储能学科建设的现状及启示[J]. 储能科学与技术，2021，10（02）：774-779.

[106] 李建林，袁晓冬，郁正纲，等. 利用储能系统提升电网电能质量研究综述[J]. 电力

系统自动化，2019，43（8）：15-24.

[107] 马恒瑞，王波，高文忠，等. 区域综合能源系统中储能设备参与辅助服务的运行优化[J]. 电力系统自动化，2019：1-8.

[108] 张东辉，徐文辉，门锟，等. 储能技术应用场景和发展关键问题[J]. 南方能源建设，2019，6（3）：1-5.

[109] 王斐，梁涛. 储能系统辅助火电机组联合 AGC 调频技术的应用[J]. 电工电气，2018（9）：34-37.

[110] FENG Lin，ZHANG Jingning，LI Guojie，et al. Cost reduction of a hybrid energy storage system considering correlation between wind and PV power[J]. Protection and Control of Modern Power Systems，2016，1（2）：86-94.

[111] 宋丹丹，马宪国. 储能技术商业化应用探讨[J]. 上海节能，2019（2）：116-119.

[112] 李岱昕，张静. 首个产业政策发布助推中国储能迈向商业化[J]. 电器工业，2017（11）：42-44.

[113] 国家发展改革委. 进一步降低一般工商业电价[J]. 大众用电，2019，34（6）：9.

[114] 发展改革委. 电网企业增值税税率调整，相应降低一般工商业电价[J]. 中国有色金属 2019（8）：24.

[115] 修晓青，李建林，惠东. 用于电网削峰填谷的储能系统容量配置及经济性评估[J]. 电力建设，2013，34（2）：1-5.

[116] 吴智泉，贾纯超，陈磊，等. 新型电力系统中储能创新方向研究[J]. 太阳能学报，2021，42（10）：444-451.

[117] 曾鸣，李晨，刘超，等. 考虑电价补贴政策的风电投资决策模型与分析[J]. 电力系统保护与控制，2012，40（23）：17-23，86.

[118] 朱寰，刘国静，张兴，等. 天然气发电与电池储能调峰政策及经济性对比[J]. 储能科学与技术，2021，10（6）：2392-2402.

[119] 康晓华，腾刚. 储能技术应用与政策研究[J]. 能源与节能，2016（11）：11-12+14.

[120] 刘星. 国内储能须加大政策扶持力度[J]. 电气技术，2016（2）：9.

[121] 苏烨，石剑涛，张江丰，等. 考虑调频的储能规划与竞价策略综述[J]. 电力自动化设备，2021，41（9）：191-198.

[122] 李建林，武亦文，王楠，等. 吉瓦级电化学储能电站研究综述及展望[J]. 电力系统自动化，2021，45（19）：2-14.

[123] Rodriguez，Emily；Lefvert，Adrian；Fridahl，Mathias，ed al. Tensions in the energy transition：Swedish and Finnish company perspectives on bioenergy with carbon capture and storage[J]. 2021，280（1）：124527.

[124] 胡兵. 光储深度融合打造未来能源最低成本[J]. 电气应用，2020，39（10）：7-11.

[125] 高明杰，惠东，高宗和，等. 国家风光储输示范工程介绍及其典型运行模式分析[J]. 电力系统自动化，2013，37（01）：59-64.

[126] 李建林，马会萌，惠东. 储能技术融合分布式可再生能源的现状及发展趋势[J]. 电工技术学报，2016，31（14）：1-10+20.

［127］ Yang Shenbo, Tan Zhongfu, Liu ZhiXiong, et al. A multi-objective stochastic optimization model for electricity retailers with energy storage system considering uncertainty and demand response［J］. JOURNAL OF CLEANER PRODUCTION, 2023, 277：124017.

［128］ Green, Sidney; McLennan, John; Panja, Palash, ed al. Geothermal battery energy storage［J］. RENEWABLE ENERGY, 164 (2)：777-790, 2021.

［129］ 冯喜春，张松岩，朱天瞳，等. 基于区间二型模糊多属性决策方法的大规模储能选型分析［J/OL］. 高电压技术：1-15［2021-03-18］.

［130］ 王炳辉，黄天啸，吴涛，等. MMC 柔性直流换流站无功级联控制策略［J/OL］. 电力系统自动化：1-9［2021-01-21］.

［131］ 李军徽，侯涛，穆钢，等. 基于权重因子和荷电状态恢复的储能系统参与一次调频策略［J］. 电力系统自动化，2020，44 (19)：63-72.

［132］ 颜湘武，崔森，常文斐. 考虑储能自适应调节的双馈感应发电机一次调频控制策略［J/OL］. 电工技术学报：1-13［2021-01-15］.

［133］ 黄碧斌，胡静，蒋莉萍，等. 中国电网侧储能在典型场景下的应用价值评估［J/OL］. 中国电力：1-8［2021-01-12］.

［134］ 刘洪，徐正阳，葛少云，等. 考虑储能调节的主动配电网有功—无功协调运行与电压控制［J］. 电力系统自动化，2019，43 (11)：51-58.

［135］ 张志，邵尹池，伦涛，等. 电化学储能系统参与调峰调频政策综述与补偿机制探究［J］. 电力工程技术，2020，39 (05)：71-77+84.

［136］ 史沛然，李彦宾，江长明，等. 第三方独立主体参与华北电力调峰市场规则设计与实践［J/OL］. 电力系统自动化：1-7［2021-01-21］.

［137］ 国家能源局西北监管局. 青海电力辅助服务市场运营规则（试行）［EB/OL］. 2020.

［138］ 新疆自治区发展改革委. 新疆电网发电侧储能管理办法［EB/OL］. 2020.

［139］ 国家能源局甘肃监管办公室. 甘肃省电力辅助服务市场运营规则（试行）［EB/OL］. 2022.

［140］ 国家能源局西北监管局. 宁夏电力辅助服务市场运营规则（试行）［EB/OL］. 2018.

［141］ 史连军，周琳，庞博，等. 中国促进清洁能源消纳的市场机制设计思路［J］. 电力系统自动化，2017，41 (24)：83-89.

［142］ 张振宇，王文倬，王智伟，等. 跨区直流外送模式对新能源消纳的影响分析及应用［J］. 电力系统自动化，2019，43 (11)：174-180.

［143］ 张显，史连军. 中国电力市场未来研究方向及关键技术［J］. 电力系统自动化，2020，44 (16)：1-11.

［144］ 王博，杨德友，蔡国伟. 高比例新能源接入下电力系统惯量相关问题研究综述［J］. 电网技术，2020，44 (08)：2998-3007.

［145］ 李建林，袁晓冬，郁正纲，等. 利用储能系统提升电网电能质量研究综述［J］. 电力系统自动化，2019，43 (08)：15-24.

［146］ 李建林，袁晓冬，郁正纲，等. 利用储能系统提升电网电能质量研究综述［J］. 电力系统自动化，2019，43 (08)：15-24.

[147] 董广顺.中国储能产业提速发展 [J].中国电业, 2017 (07).

[148] 王林炎, 张粒子, 张凡, 等.售电公司购售电业务决策与风险评估 [J].电力系统自动化, 2018, 42 (1): 47-54.

[149] 徐浩, 李勃, 严亚兵, 等.电网侧电池储能电站紧急控制系统试验方法 [J].湖南电力, 2019 (5).

[150] 刘畅, 卓建坤, 赵东明, 等.利用储能系统实现可再生能源微电网灵活安全运行的研究综述 [J].中国电机工程学报, 2020, 40 (1): 1-18+369.

[151] 风向 [J].风能, 2019 (10): 8-11.

[152] 袁晓冬, 费骏韬, 胡波, 等.资源聚合商模式下的分布式电源、储能与柔性负荷联合调度模型 [J].电力系统保护与控制, 2019, 47 (22): 17-26.

[153] 王元臣.电力辅助服务市场运营解读及经济性分析 [J].中国市场, 2018 (35): 137-137.

[154] 张金平, 汪宁渤, 黄蓉, 等.高渗透率光伏参与电力系统调频研究综述 [J].电力系统保护与控制, 2019, 47 (15): 179-186.

[155] 张文建, 崔青汝, 李志强, 等.电化学储能在发电侧的应用 [J].储能科学与技术, 2020, 9 (1): 287-295.

[156] 李建林, 田立亭, 来小康.能源互联网背景下的电力储能技术展望 [J].电力系统自动化, 2015, 39 (23): 15-25.

[157] 胡娟, 杨水丽, 侯朝勇, 等.规模化储能技术典型示范应用的现状分析与启示 [J].电网技术, 2015, 39 (4): 879-885.

[158] 李建林, 牛萌, 王上行, 等.江苏电网侧百兆瓦级电池储能电站运行与控制分析 [J].电力系统自动化, 2020, 44 (2): 28-38.

[159] 许守平, 胡娟, 汪夆伶, 等.电化学储能技术标准体系研究 [J].智能电网, 2016, 4 (9): 868-874.

[160] 胡娟.电力储能标准现状及下一步工作计划 [J].中小型风能设备与应用 2016 (4): 57-63.

[161] 朱伟杰, 董缇, 张树宏.储能系统锂离子电池国内外安全标准对比分析 [J].储能科学与技术, 2020, 9 (1): 279-286.

[162] AHO J, AMIN M, ANNASWAMY A M, et al. IEEE Vision for smart grid controls: 2030 and beyond [R]. IEEE, 2013: 1-12.

[163] LIU Y, GE B, ABU-RUB H, et al. An effective control method for three-phase quasi-z-source cascaded multilevel inverter based grid-tie photovoltaic power system [J]. IEEE Transactions on Industrial Electronics, 2014, 61 (12): 6794-6802.

[164] IEEE Press. IEEE Vision for smart grid controls: 2030 and beyond roadmap [R]. IEEE, 2013.

[165] GUO B Q, NIU M, LAI X K, et al. Application research on largescale battery energy storage system under global energy interconnection framework [J]. Global Energy Interconnection, 2018, 1 (1): 79-86.

[166] 张建宏, 龙辛, 唐国伟.大型风电装备标准体系构建研究 [J].中国标准化,

2019（13）：161-165.

[167] 王益民. 坚强智能电网技术标准体系研究框架［J］. 电力系统自动化，2010，34（22）：1-6.

[168] LI Y, JIANG S, CINTRON-RIVERA J G, et al. Modeling and control of quasi-z-source inverter for distributed generation applications［J］. IEEE Transactions on Industrial Electronics, 2013, 60（4）：1532-1541.

[169] 李建林，郭威，牛萌，等. 我国电力系统辅助服务市场政策分析与思考［J］. 电气应用，2019，38（10）：22-27，35.

[170] 靳文涛，牛萌，吕洪章，等. 客户侧分布式储能汇聚潜力评估方法［J］. 电力建设，2019，40（4）：34-41.

[171] 中国电力企业联合会. 储能变流器检测技术规程：GB /T 34133—2017［S］. 北京：中国标准出版社，2017.

[172] 全国电力储能标准化技术委员会. 电化学储能电站用锂离子电池管理系统技术规范：GB /T 34131—2017［S］. 北京：中国标准出版社，2017.

[173] 全国电力储能标准化技术委员会. 电化学储能系统储能变流器技术规范：GB /T 34120—2017［S］. 北京：中国标准出版社，2017.

[174] 全国电力储能标准化技术委员会. 电力储能用铅炭电池：GB /T 36280—2018［S］. 北京：中国标准出版社，2018.

[175] 全国电力储能标准化技术委员会. 电力储能用锂离子电池：GB /T 36276—2018［S］. 北京：中国标准出版社，2018.

[176] 全国电力储能标准化技术委员会. 电力系统电化学储能系统通用技术条件：GB /T 36558—2018［S］. 北京：中国标准出版社，2018.

[177] 全国电力储能标准化技术委员会. 电化学储能电站运行指标及评价：GB /T 36649—2018［S］. 北京：中国标准出版社，2018.

[178] 全国电力储能标准化技术委员会. 电化学储能系统接入电网测试规范：GB /T 36548—2018［S］. 北京：中国标准出版社，2018.

[179] 全国电力储能标准化技术委员会. 电化学储能系统接入电网技术规定：GB /T 36547—2018［S］. 北京：中国标准出版社，2018.

[180] 全国电力储能标准化技术委员会. 移动式电化学储能系统技术要求：GB /T 36545—2018［S］. 北京：中国标准出版社，2018.

[181] IEC. Electrical energy storage（EES）systems-Part 3-1：Planning and performance assessment of electrical energy energy storage systems-General specification：IEC TS 62933-3-1［S］. Switzerland：IEC, 2016.

[182] IEEE. IEEE Standard test procedures for electric energy storage equipment and systems for electric power systems applications：IEEE Std 2030. 3-2016［S］. New York：IEEE, 2016.

[183] 国网江苏省电力有限公司江苏电力调度中心. 储能电站并网技术规范：Q /GDW 10111-03-001—2018［S］.

[184] 中国电力企业联合会. 分布式储能系统接入配电网设计规范：T /CEC 173—2018

[S]. 北京：中国电力出版社，2018.

[185] 中国电力企业联合会. 电化学储能系统方舱设计规范：T /CEC 175—2018 [S]. 北京：中国电力出版社，2018.

[186] 曹阳，姚建国，杨胜春，等. 智能电网核心标准 IEC 61970 最新进展 [J]. 电力系统自动化，2011，35（17）：1-4.

[187] IEC. Electrical energy storage（EES）systems-Part 2-1：Unit parameters and testing methods-General specification：IEC 62933-2-1 [S]. Switzerland：IEC，2017.

[188] 全国汽车标准化技术委员会. 电动汽车用动力蓄电池产品规格尺寸：GB /T 34013—2017 [S]. 北京：中国标准出版社，2017.

[189] 全国汽车标准化技术委员会. 汽车动力蓄电池编码规则：GB /T 34014—2017 [S]. 北京：中国标准出版社，2017.

[190] 汽车标准化技术委员会. 车用动力电池回收利用余能检测：GB /T 34015—2017 [S]. 北京：中国标准出版社，2017.

[191] 全国铅酸蓄电池标准化技术委员会. 储能用铅酸蓄电池：GB /T 22473—2008 [S]. 北京：中国标准出版社，2009.

[192] 全国电力储能标准化技术委员会. 电化学储能电站用锂离子电池技术规范：NB/T 42091—2016 [S]. 北京：新华出版社，2017.

[193] 全国电力储能标准化技术委员会. 电力储能用锂离子电池内短路测试方法：T/CEC 169—2018 [S]. 北京：中国电力出版社，2018.

[194] 全国电力储能标准化技术委员会. 电力储能用锂离子电池烟爆炸试验方法：T/CEC 170—2018 [S]. 北京：中国电力出版社，2018.

[195] 全国电力储能标准化技术委员会. 电力储能用锂离子电池循环寿命要求及快速检测试验方法：T/CEC 171—2018 [S]. 北京：中国电力出版社，2018.

[196] 全国电力储能标准化技术委员会. 电力储能用锂离子电池安全要求及试验方法：T/CEC 172—2018 [S]. 北京：中国电力出版社，2018.

[197] 刘飞，杜涛，姜国义，等. 基于能效优化的液流电池储能监控系统研制 [J]. 高电压技术，2015，41（7）：2245-2251.

[198] 国家电网公司科技部. 储能电池组及管理系统技术规范：Q/GDW 1884—2013 [S].

[199] 全国电力储能标准化技术委员会. 电化学储能电站用锂离子电池管理系统技术规范：GB/T 34131—2017 [S]. 北京：中国标准出版社，2017.

[200] 国家电网公司科技部. 电网配置储能系统监控通信技术规范：Q/GDW 1887—2013 [S].

[201] 国网江苏省电力有限公司江苏电力调度中心. 储能电站自动化监控信息传输技术规范：Q/GDW 10111-03-004—2018 [S].

[202] 中国电力企业联合会. 储能变流器检测技术规程：GB/T 34133—2017 [S]. 北京：中国标准出版社，2017.

[203] 李建林. 面向商业化运营的大规模光储电站关键技术及工程应用 [R]. 中国电力科学研究院有限公司（2017-06-29）.

[204] 李建林, 徐少华, 靳文涛. 我国电网侧典型兆瓦级大型储能电站概况综述 [J]. 电器与能效管理技术, 2017, 526 (13): 1-7.

[205] 李建林, 马会萌, 袁晓冬, 等. 规模化分布式储能的关键应用技术研究综述 [J]. 电网技术, 2017, 41 (10): 3365-3375.

[206] 李建林, 靳文涛, 徐少华, 等. 用户侧分布式储能系统接入方式及控制策略分析 [J]. 储能科学与技术, 2018, 7 (01): 80-89.

[207] 李建林, 王剑波, 葛乐, 等. 多能互补示范项目建设运行的启示 [J]. 湖北电力, 2019, 43 (03): 49-56.

[208] 李建林, 王剑波, 葛乐, 等. 多能互补示范项目建设运行的启示 [J]. 湖北电力, 2019, 43 (03): 49-56.

[209] 李建林, 王剑波, 袁晓冬, 等. 储能产业政策盘点分析 [J]. 电器与能效管理技术, 2019, No. 581 (20): 1-9.

[210] 全国电力储能标准化技术委员会. 电化学储能系统储能变流器技术规范: GB/T 34120—2017 [S]. 北京: 中国标准出版社, 2017.

[211] 全国电力储能标准化技术委员会. 电化学储能电站功率变换系统技术规范: NB/T 42089—2016 [S]. 北京: 新华出版社, 2017.

[212] 能源行业风电标准化技术委员会. 电池储能功率控制系统变流器技术规范: NB/T 31016—2019 [S]. 北京: 中国电力出版社, 2019.

[213] 张博, 唐巍, 蔡永翔, 等. 面向高比例户用光伏消纳的储能系统与通信网络协同规划 [J]. 电网技术, 2018, 42 (10): 3161-3169.

[214] 李建林, 田立亭, 李春来. 储能联合可再生能源分布式并网发电关键技术 [J]. 电气应用, 2015, 34 (09): 28-33.

[215] 李建林, 石巍, 周春, 等. 分布式电源技术相关问题的讨论 [J]. 电气应用, 2015, 34 (09): 16-20.

[216] 李建林. 方舱式移动储能系统提升风电场调控技术研究及工程示范 [R]. 天津拓鑫储能设备科技有限公司, (2016-04-12).

[217] IEC. Electrical energy storage (EES) systems-Part 4-1: Guidance on environmental issues: general specification: IEC TS 62933-4-1 [S]. Switzerland: IEC, 2017.

[218] 中国电力储能标准化技术委员会. 全钒液流电池维护要求: NB/T 42144—2018 [S]. 北京: 中国电力出版社, 2018.

[219] 中国电力企业联合会. 风光储联合发电站调试及验收标准: GB/T 51311—2018 [S]. 北京: 中国计划出版社, 2019.

第2章

储能技术分类及示范应用

2

分布式储能设备的功率从几千瓦至几兆瓦不等，储能容量一般小于 10MW·h，多接入中低压配电网或用户侧。根据能量类型的不同，储能技术大致上可分 4 类：①基础燃料的存储（如煤、石油、天然气等）；②中级燃料的存储（如煤气、氢气等）；③电能的存储；④后消费能量的存储（如相变储能等）。从电能存储形式的角度，分布式储能可分为物理储能和化学储能。其中，物理储能分为机械储能和电磁储能；化学储能分为电池储能和氢储能等。具体分类如图 2-1 所示。

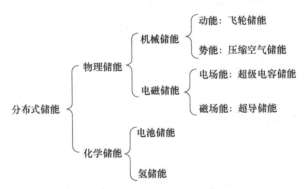

图 2-1 分布式储能技术的分类

若按照能量存储和释放的外部特征划分，分布式储能又分为功率型和能量型两种。前者适用于短时间内对功率需求较高的场合，例如，改善电能质量、提供快速功率支撑等；后者适用于对能量需求较高的场合，需要储能设备提供较长时间的电能支撑。功率型储能响应迅速、功率密度较大，包括超级电容储能、飞轮储能、超导储能等。能量型储能具有较高的能量存储密度，充放电时间较长，包括压缩空气储能、钠硫电池、液流电池、铅酸电池、锂离子电池等。就现有储能技术而言，能量型储能装置的单位功率成本相对较高，而功率型储能装置的单位能量成本相对较高。在分布式储能应用中，一般储能需提供多种服务，采用多种能量型和功率型储能装置互补应用，可以提高储能系统的技术经济性，获得较高的投资效益。

2.1 电化学储能

电化学储能是一种把电能用化学电池储存起来在需要时释放的储能技术，电化学储能技术在电力系统、低速电动车等领域中具有广泛的用途，近年来世界范围内的电力能源改革为其带来了新的发展机遇，采用新型储能技术可以更好地实现电力系统的能量管理，尤其在可再生能源和分布式发电领域尤为明显，同时，在传统的发电和输配电网络架构中，新型储能技术也被广泛应用。

电池储能（Battery Energy Storage，BES）是利用电池正负极的氧化还原反应进行充放电的电化学储能装置。根据内部材料以及电化学反应机理的不同，电池储能可分为多种类型，如铅酸电池、锂离子电池、钠硫电池、液流电池、镍镉电池、镍氢电池等。各种不同类型的电池储能内部的核心结构基本相同，均由正极、负极、隔膜和电解质组成。在充电过程中，在正极的活性材料上发生氧化反应，失去电子。与此同时，阳离子通过电解质在电场的作用下向负极移动。失去的电子沿着外电路流向负极，并在负极上与负极活性材料结合，发生还原反应。电池的放电过程与充电过程正好相反。不同类型的电池储能，其特性、发展水平，以及使用场合均有一定的差异。以下将具体描述各种类型电池储能本体技术的工作原理。

2.1.1 锂离子电池储能

锂离子电池（Li-ion Battery）具有充放电速度快、能量密度大、无记忆效应、使用寿命长、自放电小等优点，被称为"绿色电池"[1]。

锂电池在充电时，受到外部电场影响，正极材料中的锂元素分离出来，变成带有正电荷的锂离子（Li^+）。受到电场力的作用，锂离子自正极移动至负极，与负极碳原子产生化学反应，从而嵌入到负极的石墨层状结构当中。从正极转移到负极的锂离子越多，电池可存储的能量越多。放电时则相反，内部电场受力转向，锂离子（Li^+）从负极脱离，顺着电场方向，又移动至正极。从负极转移到正极的锂离子越多，电池可释放能量越多。每次充放电循环过程中，作为电能运输载体，锂离子（Li^+）都会从正极→负极→正极来回移动，与正、负极材料发生化学反应，将电能和化学能相互转换，进而实现电荷转移。由于锂电池中隔离膜和电解质等都对电子绝缘，所以在循环过程中电子不会在正负极之间来回移动，它们只参与电极的化学反应。锂离子电池工作是以锂离子在正负极嵌入或脱出、在正负极之间来回做往返运动而实现充放电过程，原理简单且无电解液消耗。图 2-2 为锂离子电池工作原理示意图。

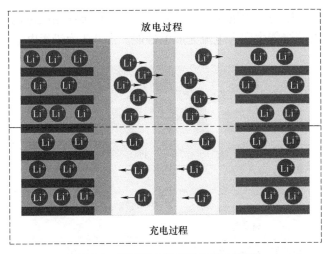

图 2-2　锂离子电池工作原理示意图

根据锂离子电池所用电解质材料不同，锂离子电池可以分为液态锂离子电池和聚合物锂离子电池两大类。目前，锂离子电池已经发展出了多种体系，包括磷酸铁锂电池、锰酸锂电池、钛酸铁锂电池、锂空气电池等。锂离子电池的电化学反应方程式为：

$$正极：LiCoO_2 \underset{放电}{\overset{充电}{\rightleftarrows}} Li_{1-x}CoO_2 + xLi^+ + xe^-$$

$$负极：6C + xLi^+ + xe^- \underset{放电}{\overset{充电}{\rightleftarrows}} Li_xC_6$$

（2-1）

目前，先进的锂电池主要有磷酸铁锂电池和三元锂电池两种，二者在电动汽车、可再生能源并网、智能电网以及移动电站等领域应用成效较好，但锂离子电池存在发展瓶颈，主要是其居高不下的成本，以及由于工艺和环境温度差异等因素的影响，大容量集成系统的各项指标往往达不到单体水平，且循环寿命较单体有所缩短。

2.1.2　铅炭电池储能

铅炭电池[2]是将铅酸电池（Lead-Acid Battery）和超级电容器采用内并联方式两个合一的混合物，性价比优势显著，市场前景好。正负极铅膏采用独特的配方和优化的固化工艺，提高了正极活性物质抗软化能力和负极铅膏抗硫化能力，针对电池的抗腐蚀性问题，正极板隔膜采用新型特制合金进行合理的结构设计，在电解液中采用新型添加剂，使得电池的析氢、析氧过电位高，电池不易失水。当电池在频繁的瞬时大电流充放电工作时，主要由具有电容特性的炭材料释放或接收电流，抑制铅酸电池的"负极硫酸盐化"，有效地延长了电池使用寿命；当电池处于长时间小电流工作时，主要由海绵铅负极工作，持续提供能量；Leadcarbon 超级复合电极高炭含量的介入，使电极具有比传统铅酸电池有更好的低温启动能力、充电接受能力和大电流充放电性能。图 2-3 为铅炭电池原理示意图。

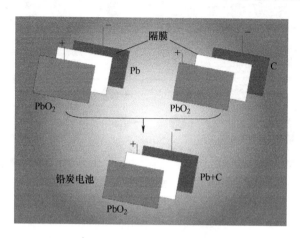

图 2-3　铅炭电池原理示意图

铅酸电池中，正极板为二氧化铅板，负极板为铅板，电解液为稀硫酸溶液，其正、负极化学反应式为：

$$正极：PbO_2+4H^++HSO_4^-+2e^- \underset{充电}{\overset{放电}{\rightleftharpoons}} PbSO_4+2H_2O$$

$$负极：Pb+SO_4^{2-}-2e^- \underset{充电}{\overset{放电}{\rightleftharpoons}} PbSO_4$$

(2-2)

铅酸电池技术成熟，已在全球范围内实现规模化量产，制造成本在电池储能中最低，因此铅酸电池凭借价格便宜的优势成为在电力系统中应用最广泛的储能电池。但其缺点同样明显，如循环寿命较短、不能深度充放电、存在环境污染隐患等。对于传统铅酸蓄电池的诸多缺点，目前全球很多企业和研究机构正致力于开发出性能更加优异、能够满足各种使用要求的新型铅酸电池，包括超级铅酸电池、水平铅布电池以及铅炭电池等。

其中，铅炭电池综合了铅酸电池成本低、安全性好等优势和自身发挥的充电倍率高等优势，未来还将就铅炭电池本体技术进行更多的尝试，从而提升其现有的性能。

2.1.3　液流电池储能

液流电池（Redox Flow Battery），不同于固体材料电极或气体电极的电池，其活性物质是流动的电解质溶液，液流电池是利用正负极电解液分开、各自循环的电化学储能装置。按化学反应物不同，可分为全钒液流电池、多硫化钠液流电池、锌溴液流电池等。全钒液流电池技术目前相对较为成熟，被广泛应用。液流电池工作原理图如图 2-4 所示。

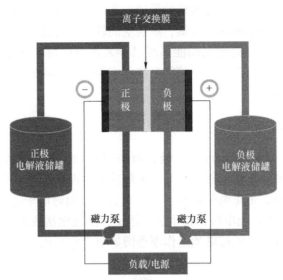

图 2-4　液流电池工作原理图

液流电池循环性能好，容量和功率可独立调节，适合规模化储能[3]。在液流电池系统中，作为电池发生电化学反应的场所，电极板的面积是单体电池功率的主要影响因素；电池化学能主要存储在电解质溶液里，所以电解液的浓度和体积是电池系统储能容量的主要影响因素；电池反应时只是正极离子在不同价态间转变，无其他物相变化，理论上可以对其进行任意次数的充放电。其可在常温常压下工作，无潜在的爆炸或着火风险，安全性好。但其能量转换效率较低，占地面积偏大，相对其他电池储能系统，液流电池系统增加了管道、阀等辅助器件，结构相对复杂，对系统可靠性有一定的影响。未来可对先进液流电池电解液和辅助器件集成技术进行更加深入的研究，应用于更大规模的电化学储能系统中。

电池的正极和负极电解液分别装在两个储罐中，利用送液泵使电解液通过电池循环。在电堆内部，正、负极电解液用离子交换膜（或离子隔膜）分隔开，电池外接负载和电源。液流电池技术通过反应活性物质的价态变化实现电能与化学能相互转换与能量存储。在液流电池中，活性物质储存于电解液中，具有流动性，可以实现电化学反应场所（电极）与储能活性物质在空间上的分离，电池功率与容量设计相对独立，适合大规模蓄电储能需求。

全钒液流电池的化学反应式如下所示：

$$正极：V^{4+} \underset{充电}{\overset{放电}{\rightleftharpoons}} V^{5+} + e^-$$

$$负极：V^{3+} \underset{充电}{\overset{放电}{\rightleftharpoons}} V^{2+} - e^-$$

$$(2-3)$$

液流电池最显著的优点为能够100%深度放电，循环寿命长，额定功率和容量相互独立，可以通过增加电解液的量或提高电解质的浓度达到增加电池容量的目的。其主要缺点在于能量密度低，所需空间较大。目前，液流电池已初步实现商业化运行，兆瓦级液流电池储能系统已步入示范阶段。随着容量和规模的扩大、集成技术的日益成熟，液流储能系统成本将进一步降低，有望在电力系统中得到更广泛的应用。

2.1.4 钠硫电池储能

钠硫电池[4]（NaS Battery）正极为液态（熔融）的硫，负极为熔融的钠，正负极通过固态氧化铝陶瓷隔开，固体电解质只允许正钠离子通过和硫结合形成多硫化物。放电时，带正电的钠离子通过电解质，同时电子通过外部电路流动，产生大约2V的电压；充电时，整个过程相反，多硫化钠放出的正钠离子反向通过电解质重新形成钠。钠硫电池工作原理图如图2-5所示。

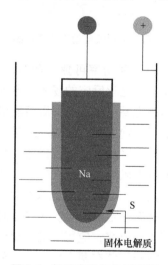

图2-5 钠硫电池工作原理图

其化学反应式如下：

$$正极：2Na \underset{充电}{\overset{放电}{\rightleftharpoons}} 2Na^+ + 2e^-$$

$$负极：xS + 2e^- \underset{充电}{\overset{放电}{\rightleftharpoons}} S_x^{-2} \tag{2-4}$$

钠硫电池技术难点在于固体电解质陶瓷管的制备，如今国际上在高质量陶瓷管的批量化生产方面已取得很大进展，但其成本仍需进一步优化。钠硫电池技术另一个重要瓶颈在于电池组件的密封，目前国际上已开始研发与陶瓷热系数相适应的玻璃陶瓷材料作为密封材料。由于硫和硫化物均具有强腐蚀性，低成本的抗腐蚀电极材料研发也是单电池技术的研究焦点之一，现今已成功开发一些可用于电极材料的抗腐蚀沉积层，如在廉价衬底上沉积碳化物。

钠硫电池的主要特点是能量密度高、充放电功率大、使用寿命长，而且由于其通常采用固体电解质，没有采用液体电解质电池的自放电及副反应，充放电电流效率接近 100%。钠硫电池工作温度较高，一般为 300~350℃，电池正常工作需要加热和保温，因此钠硫电池除了电池本身的关键技术外，还涉及电池堆的温度控制技术、电池循环的电控技术、安全保护技术等多项保证电池正常运行的技术。自 20 世纪 80 年代起，日本 NGK 公司开始研发钠硫电池，2002 年开始逐步实现商业化应用，目前全球范围内已有超过 200 座功率大于 500kW、总容量超过 300MW 的钠硫电池储能电站投入运行，主要用于应急电源、电网峰谷差平衡、电能质量改善等场合。在我国，中国科学院上海硅酸盐研究所与国家电网公司合作，现已建成 2MW 钠硫电池生产示范线。

表 2-1 为铅炭电池、钠硫电池、液流电池、磷酸铁锂电池和锰/钴酸锂为正极的锂离子电池的比较，可以得出，铅炭电池的不足在于使用寿命较短，钠硫电池不适宜工作在温度较高的环境，液流电池的能量密度很低，而磷酸铁锂电池和以锰/钴酸锂为正极的锂离子电池则有着综合的性能优势。

表 2-1　各类型储能电池性能对比

对比项目	磷酸铁锂电池	锰/钴酸锂系锂离子电池	液流电池	钠硫电池	铅炭电池
工作温度/℃	−20~55	−30~50	−30~50	300~350	5~35
能量密度/(W·h/kg)	90	90~100	25~35	>100	30~40
能量转换效率（%）	>80	>90	70~80	70~80	60~70
放电深度（%）	>95	100	100	>90	<70
循环寿命/次	2500	5000~10000	20000	2500	300
月自放电（%）	<5	<5	无	无	30

2.2　物理储能

物理储能指的是利用抽水、压缩空气、飞轮、电容、超导等物理方法实现能量的存储，具有环保、绿色的优点。以下将具体描述各种类型电池储能本体技术的工作原理。

2.2.1 抽水储能

抽水储能（Pumped Storage，PS）是通过抽水和放水过程实现能量存储和利用的一种储能技术。抽水蓄能电站的工作原理是利用电力系统负荷低谷时过剩的电能，通过抽水蓄能电动机水泵将低处的下水库的水抽到高处的上水库中，从而将过剩的电能转换为水的势能储存起来，待电力系统负荷转为高峰时，再将这部分水从上水库放到下水库，推动抽水蓄能水轮发电机发电，以补充电力系统不足的尖峰容量和电量，满足系统调峰需求。电力系统通过抽水蓄能电站以能量转换的方式，将电能在时间重新分配，从而可以协调电力系统的发电和用电在时间上和数量上的不一致性。

抽水蓄能电站可有效调节电力系统的供需，使其达到动态平衡，大幅度提高电网的运行安全和供电质量。具体作用包括削峰填谷、调频（快速跟踪负荷）、调相（调压）、事故备用和黑启动等。目前，抽水蓄能电站在国内外已经有较为成熟的应用，日本东京电力公司投资修建的葛野川抽水蓄能电站可以实现削峰填谷，保证系统稳定运行。潘家口混合式抽水蓄能电站位于河北省迁西县境内，其运行采用常蓄结合方式，对于京津唐电网的调峰调频起到重要作用。

近年来，为了突破限制抽水蓄能装机容量增长的瓶颈，涌现出了一批新型抽水蓄能技术，其中，最具有代表性的是变速抽水蓄能技术和海水抽水蓄能技术，它们一定程度上指明了抽水蓄能技术未来的发展方向。

2.2.2 压缩空气储能

压缩空气储能（Compressed Air Energy Storage，CAES）的基本原理为：充电时，利用电能驱动空气压缩机把能量以高压空气的形式存储起来；放电时，将高压空气释放出来驱动发电机发电。随着压缩空气储能系统的研究和开发的深入，先后出现了多种形式的压缩空气储能系统。

根据规模，压缩空气储能可以分为：

1）大型压缩空气储能系统。功率在 100MW 以上，多利用矿洞或岩洞作为储气室，具有储能容量大、储能时间长和效率高等优点。目前已投入商业运行的德国 Huntorf 电站和美国 McIntosh 压缩空气储能电站均为此类。

2）小型压缩空气储能系统。功率在 10MW 级，一般利用地上高压容器储存压缩空气。其选址更为灵活，适用于配电网，或配合风电场接入等。

3）微型压缩空气储能系统。功率一般为几千瓦到几百千瓦，一般用于微电网、备用电源以及压缩空气汽车等。压缩空气储能作为一种能量型储能，其动态响应较慢。微型压缩空气储能系统多通过电力电子设备并网或连接负载，结构较为灵活，可与功率型储能设备（如超级电容或飞轮储能等）组成混合储能系统，从而兼具能量型和功率型储能的优点，满足微电网对储能设备多方面的需求。

2.2.3　飞轮储能

飞轮储能系统（Flywheel Energy Storage System，FESS），是一种基于机电能量转换的储能系统，它将能量以动能的形式储存在高速旋转的飞轮中，利用物理方法实现储能，具有储能功率密度高、应用范围广、适应性强、效率高、寿命长、无污染等优点，缺点主要是储能能量密度低、自放电率较高。飞轮储能系统由轴承支撑系统、高速飞轮、电动机/发电机、功率变换器、电子控制系统和真空泵、紧急备用轴承等附加设备组成。负荷低谷时，飞轮储能从电网吸收电能，使飞轮高速旋转，以动能的形式存储能量；负荷高峰时，高速旋转的飞轮作为原动机拖动发电机发电，再经功率变换器输出电压和电流。飞轮储能通常要运行于真空度较高的环境中，以减少风阻带来的损耗。飞轮储能几乎不需要运行维护，而且设备寿命长（可完成 20 年或者数万次深度充放能量过程），对环境没有不良的影响。

目前飞轮储能系统已经有较为成熟的产品，如美国的 Beacon Power 与 Active Power 等公司的飞轮储能设备，在电力系统调频、电能质量管理、不间断电源等方面具有广泛的应用。随着超导磁悬浮轴承技术、高强度碳纤维和玻璃纤维材料的发展，以及轴承载荷密度的进一步提高，未来飞轮储能的应用将更加广泛。

2.2.4　超级电容储能

超级电容（Super Capacitor，或 Ultracapacitor）作为一种新型储能设备，近年来受到国内外研究人员广泛关注。超级电容之所以冠以“超级”，是因为它与常规电容器有所不同，其容量可达到上百法拉甚至更高。超级电容器的结构、工作原理与普通电容器差别很大。从结构上看，超级电容主要由极化电极、集电极、电解质、隔膜、端板、引线和封装材料等几部分组成，各部分的组成、结构均对其性能产生重要影响。电极的制造技术、电解质的组成以及隔膜的质量对超级电容器的性能起决定性作用。根据储能机理，超级电容可分为双电层电容器和电化学电容器两大类。双电层电容器的基本原理是利用电极和电解液之间形成的界面双电层来存储能量。电化学电容器基本的工作原理为：电活性物质在电极表面进行欠电位沉积，发生高度的化学吸附/脱附或氧化/还原反应，产生与电极充电电位相关的电容。对于电化学电容器，其储存电荷的过程不仅包括双电层上的电荷存储，而且包括电解液中离子在电活性物质中由于氧化还原反应而进行的电荷存储，因而可获得比双电层电容更高的电容量和能量密度。相同的电极面积下，电化学电容器的容量可以是双电层电容器容量的 10~100 倍。超级电容优势主要表现为：功率密度高、循环寿命长、可靠性高、工作温度范围宽、无环境污染等。但目前其能量密度低，且价格偏高，在实际工程中主要用于短时、大功率波动的平抑，以及提高电能质量等。

2.2.5 超导储能

超导磁储能（Superconducting Magnetic Energy Storage，SMES）系统是利用超导线圈将电能直接以电磁能的形式存储起来，需要时再将电能输出给负载的储能装置。利用超导线圈将电网中过剩的能量以电磁能的形式储存起来，在需要时将电能返送到电网，可提供电能或稳定电网。如果将电网交流电整流为直流电输入并储存到超导储能线圈中，则超导线圈就可以长时间无损耗地储存能量，待到需要时再以逆变方式释放电能返送到电网或作为其他用途。本质上，超导储能是一种电感储能技术。

目前，利用超导技术的储能装置主要分为两类：一种是超导磁储能系统，另一种是利用超导体作为悬浮轴承的飞轮储能系统。超导磁储能系统的建造不受地点限制，维护简单、污染小。因此，超导磁储能技术将始终在功率密度和响应速度两方面保持绝对优势，在进行输配电系统的瞬态质量管理、提高电网暂态稳定性和紧急电力事故应变等方面具有不可替代的作用。但同时，超导材料价格昂贵，且维持低温制冷运行需要大量能量。虽然已有商业性的低温和高温超导储能产品可用，但因价格昂贵和维护复杂，在电网中应用很少，大多还停留在实验层面。

2.3 热储能

大规模储热技术在解决冬季供暖期新能源发电的消纳问题中可以起到重要的作用。冬季供热期间，热电机组运行于热定电模式，为满足供热负荷需求，承担供热机组的电力调峰深度受到限制，尤其是在新能源比例较高的三北地区，带来严重的弃风/光现象。为热电机组配置储热装置，可一定程度上解耦机组的热功率和电功率，提高热电机组运行灵活性和调峰能力。如丹麦 Avedøre 电站安装有两台储热水罐，容积为 44000m³，放热能力为 330MJ/s。在风电出力较大时，降低机组发电功率，采用储热罐维持热力供应。另外，采用蓄热式电锅炉供热，电锅炉利用弃风制热存储在蓄热装置或向用户直接供热，也是促进风电消纳的手段之一。大功率蓄热式电锅炉可采用水、蒸汽、固体或者相变材料进行储热，单台蓄热容量可达数十兆瓦每小时。2011 年投运的吉林大唐洮南风电供热项目是我国首个风电供热项目。2015 年 6 月，国家能源局于发布了《关于开展风电清洁供暖工作的通知》，大力推广风电供热技术。储能技术用户侧，利用低谷期的电力蓄冷，转移到高峰期以降低生产和生活中冷量供应成本，成为需求响应的一项重要体现，其中蓄冷技术采用的介质包括水、冰和优态盐等。冰蓄冷利用水-冰相变来存储释放冷量，能量密度达 335kJ/kg，为水蓄冷的 7~8 倍。冰蓄冷技术已十分成熟，得到了广泛的应用。建设大型的制冷站及冷媒传输网向一定区域提供冷源是该项技术的发展趋势。区域供冷技术的推广对电网峰谷负荷调节有着重要的意义。

2.4　储能在电力系统中的应用及示范工程

当前，电力储能在电力系统发输配用端的典型作用如下：在发电端，储能针对新能源发电和火电的主要作用为平滑功率输出、跟踪计划出力以及削峰填谷；在输电端，储能的主要作用为延缓输电设备投资、改善电能质量、提高系统可靠性以及维护输电网电压稳定性；在配电端，储能的主要作用为缓解高峰负荷需求、延缓网络升级扩容、应对故障情况以及保证供电稳定；在用电端，储能的主要作用为辅助分布式电源的接入、应对峰值负荷需求、缩小峰谷差、电能质量调节与改善以及充当 UPS/EPS 电源。根据储能接入电力系统位置的不同，将储能划分为电源侧、用户侧和电网侧储能，以下将具体描述各侧储能的应用及示范工程。

2.4.1　储能发展概况、选型及标准

1. 储能发展概况

近年来，全球储能产业发展迅速。据不完全统计显示，截至 2018 年 6 月，全球储能项目装机规模累计达 195.74GW（共 1747 个在运项目），同比增长 1.7%。其中，抽水蓄能 184.20GW（353 个在运项目）；储热 4.03GW（225 个在运项目）；其他机械储能 2.65GW（78 个在运项目）；电化学储能 4.83GW（1077 个在运项目）；储氢 0.02GW（14 个在运项目）。2018 年全球储能市场累计装机规模和各类型储能所占比重如图 2-6 所示。

储能技术包含本体技术与应用技术，本体技术是储能技术的基础。储能本体形式按照能量储存形式，可以分为机械储能、电磁储能、化学储能和相变储能。化学储能目前来看主要有电化学储能、氢储能等；电化学储能又包括锂离子电池、液流电池、铅酸电池、钠硫电池等典型的二次电池体系，以及新兴的二次电池体系（钠离子电池、锂硫电池、锂空气电池等）。

对于电力系统应用而言，储能系统的基本技术特征体现在功率等级及其作用时间上，储能的作用时间是区别于电力系统传统即发即用设备的显著标志，

是储能技术价值的重要体现，是特有的技术特征。储能所拥有的这一独特技术特征将改变现有电力系统供需瞬时平衡的传统模式，在能源革命中发挥重要作用。

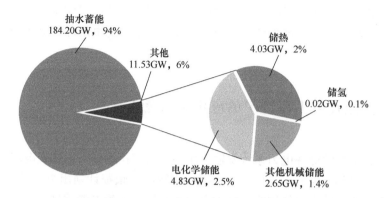

图2-6　2018年全球储能市场累计装机规模和各类型储能占比

储能技术在电力系统的应用涉及发输配用各个环节[5-6]，在促进集中式和分布式可再生能源消纳领域的应用已备受关注。其中在集中式可再生能源领域应用的项目数、装机容量占比均最大，增长态势最明显，在分布式可再生能源领域应用的项目数占比增长速率较快。据不完全统计，近10年来，全球兆瓦级以上规模的储能示范工程约190个，其中超过120个与电化学储能相关。这些项目均以电池作为主要装置载体，采用的电池类型包括钠硫、液流、锂离子、铅酸等，国际上各示范工程对储能本体的选型表明，现阶段电化学储能的技术基础积累优于其他类型的储能技术。

从储能技术的分布区域看，全球的储能项目装机分布极不均匀，主要分布在亚洲、欧洲和北美。其中，亚洲主要是中国、日本、印度和韩国，欧洲主要是西班牙、德国、意大利、法国、奥地利，北美洲主要是美国。这10个国家的累计装机量约占全球的4/5。2018年全球累计运行储能装机前10名如图2-7所示。

目前，按照储能技术分布的类型来看，抽水蓄能仍占最大的比例。但随着技术的进步和材料成本的下降，电化学储能技术将成为储能系统应用的主要类型。

截至2017年底，全球电化学储能项目累计装机规模为2926.6MW。从全球已投运的电化学储能项目的技术分布上看，锂离子电池累计装机规模最大，为2213MW，所占比重为76%；钠硫电池和铅蓄电池分列第二、三位，所占比重分别为13%和7%。

从已经投运的电化学储能项目的应用分布上看，主要分为5个方面的应用：电网侧、辅助服务、电源侧、用户侧以及集中式可再生能源并网。其中辅助服务领域累计装机规模最大，为 1005.7MW，占比为 34%，集中式可再生能源并网、用户侧分居第二、三位，所占比重分别为 28%、18%。

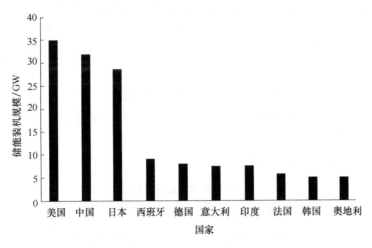

图 2-7　2018 年全球累计运行储能装机前 10 名

电化学储能是储能市场保持增长的新动力，是未来储能技术发展的主要方向。电化学储能技术的发展与创新受到各国的密切关注与支持[7]。

2. 储能选型

储能选型作为储能规划的重要环节，对推动间歇式电源规模化消纳具有重要现实意义。截止目前，多种类型的储能技术已有大量示范应用，而目前已发表大量储能应用方面的文献关注点主要集中在储容优化配置及控制策略等方面[8-10]，涉及储能选型方面的研究大多是基于技术可用性和考虑价格因素，进行简单对比得出，选型过程掺杂大量主观因素和不确定性。桑迪亚国家实验室开发储能选型软件 ES-Select 在选型过程中结合考虑了电力系统内的多种工况需求及各储能技术特点[11]，可用于在诸多不确定因素下的储能系统粗选，但在打分环节通过对应用工况分类简化选型过程，提高了选型过程受主观因素的影响程度。参考文献［12］以提高电能质量为场景，分别以层次分析法和模糊理论开展简单对比选型。参考文献［13］以光伏发电为应用背景，采用层次分析法，研究采用科学方法规范了储能对比过程，但未结合工况侧提出针对性需求，且影响因素考虑较少。目前国内关于储能选型的研究仍停留在考虑储能应用目标的技术可用性基础上，再根据厂家提供的标准技术、经济数据的简单对比层面[14-16]。总体来看，选型过程涉及大量模糊因素，决策过程过于依赖专家判断，欠缺客观评价机制，尚未就储能选型开展深入的系统性研究，而作为储能规划的关键环节，储能选型存在多重技术问题亟需突破。

3. 储能电站建设相关标准

（1）储能电站设计标准

近年来随着工业的发展，储能技术在电网中的作用也越来越明显，储能电站的设计和运行就显得尤为重要，储能电站在设计上主要着重三个方面：

1）成本：如何通过优化布线、提高设备的转换效率和降低用电损耗来降低储能成本。

2）寿命：如何通过设计提高电站的使用寿命。

3）运维：占地面积的大小、电池等设备的大小、监控信息多杂，如何才能提高运维的管理水平[17-18]。

部分储能电站设计标准见表2-2。

表2-2　储能电站设计标准

序号	标准号/序列号	标准名称
1	GB/T 32574—2016	抽水蓄能电站检修导则
2	GB/T 51048—2014	电化学储能电站设计规范
3	DL/T 1815—2018	电化学储能电站设备可靠性评价规程
4	NB/T 42090—2016	电化学储能电站监控系统测试规范
5	DL/T 1816—2018	电化学储能电站标识系统编码导则
6	DL/T 1870—2018	电力系统网源协调技术规范

（2）储能电站电池选型及测试标准

目前，我国应用最多的是电化学储能，而电化学储能的重中之重是电池，电池的好坏以及管理影响着储能电站的运行和发展，储能系统所使用的电池主要有能量型电池和功率型电池，因为其特性不同，所以应用场景也不相同[19]。电池管理系统（Battery Management System，BMS）是电池与用户之间的纽带，主要就是为了能够提高电池的利用率，防止电池出现过度充电和过度放电，可以根据电压、电流、温度等指标推测出电池的SOC状态，预防储能电池发生故障。由此可以看出，储能电池的运行状态以及寿命影响着储能电站的使用寿命，国家近年来对储能电池尤为重视，颁布政策、制定标准，保证储能电池在出厂检测以及运行时不会发生意外事故。部分储能用电池标准见表2-3。

表2-3　储能用电池标准

序号	标准号/序列号	标准名称
1	GB/T 36280—2018	电力储能用铅炭电池
2	GB/T 36276—2018	电力储能用锂离子电池

（续）

序号	标准号/序列号	标准名称
3	GB/T 34131—2017	电化学储能电站用锂离子电池管理系统技术规范
4	GB/T 22473—2008	储能用铅酸电池
5	T/CEC 176—2018	大型电化学储能电站电池监控数据管理规范
6	T/CEC 172—2018	电力储能用锂离子电池安全要求及试验方法
7	T/CEC 169—2018	电力储能用锂离子电池内短路测试方法
8	T/CEC 171—2018	电力储能用锂离子电池循环寿命要求及快速检测试验方法
9	T/CEC 170—2018	电力储能用锂离子储能电池烟爆炸试验方法
10	NB/T 42091—2016	电力储能用锂离子电池技术规范

（3）储能电站接入电网标准

当电网出现大功率缺额、有功支撑能力不足时，需配置储能，电网侧储能的主要作用是提升电网安全稳定水平，以提高电力系统整体经济性为目标，按照统一规划、有序建设的原则进行合理配置，在某些峰谷差较大的电网中，尖峰负荷数值较大，但持续时间较短，电源和电网的利用效率降低。储能可提高尖峰负荷时段的电网供电能力，减少为满足尖峰负荷而新增的电网和电源投资。在储能接入电网或者配电网的时候，无论是分布式储能还是其他形式的储能，都需要有一定的规范来保障电网可以有效、安全地运行。表 2-4 为部分储能系统接入电网需遵循的标准。

表 2-4　储能系统接入电网的标准

序号	标准号/序列号	标准名称
1	GB/T 36547—2018	电化学储能系统接入电网技术规定
2	GB/T 36548—2018	电化学储能系统接入电网测试规范
3	T/CEC 173—2018	分布式储能系统接入配电网设计规范
4	NB/T 33015—2014	电化学储能系统接入配电网技术规定
5	NB/T 33014—2014	电化学储能系统接入配电网运行控制规范
6	NB/T 33016—2014	电化学储能系统接入配电网测试规程

（续）

序号	标准号/序列号	标准名称
7	Q/GDW 564—2010	储能系统接入配电网技术规定
8	Q/GDW 676—2011	储能系统接入配电网测试规范
9	Q/GDW 696—2011	储能系统接入电网运行控制规范
10	Q/GDW 697—2011	储能系统接入配电网监控系统功能规范

4. 储能电站设计准则

随着储能技术的不断发展以及储能市场的逐步释放，百兆瓦级、吉瓦级电化学储能电站在电源侧、电网侧相继投运，为可再生能源基地的电力品质改性、特高压线路的远距离输送以及电力紧急响应提供了有力保障，必将引发我国电力供应体系一场划时代的革命[20-21]。通过对典型储能电站以及储能政策、标准的梳理，得到启示如下：

1）电化学储能电站按照功能区域划分基本模块，各基本模块统一技术标准，并且设计的方案应该通用化，可以覆盖各种类型的储能电站，电站的通用技术、设计规范、技术导则以及接入电站的规范应一体化考虑。

2）核心装备应更加工业化，最大限度实现工厂内规模生产、集成调试、标准配送，现场施工更加机械化，提高工程质量。

3）电池舱通道宽度预留 1m 以上，保证运维空间；PCS、主变均布置于户内，可保证运维检修不受天气影响；小储能电站应采用一级增压系统，减少能耗；电站内采用低能耗设备；减少场地内变压器数量，有效减少占地面积。

4）采用三级防护系统，最大程度保证储能电站安全性；BMS、EMS 系统实时监控电池状态和储能电站系统状态作为一级防护；合理设计防火分区作为二级防护电池舱内设置灭火装置，电池舱外设置水消防系统，共同作为储能电站灭火的最后一道防线；分别设置大、中、小三层防火单元，保证储能电站防火防爆、安全稳定的运行。

2.4.2 5G 基建建设背景下的储能技术

2020 年以来，5G 技术已经成为经济发展的新增长点，国家也在大力推广 5G 技术[22]。5G 通信技术的室内基带处理单元（Building Base band Unit，BBU）相对前代功能更强，同时功耗也更大，5G 基站的高耗能若与能源建设设施结合，例如分布式光伏与储能、5G 相结合起来，建立"光伏储能+5G 通信建站"模式，通信基站网络通过配置储能电池，形成庞大的分布式储能系统。可以利用储能系统特性实现基站的削峰填谷，降低基站建设、运营成本。

截止到 2023 年 6 月，我国通信基站数量如图 2-8 所示，随着储能技术的发展，具有高利用率、小型化等特点的新型储能系统会填补基站储能技术的空白，保证基站供电的稳定性。5G 基站根据功率的不同分为宏基站、微基站两大类，其中微基站一般直接由市直接供电，不设置储能系统，宏基站涉及范围广、基站功率大，一般建设在室外，需要储能系统作为备用电源以保证供电的稳定性。

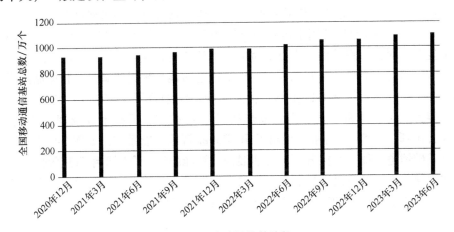

图 2-8　移动通信基站数

1. 通信铁塔

通信铁塔是移动通信基站的组成部分，起到了架高通信天线的作用，是通信信号发射、接收和传输设备的主要载体，是移动通信网完成信号覆盖的重要基础设施。输电铁塔上搭载通信基站所形成的共享铁塔是一种使电力基础设施获得再利用、节约基站建设成本的新型的通信铁塔类型。

尽管通信铁塔较为常见、分布广泛，但是在选取共享铁塔时与其所处的位置、地形、塔型等因素密切相关。天线搭载位置需要同时满足天线搭载高度和电气安全距离要求，一般分为塔头段顶部、塔头段身部以及下导线挂点以下。共享铁塔技术在国内已有应用，2017 年起，共享铁塔在云南、湖北等地均有实际应用，220kV 东郭二回线 6 号塔、云南楚雄市东瓜镇 220kV 鹿紫二回线 38 号塔以及湖北 110kV 车伍二回线 12 号电力塔上都已成功安装通信基站，为共享铁塔技术的后期广泛应用提供了实践经验。尽管共享铁塔可以减少基站的建设成本，但基站建设中保证输电稳定等问题依然存在。

2. 5G 基站

由于 5G 微基站的分布面积较广，电力系统难以满足其要求，所以，很多基站开始使用储能系统保证持续稳定的电能输送。例如，在 2017 年就有某通信公司使用退役梯次电池建设 5G 一体化电源。蓄电池可以在供电系统正常供电时改善电能的质量，在供电系统发生故障时可作为备用电源为负荷持续供电，保证设备持续正常运行，磷酸铁锂电池因具有安装成本低、使用寿命长等特点，备受基站蓄电池的欢迎，并且已经应用于实践。国轩高科全资子公司合肥国轩与华为签订了《锂电供应商采购合作协议》，双方将开展锂电领域的战略合作为华为在海外的通信基站项目并已经实现批量供货，中国铁塔 2020 年以来已在 20 个省市发布了 24 项招标，总预算超过 8945 万元，多项招标要求采购磷酸铁锂电池。中国移动在 2020 年 3 月初也发布了 1.95GW·h 磷酸铁锂电池的采购订单[23]。

锂电池在 4G 时代应用于运营站点储能系统中，但 5G 时代通信基站的环境更加复杂，对储能系统的要求更加苛刻，虽然传统锂电可以满足 5G 基站的大部分要求，但对于新形势下新的需求，传统锂电储能系统无法满足，智能储能系统因此而生，与普通储能系统不同，智能储能系统融合了通信技术、电力电子技术、传感技术、高密技术、高效散热技术、AI 技术、云技术以及锂电池技术。华为公司基于对 5G 的理解，推出了 5G Power 智能储能系统，如图 2-9 所示，其具有基础锂电功能、智能升压、智能混搭、智能防盗、全网精细管理等优点，可以实现储能系统的管理、控制等。根据大数据进行预测，实现前瞻性运维和资源互补，既降低了运维和建设成本，又可以减少资源浪费。

图 2-9 华为 5G Power 智能储能系统

2.4.3 特高压建设背景下的储能技术

特高压输电技术具有等级高、网损小、输出灵活、容量大、距离远、线路故障时的自防护能力强，节省线路走廊等特点，本章主要介绍特高压输电现状、常见问题以及解决办法。

1. 特高压输电建设的现状

根据收集的数据显示，一路特高压直流输电线可以输送 600 万 kW 电量。由于我国国土面积辽阔，西部地区资源丰富，为了使东西资源优势互补，提高东部地区用电稳定性，跨区域特高压直流输电技术已经得到快速的建设和发展。

"十三五"规划中提出，到 2020 年，国家电网将建成"五纵五横"特高压交流骨干网架和 27 条特高压直流输电工程，形成 4.5 亿 kW 的跨区跨省输送能力，建成以"三华"电网为核心的统一坚强智能电网。

2. 特高压输电存在的问题

近年来，国家电网公司相继投产了晋北-南京、酒泉-湖南、准东-皖南等特高压直流输电工程，拓宽了可再生能源跨区大直流外送通道，为了解决东北地区窝电问题，提高新能源外送消纳能力，2019 年新建扎鲁特-山东青州 ±800kV 特高压直流输电及其配套工程，该工程投运后，全省电网结构与运行特性发生巨大改变。为保证电网的频率和电压稳定，电网通过稳控装置切除大量风电机组，严重影响新能源的消纳，也为电网带来了巨大冲击，大规模的电池储能电站若达到毫秒级的响应时间，将会为扎鲁特直流的单极或双极闭锁提供快速功率释放，相对于水电、火电等常规功率调节手段具有较大技术优势。特高压输电可以解决中东部地区因发电问题而造成的环境污染问题，把西部通过新能源发电技术所发电量传输到用电密度高的中东部地区，实现能源互补，提高清洁能源占比，目前已经待建和在建的项目见表 2-5。

表 2-5 待建和在建特高压输电项目

项目	线路	长度/km	核准时间
直流项目	青海-河南	1582	2018.10
	陕北-湖北	1284	2019.01
	雅中-南昌	1700	2019.08
	白鹤滩-江苏	2172	2020.11
	白鹤滩-浙江	2000	2021.07
	向家坝-上海	1907	2010.07
	锦屏-苏南	2095	2012.12
	哈密南-郑州	2192	2014.01
交流项目	驻马店-南阳	双回路 2190.3	2018.12
	驻马店-武汉	双回路 2276	2021.11
	荆门-武汉	双回路 2235	2020.12
	张北-雄安	双回路 2320	2018.11
	南昌-武汉	—	2022.06
	南昌-长沙	—	2020.12
	南阳-荆门-长沙	双回路 2600	2019.12
	晋东南-南阳-荆门	640	2009.01
	淮南-上海	1298	2013.09

青海等部分可再生能源产区缺乏常规电源支撑，一旦特高压工程发生直流闭锁、交直流混联线路事故，电网暂态稳定问题将越发突出，严重影响送端电网的安全稳定运行。

换相失败是直流输电系统发生概率较高的故障之一[24]。参考文献［25］提出了多馈入直流输电系统内同时或相继换相失败中潜在的异常换相失败现象，通过分析多种故障水平下直流分量、谐波含量以及电压幅值下降特点，提出电压和谐波畸变参考。参考文献［26］指出可通过控制流过逆变器的直流电流来抑制其换相失败的发生量，用于判断异常换相失败的严重程度，提出了一种适用于逆变器换相失败预测控制的直流电流预测整定方法。参考文献［27］通过电磁暂态仿真建立模型，分析了换相失败引发的包括直流闭锁等一系列后果。

特高压直流输电项目也会因为电源的问题导致输电项目的输电功率较低，对联网能力也有影响，如以输送新能源为主的酒泉-湖南特高压直流工程，该项目的输电量经过实际测算为 450 万 kW，未达到预期的 800 万 kW。晋北-江苏特高压直流工程内部神泉一期 2×60 万 kW 机组明确为配套改接电源，其余 3 座 402 万 kW 配套电源未能充分发挥该直流 800 万 kW 的外送电能力。

3. 特高压输电问题的解决方法

目前，对于电网中储能技术参与抑制直流换相失败的方法还不太完善。参考文献［28］提出在电网频率最低点满足要求的前提下，电网受电能力提升程度与储能容量配置间的数学模型，并得出储能系统布局在受端电网提升了特高压输送通道稳态输送功率，可以切实促进新能源外送消纳。参考文献［29］通过对高压交直流混联电网中多馈入直流换相失败问题的分析，得出电化学储能电站群具有保障电网安全、调峰和调频方面的技术优势，必使交直流混联受端电网变得更加坚强和智能。

电化学储能技术可用于特高压输电项目，在 2019 年底青海省海南州特高压基地招标时，投资方需明确规定增加储能电池技术类型。限定技术路线为磷酸铁锂电池，且规格为 1C 倍率，并且从规模来看，共需采购 321 套储能系统，单套储能系统可用容量为 630kW/630kW·h，包括电池、过程控制系统（Process Control System，PCS）、电池管理系统（Battery Management System，BMS）、能量管理系统（Energy Management System，EMS）及其他所有附属设备，总装机规模超过 200MW。

从目前研究来看，特高压输电技术中存在的问题影响因素较多且解决方法较少，急需配置储能系统，给解决输电问题提供一种新的思路和方法。

2.4.4　城际轨道交通和高速铁路建设背景下的储能技术

轨道交通也是近几年发展较快的行业之一，由于具有安全、环保、节约能源、占地较少等特点，渐渐成为我国城市中的主要交通模式，储能产业在该行业的发展中也占有一席之地，列车可以通过储能技术储存电能，在无接触网或者紧急情况下释放电能，保证列车的正常行驶[30]。应用广泛的行业为地铁和城际高铁。

地铁

地铁能量回收是一种大功率、高频次的应用场景，目前应用较为广泛的是再生制动能量吸收利用，当制动能量不能被本车吸收时，牵引网电压上升，上升到一定程度后，牵引变电所中再生制动能量吸收装置投入工作，吸收再生电流，使车辆再生电流稳定，示意图如图 2-10 所示。目前，再生能量吸收装置有电阻能耗性、电容储能型、飞轮储能型、逆变回馈性等。其各自优缺点如表 2-6 所示，目前较为常用的是电容储能型和飞轮储能型。

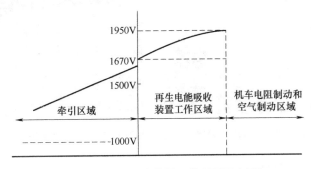

图 2-10　再生制动能量吸收利用示意图

表 2-6　再生制动能量吸收装置对比

比较项目	电阻能耗	电容储能	飞轮储能	逆变回馈
技术成熟度	已国产化	国外设备成熟，国内已有样机	国外设备成熟，国内已有样机	已国产化
节能效果	无节能效果	有节能效果	有节能效果	有节能效果
设备投资/万元	100	400	400	240
应用	北京、广州、重庆、郑州	广州地铁 6 号线	北京地铁房山线广阳城站	北京、长沙、郑州、广州有挂网实验

（1）飞轮储能

地铁列车进站回收的电能通过电阻放热方式消耗，存在资源浪费，飞轮储能具有响应快、高频次、高可靠性、长寿命的优点，可以很好地解决这些问题。2019 年国产 GTR 飞轮储能装置北京地铁房山线广阳城站正式实现商用，该装置由单台功率 333kW 的飞轮一组三台组成 1MW 飞轮，当地铁列车进站刹车时，可以利用飞轮储能系统存储制动过程中的能量，向直流牵引网回馈能量，这样可以使储能系统吸收更多的制动能量，减小电压波动、电能损耗，延长使用寿命。

美国多个地铁站已经对飞轮储能进行了示范，能够实现 20%~30% 的节能效果[31]。洛杉矶地铁于 2014 年 8 月安装基于飞轮的（Wayside Energy Storage Sub-station，WESS）储能变电站，WESS 部署了 2MW 的系统，具有 15s 的充电/放电时间及 8.33kW·h 的容量，并且由 4 个飞轮模块组成，每个飞轮模块由 4 个独立的飞轮单元组成，由于该储能系统的应用，能节省 10%~18% 的牵引电力能源，如图 2-11 所示。

图 2-11 国产 GTR 飞轮储能（左）和洛杉矶 WESS 储能系统（右）

（2）超级电容储能

超级电容储能具有高功率、长寿命的特点，也可回收制动能量，实现制动能量再利用，目前国内技术刚刚起步，依旧处于实验阶段，如广州地铁 6 号线配备了超级电容储能装置并正式挂网运行，该系统额定功率达到 1.4MW，具备对直流电网的稳压作用，可以缓解高频次列车起动或制动时直流网压的电压波动。超级电容储能系统由连接单元、变换器超级电容器组成，该系统在全球多个城市的地铁中得以应用，如西班牙马德里的地面式储能系统，北京地铁 5 号线也配置了储能系统，总容量 69.64F，最高电压 515.2V，具有减少牵引电量、提高地铁舒适度等特点[32]。

2.4.5 新能源汽车充电桩建设背景下的储能技术

作为新型城市交通基础设施，充电桩是电动汽车推广应用的基本保障，我国充电基础设施已经形成了规模化快速发展态势，相关行业政策、标准体系也已基本建立，但充电基础设施行业尚未明确，新能源汽车充电桩建设为我国新能源汽车能源供给保障明确了主基调。储能技术应用于充电桩可以保证充电桩电能的稳定性，不会因为电网的波动而导致充电桩的失灵，可有效平抑对配电网的负荷冲击、降低充电站配电线路成本、产生良好的社会经济效益。

1. 光伏储能充电桩

近年来，充电桩和光伏储能系统结合形成自发电的电网系统，光伏发电可保证充电桩电能的稳定性，余电可以利用储能系统储存起来，进行削峰填谷、峰谷套利，实现经济效益最大化。虽然光伏发电受影响因素颇多，但加入储能系统，一方面帮助光伏在应用过程中解决一部分发电冗余和并网问题，另一方面发挥组合优势，带动光伏、储能、充电桩多向发展。

圣地亚哥国际机场的电动车充电站为光伏发电站，该光伏发电系统的试验成功相比传统的光伏系统发电量可提升 18%[33]。美国加利福尼亚州在圣塔莫妮卡（Santa Monica）小镇修建了一座专为某种电动车提供充电桩的光伏充电站[34]。

到目前为止，日本约有 270 多家电动汽车充电桩设施制造企业，日本大阪变压器株式会社的 WiTricity 技术为电动车提供无线充电业务，该技术提升无线充电站的高效传输及可互操作性，满足全球汽车标准。欧盟资助的项目 FASTIN-CHARGE 正在研究定点式无线充电以及在途无线充电的可行性，其优势包括操作简单、维修方便等特点。

相对于国外，我国国内电动汽车充电行业在近几年也得到了快速的发展，如图 2-12 所示的松山湖太鲁阁光储充一体化充电站，核心系统"光储充一体式能源微网系统"与"能源互联共享平台"的对接，信息通过 5G 通道上送。通江北路黄沙桥充电站也是我国光伏发电快充站的实际应用，配置 720kW 和 600kW 的群控单元各一台[35]。2011 年，黑龙江建成了光储式电动汽车充换电站并实现对站内负荷供电以及对电动汽车充电，在并网和孤岛运行状态下运行稳定。2018 年，适用于高原的电动汽车光伏充电站，在西藏自治区研制成功并投入试运行阶段，该光伏发电站装机容量可达 20kW，在正常阳光照射、不依靠国家电网提供电能的情况下，每天能向 3 辆电动汽车提供满容量的充电服务。图 2-12 为松山湖太鲁阁光储充一体化充电站和西藏电动汽车光伏充电站。

图 2-12　松山湖太鲁阁光储充一体化充电站（左）和西藏电动汽车光伏充电站（右）

2. 电动汽车储能充电站

将传统储能技术与电动汽车充电站相结合，即可以实现电网的"削峰填谷"、保证供电的稳定性，还可降低大规模汽车充电时对电网所造成的冲击、延长使用寿命。参考文献［36］通过设计储能电池充放电效率检测实验，并对经济效益进行分析，证明了储能系统应用于充电桩的可行性。参考文献［37］通过在传统的充电桩内部增加蓄电池和能量转换系统，可以保证在不影响配电网的前提下，实现电动汽车的快速充电。参考文献［38］利用储能电站给电动汽车充电站充电，并可以根据现场情况自行调整，实现充电站的持续发展运营。参考文献［39］通过对充放储电站无功电压调节的分析，提出了电站的增值策略和紧急控制策略。参考文献［40］介绍了应用储能技术的充电站的结构和原理，并提出了电网和储能功率的分配情况。

青岛薛家岛和图 2-13 所示的上海嘉定区安亭镇电动汽车充换放储一体化示范电站为目前已经投运的充放储一体化电动汽车充电站。

图 2-13　上海嘉定区安亭镇集中充换放储一体化电站

2.4.6　大数据中心建设背景下的储能技术

现代生活中所需的数据大多存在数据中心内部，伴随着"新基建"的发展，数据中心的重要性也渐渐得到重视，数据中心的电力供应也显得格外重要，而数据中心不间断电源系统（Uninterruptible Power System，UPS）的普遍使用可以保证数据中心电力供应不会出现故障。因此 UPS 储能技术的发展也至关重要，影响到了 UPS 的体积、寿命、成本[41]。

"UPS+电化学"和"UPS+飞轮"储能技术在数据中心的应用

UPS 储能系统根据储能技术的不同，可以分为电化学储能系统 UPS 以及飞轮储能系统 UPS。

（1）"UPS+电化学"

UPS 作为备用电源，一般后备时间要求不低于 15min，最初的 UPS 内部通常采用铅酸电池，谷歌是进行服务器自研定制的互联网公司，早期采用铅酸电池供电。Facebook 自建数据中心的供电系统采用 DC 48V 离线备用系统，为每 6 个 9kW 的机柜配置 1 个铅酸蓄电池柜。中移动公司数据中心采用的是 DC 48V 输出系统，并配置储能电池柜。系统拓扑图如图 2-14 所示。

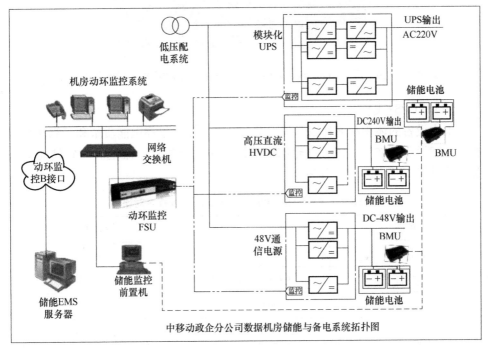

图 2-14　中移动数据中心储能备电系统拓扑图

但是由于铅酸电池能量密度低、体积大、对环境的要求较高、污染环境，一般使用的铅酸电池 4~5 年就要更换，新开发的 UPS 和储能相融合的系统，可以增加配置电池的容量，铅酸电池已经改为铅炭电池，可进行削峰填谷，用作 UPS 备用电源，转换效率更高，寿命更长。

目前有的公司还用锂电池作为备用电源，谷歌公司的 UPS 系统已经由最早的铅酸电池改为锂电池方案[42-43]。图 2-15 为华为公司的基于智能锂电特性的 FusionPower@ Li-ion1.6MW 大型数据中心 UPS 供配电系统，该系统配套华为自研 UPS 的锂电池储能系统，使用寿命长、占地面积小、运维简单。全球的搜索引擎公司、消费公司等的数据中心如果设在印度的话都采用的是 VXUPS+锂电池的配置方案，因为锂电池的耐高温以及适应能力强，反应速度快。

图 2-15　华为公司 FusionPower@Li-ion1. 6MW 大型数据中心 UPS 供配电系统

（2）"UPS+飞轮"

电力设备的体积和能耗以及确保关键任务应用的最高电能质量和可靠性是数据中心建设所面临的挑战，飞轮储能可以完美地解决这一难题。飞轮储能 UPS 和传统储能 UPS 技术对比如表 2-7 所示。

表 2-7　飞轮储能 UPS 和传统储能 UPS 技术对比

项目	飞轮 UPS	传统 UPS
蓄电池组	无	需要
节能	能耗低、节能环保	能耗高
效率	96%~98%	93%~94%
后备时间	满载 9~11s，9%负载 122s	根据需要配置
应用场合	较多应用在军工产业	各行各业应用普遍

美国 Active power 公司的钢制飞轮为中低速飞轮的典型代表，其转速 7700r/min，可应用在小型 UPS 中，但不适合频繁充放电场合；高速飞轮典型代表为美国 Vycon 公司的钢制飞轮，其转速 36750r/min，已在 UPS 中商业化应用。在飞轮储能阵列方面，容量为 20MW/5MW·h 的碳纤维复合材料转子飞轮储能阵列，已在电网调峰调频方面实现商业化运营。

磁悬浮飞轮储能技术是一种技术上更为先进、绿色环保的电能存储技术，国内外采用飞轮储能 UPS 系统作为备用电源的技术比较成熟，美国 VYCON 公司的 VDC 系列飞轮储能设备具有良好的性能以及较长的使用寿命，在其使用寿命内可以进行不限次的充放电并且不会影响其使用性能。美国麻省医药大学数据中心配置的 2×825kV·A/750kW UPS 飞轮储能、美国北卡 Raleigh NC 大型数据中心的

6×825kV · A/750kW UPS 飞轮储能、Delta 牙科治疗中心数据中心的 2×500kV · A/450kW UPS 飞轮储能以及美国 EasyStreet Online Services 数据中心所采用的 3 套 18 台飞轮储能系统在其使用寿命内都有较好的表现。图 2-16 为美国北卡 Raleigh NC 大型数据中心飞轮储能和 Delta 牙科治疗中心数据中心飞轮储能。

图 2-16　美国北卡 Raleigh NC 大型数据中心飞轮储能（左）和 Delta 牙科治疗中心数据中心飞轮储能（右）

2.4.7　电源侧储能应用

1. 吉林电网储能辅助火电机组灵活改造示范项目

吉林电网储能辅助火电机组灵活改造示范项目通过将锂离子电池储能系统、全钒液流电池储能系统与火电机组并联，有效改善了火电机组的调节深度。图 2-17 为该项目的储能系统接线示意图。

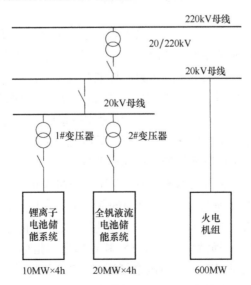

图 2-17　储能系统接线示意图

2. 山西朔州老千山风电场储能项目

山西朔州老千山风电场位于山西省右玉县老千山，发电场内加装锂电池储能系统，储能系统通过升压变压器进行统一升压后接入风电场 35kV 母线，储能系统的作用主要是平滑风电场出力波动。10MW 储能系统安于电厂东侧，每个集装箱规模为 1MW/1MW·h，每两个储能系统间隔 2.2m。400V 升 35kV 变压器安装在集装箱北侧，两个集装箱共用一个变压器，单个变压器规格为 2MW。

采用的集装箱储能系统是模块化 1MW/1MW·h 集装箱，每个储能集装箱内布局图如图 2-18 所示，储能集装箱的主要组成部分为：电池系统、电池管理系统、过程控制系统（Process Control System，PCS）、辅助系统。电池系统采用的磷酸铁锂电池。电池箱内部通过 2 个电芯串联、8 个电芯并联组成，28 个这样的电池箱构成电池组。功率输出通过主控制箱进行，3 个电池组形成一个电池堆，并串联一个 PCS，实现对电芯的管理。

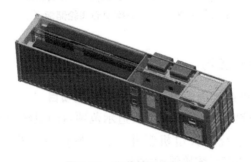

图 2-18　集装箱示意图

该项目储能系统分成两个部分，最大程度上地减少储能动作次数，保证储能系统的运行寿命，完成了在不同工况下，风电场、储能系统运行的协调性以及在接到指令后，快速地调整风力机组出力、储能装置相应速率等指标，进一步获得更加符合实际的运行数据。系统接线图如图 2-19 所示，10MW/9MW·h 储能系统共分为 10 个子系统，每个子系统设置就地监控系统，在就地监控系统上层设置总监控系统，总监控系统负责对整个储能系统进行能量管理和监测控制，并负责与地调进行通信，实现数据的传输和远程调度。

依据电力系统网源协调技术规范 DL/T 1870—2018 的要求，即风场一次调频死区为 0.05Hz、风场下垂特性设为 2.5% 的前提下，在风场无备用容量时，靠储能装置来实现一次调频的功能，储能装置在接受到调频指令后，完全能够达到 3s 有响应、12s 达到应变负荷的 90%、15s 稳定的技术指标。由图 2-20 加装储能前后输出曲线的对比可以看出，该风电场通过一次调频叠加 AGC 以及加装的储能系统可以达到平滑风电功率输出的预期效果。

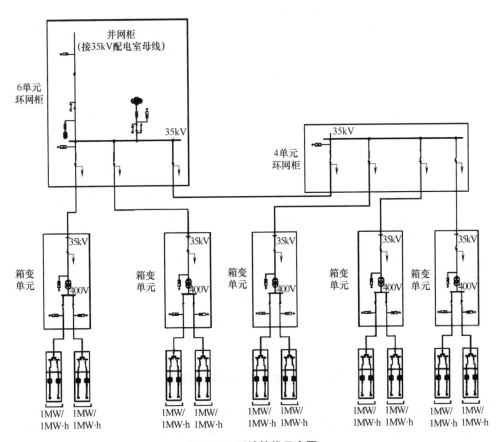

图 2-19　系统接线示意图

图 2-20　老千山风电场加装储能平滑输出对比图

3. 辽宁卧牛石风电场液流电池储能项目

辽宁卧牛石风电场液流电池储能示范电站建成于 2012 年底，49.5MW 风电场配备 10% 比例储能系统（5MW），储能装置容量按 5MW×2h 配置，是当时世界上规模最大的液流电池储能电站。具有完整功能的储能型风电场的储能系统包括储能装置（包括电池系统和电池能量管理系统 BMS）、电网接入系统（或称 PCS，能量转换系统，包括变压器）、中央控制系统、风功率预测系统、能量管理系统、电网自动调度接口、环境控制单元等部分。储能装置建设在风电场升压站内。本项目及其配套并网工程，静态总投资 6955 万元。

卧牛石储能系统用于跟踪计划发电（储能）、平滑风电功率输出，还将具备暂态有功出力紧急响应、暂态电压紧急支撑功能。其接线示意图如图 2-21 所示。

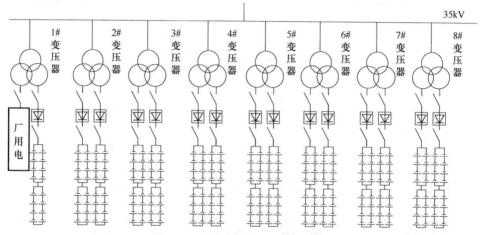

图 2-21　储能系统一次接线示意图

电池储能系统是由储能电池组、电池管理系统（BMS）、储能逆变器、升压变压器和就地监控系统及储能电站监控系统等设备组成。储能系统采用全钒液流电池，由 15 个 352kW×2h 全钒液流电池单元系统组成，每个 352kW×2h 全钒液流电池单元系统是由 2 个 176kW×2h 全钒液流电池系统组成，如图 2-22 所示。单个 176kW×2h 全钒液流电池系统包括 1 个正极电解液储罐、1 个负极电解液储罐、8 个电池模块（每个电池模块的功率为 22kW，8 个电池模块 4 串 2 并），每个 176kW×2h 电池系统在液体管路上各自独立，在电路上实现耦合连接。

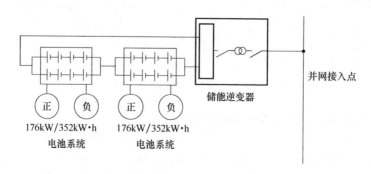

图 2-22　储能单元 352kW×2h 组成示意图

基于上层的能量管理系统，可以实现储能系统跟踪计划出力，实验结果如图 2-23 所示，加入电池储能系统之后，风电并网功率可以较好地跟踪调度的限电功率指令，提高风电跟踪计划出力能力。跟踪计划出力的最大跟踪误差为 3.812MW。

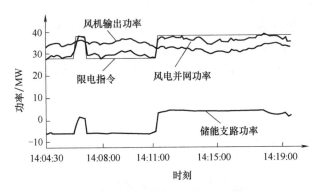

图 2-23　储能系统跟踪计划出力示意图

4. 甘肃酒泉"电网友好型新能源发电"示范项目

甘肃酒泉风电基地的风能开发利用主要集中在玉门、瓜州、马鬃山三个区域内，整个酒泉风电群距离兰州负荷中心的平均距离约为 1000km。甘肃酒泉瓜州干河口示范风电场由鲁能公司建设，分为南、北两个风电场，共包含 32 台 3MW 华锐 SL3000 双馈风电机组。

每 8 台风电机组经一路 35kV 架空线路汇集至干北 330kV 升压站 3#主变压器的 E 段 35kV 母线。示范风电场经 E1、E2、E3、E4 四路馈线接入 35kV 母线，系统接线示意图如图 2-24 所示。

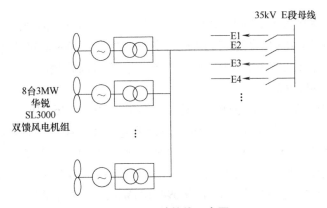

图 2-24　系统接线示意图

1MW/1MW·h 箱式锂离子电池储能系统经低压双分裂绕组变压器并入 35kV 馈线。系统包含 2 台 500kV·A DC/AC 变流器（PCS），每台 PCS 带 3 个电池簇，每簇电池由 19 个电池组串联而成；2 个 3.2V 125A·h 的锂离子电池单体并联后成为 1 个电池模块，12 个模块串联成组为 1 个电池组。每簇电池成组后直流额定电压 768V，工作范围为：600～876V。

图 2-25 为储能系统箱体，采用玻璃钢、新型恒温材料以及通风阻沙系统替代传统空调系统对储能系统进行热管理，舱内包括动力配电箱、消防系统、监控系统、温控系统。适用于示范地区高温、高寒、强风、多沙的环境。

图 2-25　1MW/1MW·h 箱式锂离子电池储能系统示意图

3MW 双馈机组，转子侧由 2×750kW 背靠背变频器并网，300kW 超级电容储能也由两组独立的超级电容储能经 150kW DC-DC 变流器分别并入变频器直流母线。每组超级电容器由 18 个 48V 模块串联。超级电容储能与机组变频器均安装于机舱内部。

示范风电场接入的 330kV 升压站安装了 1MW/1MW·h 的锂离子电池储能系统，用于提高风电场功率调节能力和暂态支撑能力[44]。300kW 超级电容储能系统，用于验证电池储能和超级电容储能在风电场稳态功率控制和暂态支撑中的作用。

5. 宁夏电网储能

截止 2019 年底，宁夏电网统调总装机容量为 49379.264MW，其中火电厂 28 座，机组 66 台，容量为 28660.4MW，占总容量的 58.04%；水电站 2 座，机组 15 台，容量为 422.3MW，占总容量的 0.85%；风电场 94 座，容量为 11160.78MW，占总容量的 22.60%；光伏电站 148 座，容量为 8441.596MW，占总容量的 17.10%；分布式光伏 68 座，容量为 694.188MW，占总容量的 1.41%；风电和光伏容量占总容量的 41.10%。

表 2-8 为国内部分储能应用工程。

表 2-8　国内部分储能应用工程

名称	类型	风电容量/MW	光伏容量/MW	储能容量
张北风光储示范项目	风光储	600	100	70MW/280MW·h
卧牛石风电场	风储	50		5MW/10MW·h
辽宁锦州塘坊风电场	风储	50		5MW/10MW·h
宁夏发电集团盐池高沙窝	风光储	20	10	10MW·h
中广核甘肃	光储		60	10MW/20MW·h
中广核青海共和	光储		9.2	31MW·h
西藏当雄	光储		20	20MW/20MW·h
山西省大同市阳高县	风储	30		30MW/60MW·h
西藏岗巴	光储		40	40MW/193MW·h

宁夏电网主要特点如下:

1) 直流群送电功率提升,交直流故障冲击幅度、范围扩大。2020 年,宁夏直流群外送能力提升至 17300MW,其中银东和昭沂同送、同受端直流总功率达到 9300MW。特高压直流双极闭锁、同送同受直流同时换相失败以及直流群近区交流设备跳闸等严重故障引起的冲击幅度、范围都将进一步扩大。故障引起电网潮流大范围重组,频率、电压以及断面功率大幅波动,对电源涉网性能和网源协调水平提出了更高的要求。

2) 电源波动幅度增大,电力平衡安排及实时控制更加困难。2019 年宁夏电网新能源最大同时率超过 60%,发电出力超过当时全网用电负荷。2020 年新能源预计还将新增 3085MW,装机容量及占比持续提高,电源出力波动幅度继续增大,火电机组开机方式进一步压缩,系统转动惯量下降,对电网电力平衡安排、实时监视控制、安全稳定管理带来更大挑战。

3) 输变电设备可靠性不足,为设备管理提出了更高的要求。随着 ±800kV 特高压灵州换流站的投运及大规模基建工程的结束,宁夏电网设备总量及电压等级跨入新阶段,750kV 双环网主网架建成,电网短路电流超标问题凸显;直流换流站设备复杂、技术难度大,部分关键设备安全隐患仍未彻底解决,"首台首套"产品数量多,部分设备设计裕度低,长时间大负荷运行后设备隐患逐步暴露;电网设备智能监测手段、状态感知能力仍然不足,设备管理信息化建设中信息孤岛,数据价值挖掘不充分,一线信息化支撑手段不足、效率不高等问题依然存在,设备状态精益化管控和智能化仍需进一步提升。

4) 新能源装机规模持续增长，新能源消纳形势更加严峻。近 10 年来，宁夏电网新能源装机容量快速增长，年均增长率为 49.2%。受风电、光伏补贴退坡政策影响，2020 年前新能源仍将保持快速增长势头。经测算，新增装机将导致 2020 年宁夏新能源弃电量相比 2019 年大幅上升，新能源利用率同比下降。随着国家能源转型战略的实施，"十四五"期间新能源装机仍将保持快速增长，确保新能源利用率 95% 以上的目标压力巨大。

因此，2021 年 5 月，宁夏回族自治区发展改革委再次征求《关于加快促进自治区储能健康有序发展的通知（征求意见稿）》意见[44]。文件对新能源+储能项目投运时间做了明确要求，新能源项目储能配置比例不低于 10%、连续储能时长 2h 以上；在市场机制方面，文件提出将电储能交易纳入现行宁夏电力辅助服务市场运营规则中，对于采购本地电池达到一定比例的储能项目给予奖励基础利用小时数。另外，2021 年 6 月，在国家能源局综合司正式下发《关于报送整县（市、区）屋顶分布式光伏开发试点方案的通知》之后，宁夏发改委下发《关于报送整县（市、区）屋顶分布式光伏开发试点方案的通知》，并且文件上明确要求原则上其各县（市、区）分布式光伏开发储能配置比例不低于 10%[45-46]。

总之，随着宁夏地区新能源装机容量的不断增加，宁夏电网存在的若干问题也日益突出，而储能装置则有利于支撑电网稳定运行及解决新能源可持续发展问题。另外在政策方面，宁夏大力支持鼓励储能项目发展，并对新建新能源项目中最低储能配置容量提出要求。

2.4.8 电网侧储能应用

电网侧储能是近年兴起的一种新型业态，一经出现就备受业界关注，从技术层面到政策层面，再到商业模式等诸多方面，无不成了储能产业的焦点问题。随着江苏、河南、湖南、青海、福建等电网侧百兆瓦级电站相继建设、投运，一系列具有实操性的政策文件也陆续出台，明确了具备自动发电控制（AGC）调节能力的各并网发电企业、储能电站及综合能源服务商，可有序开展电力调频辅助服务交易，为储能参与电力辅助服务市场提供了政策保障。

1. 储能技术现状

随着全球新能源产业的快速发展，我国已成为储能技术发展的领军国家，尤其是在电化学储能方面（见图 2-26）。在推动储能产业发展的进程中发挥了重要作用。为加快储能产业发展，我国近几年相继出台了许多政策，主要包括辅助服务市场运营规则、储能纳入需求侧响应管理、监管部门和电网部门出台储能规范意见等[47]。

就电池储能系统[48]而言，其在电源侧和用户侧已实现大规模应用，而对于电网侧储能的应用刚步入发展期，在全球储能应用中，储能技术在电网侧起到的削峰填谷、提升系统可靠性、提高新能源的接受能力、提高电能质量、电网调频等方面的作用得到了广泛认可。从各国家及地区储能行业来看，随着储能技术的提升、成本的下降，储能已逐渐被纳入各国国家级政策规划。各国为储能行业制定产业发展目标，实现了对储能应用的激励和扶持。随着电力市场的进一步开放，储能应用的多重价值得以实现。储能行业的技术创新、市场发展和应用示范等方面均有了长足的进步。

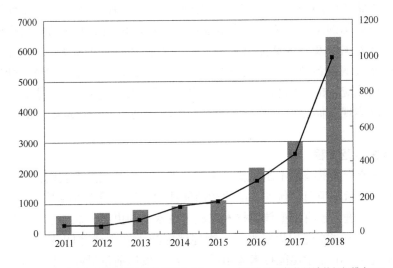

图 2-26　电化学储能装机规模对比

2. 电网侧大规模储能发展

电网侧储能是区别于电源侧和用户侧，在输配电网中建设的储能，作为电网中优质的有功无功调节电源，它的主要功能是有效提高电网安全水平，实现电能在时间和空间上的负荷匹配，增强可再生能源消纳能力，在电网系统备用、缓解高峰负荷供电压力和调峰调频方面意义重大[49]。

已有学者对储能在电源侧[50-52]和用户侧[53-55]的优化配置方法进行了深入研究，但电网侧电化学储能的研究和应用较少，尚处于初步发展阶段。不同于源、荷侧仅解决相关应用场景下的容量配置问题，电网侧储能的应用需结合区域电网的特性与储能多功能应用需求。

电网侧大规模储能的规划中需要考虑储能接入电网中的位置是否恰当，因为储能作为一个双向电力元件，在电力系统中的接入位置会直接影响系统潮流流向，改变线路负载，影响网络损耗，甚至进而影响系统电压水平。所以，选择合理的布局来提高系统运行安全稳定性尤为关键。当然，由于储能技术的应用尚不具备规模经济性，所以选择合理的配置来提升储能应用的经济性水平也成为重要的研究内容。因此，综合考虑应用需求、储能出力特性与多功能应用的综合经济性，对储能选址与配置方法进行研究，不仅对提高电网侧的供电可靠性、电能质量以及新能源发电的消纳能力有直接影响，而且从长远来看，更是对促进我国新能源产业发展、转变电力的发展方式等具有重要作用。

在全球储能应用中，储能技术在电网侧起到的削峰填谷、提升系统可靠性、提高新能源的接受能力、提高电能质量、电网调频等方面的作用得到了广泛认可。从各国家及地区储能行业来看，随着储能技术的提升、成本的下降，储能已逐渐被纳入各国国家级政策规划。各国为储能行业制定产业发展目标，实现了对储能应用的激励和扶持。随着电力市场的进一步开放，储能应用的多重价值得以实现。储能行业的技术创新、市场发展和应用示范等方面均有了长足的进步。

3. 政策示范工程

随着储能行业的技术不断更新，储能技术已经进入成熟发展期，全球范围内都拥有了商业示范项目。例如，电化学储能技术已经实现成本降低，物理储能已经实现材料改进，还有新型储能技术完成了技术上的更新，取得了实质性的发展与进步。从整个储能应用规模来看，物理储能技术在现代储能技术中发展较成熟，规模最大，电化学储能技术应用最为广泛，发展前景最好，是未来全球储能开发的核心内容。

随着政策的出台，近两年投入的电网侧示范项目也应运而生（见表2-9），2018年，河南电网100MW/100MW·h电网侧储能电站、江苏镇江101MW/202MW·h电网侧储能电站投运，实现了国内容量最大的电网侧储能站并网运行，用于满足区域电网在调峰、调频、电力辅助服务以及紧急功率支撑[56]方面的应用需求；广东电网5MW/10MW·h储能电站，用于缓解电网建设困难区域的供电受限问题，提高供电可靠性，缓解可再生能源发电大规模接入电网带来的调频压力等。2019年，湖南长沙60MW/120MW·h储能电站投运，对该地的削峰填谷的意义重大，不仅大幅度提高了电能的输送效率，同时还有效解决了该地区出力供不应求的状况。在建的甘肃电网182MW/720MW·h储能电站，是国内最大、商业化运营的储能虚拟电厂，主要用于平抑新能源电力波动，提升清洁能源外送能力，提高河西区域电网和酒泉至湖南±800kV特高压直流输电工程调峰调频能力、输电能力和安全稳定性等。江苏电网侧储能在延缓电网建设新增投资方面，对于额定输容量为15MW的配电线路，增配3MW储能设备，可延缓3年扩容改造[57]。

表 2-9　国内外典型 MW 级电池储能电站

安装地点	电池类型	储能规模	应用功能
美国得克萨斯州	铅酸电池	36MW×15min	风场调频、削峰填谷、电能质量改善
美国加利福尼亚州	液流电池	25MW×3h	对风场和光伏电站进行削峰填谷
智利安多法加斯大	锂离子电池	20MW×0.33h	电网调频及备用电源
美国夏威夷	铅酸电池	15MW×15min	风电场的调频和出力爬坡控制
智利阿塔卡马	锂离子电池	12MW×0.33h	电网调频及备用电源
中国张北风光储示范工程	锂离子电池	14MW×4.5h	平抑波动、矫正预测误差、削峰填谷
中国辽宁卧牛石风电场	液流电池	5MW×2h	改善风电电能质量
江苏镇江电网侧储能	锂离子电池	101MW/202MW·h	调峰、调频、紧急功率支持
河南电网侧储能	锂离子电池	100MW/100MW·h	平滑出力曲线,削峰填谷
湖南电网侧储能	锂离子电池	50MW/100MW·h	提高电能输送效率
广东电网	锂离子电池	5MW/10MW·h	缓解供电受限,电网调频压力
甘肃电网	锂离子电池	182MW/720MW·h	平抑新能源电力波动、提升清洁能源外送能力

（1）河南电网百兆瓦级电网侧储能示范项目

根据国家电网公司《多点布局分布式储能系统在电网的聚合效应研究及应用示范》课题要求,2018 年,国家电网公司河南省电力公司选择洛阳、信阳等 9 个地区的 16 座变电站,采用"分布式布置,模块化设计,单元化接入,集中式调控"技术方案,建成多点布局电池储能示范工程,总规模为 100.8MW/100.8MW·h,接受省调统一管理,开发多点布局储能系统协同控制平台,开展储能支持电网安全、清洁能源高效利用及调峰、调频等多目标运行示范。

目前,9.6MW/9.6MW·h 洛阳黄龙 110kV 变电站电池储能示范工程和 9.6MW/9.6MW·h 信阳龙山 110kV 变电站电池储能示范工程已建设完成并投运。

这两个储能示范工程的 9.6MW/9.6MW·h 磷酸铁锂电池储能系统由两个

4.8MW/4.8MW·h 储能单元组成，每个储能单元由 4 个 1.2MW/1.2MW·h 储能电池集装箱、4 台箱式变压器和一个高压电缆分支箱组成，占地面积约为 600m²。主要作用为削峰填谷、支撑新能源灵活并网、多点布局储能聚合实现调峰、调频及电压等多功能应用，提高电网柔性。

（2）江苏百兆瓦级储能电站示范项目

该项目总规模为 101MW/202MW·h，由 8 个分布式储能电站组成，分布在镇江新区、扬中市和丹阳市，全部采用预制舱式的设计方案，储能类型选用磷酸铁锂电池。

该项目的工作模式为 AGC 控制、源网荷（稳控）和 AVC 控制：

1）AGC 控制。电网调度下发充放电功率指令，辅助电网实现一次调频功能。

2）源网荷（稳控）。电网调度下发紧急控制指令，储能电站满发提供功率支撑，缓解负荷高峰时段电力供给压力。

3）AVC 控制。储能电站的无功补偿设备根据电力调度指令进行自动闭环调整，辅助电网调度达到无功和电压要求。

2.4.9 "两个一体化" 中的储能应用

国家发展改革委、国家能源局在 2020 年 8 月发布的《关于开展"风光水火储一体化""源网荷储一体化"的指导意见（征求意见稿）》中，强调统筹协调各类电源开发、适度配置储能设施、充分发挥负荷侧调节能力等，以提升电力系统综合效率，促进能源转型。储能对电能应用具有时序调节作用[58]，能够提高电能质量[59]，促进能源转型，在"两个一体化"下，储能的灵活调节作用将得到更高水平的发挥，储能有望迎来更广阔的发展空间。更进一步地，在 2020 年 12 月召开的 2021 年全国能源工作会议提到，要大力提升新能源消纳和储存能力，加快推进"两个一体化"发展。之后，国家发展改革委、国家能源局发布了《关于推进电力源网荷储一体化和多能互补发展的指导意见》，进一步探索"源网荷储一体化"和多能互补的实施路径，其中再次提到适度配置储能设施，可以看出国家重视储能对提高电力系统建设运行效益的支撑作用，这有利于促进储能的发展进程。

近年来，电力系统综合效率仍然具有提高空间，"源-网-荷"等环节协调有待进一步加强，各类电源互补互济有待进一步完善。为实现"碳达峰、碳中和"的目标，我国风电、太阳能发电装机容量将不断增加[60]，而可再生能源发电具有间歇性、波动性和随机性，导致电力系统的灵活调节能力面临更高的要求[61]，电能质量面临更大的挑战[62-64]。此外，负荷的多样性和随机性也造成了电力系统实时功率平衡难度的增加。而"两个一体化"对提高电力系统运行的灵活性、提高电能质量具有重要意义，储能由于其灵活调节作用将在"两个一体化"下得到更广泛的应用。

1. "两个一体化"相关政策及建设规划

2020 年（截至 12 月底），全国并网风电装机 2.81 亿 kW，同比增长 33.1%；全国光伏并网装机 2.53 亿 kW，同比增长 23.9%。具有间歇性、波动性和随机性的可再生能源大规模并网会给电力系统带来重大挑战，而储能技术的发展有利于解决上述问题，并在"两个一体化"中将发挥重要作用。

（1）新能源领域相关政策

2020 年（截至 12 月底），全国风电、光伏装机约 5.34 亿 kW。

到 2030 年，风电、太阳能发电将达到 12 亿 kW 以上的总装机容量，还有 6 亿 kW 以上的装机差额。储能在缓解调峰压力[65-66]、促进可再生能源消纳[67]、可再生能源平滑输出[68-69]等方面发挥着重要的作用。目前，我国已有多个地区提出可再生能源配储能，部分地区可再生能源配备储能政策汇总如表 2-10 所示。表 2-10 中各地区均按 10% 左右或不低于 10% 配备储能设施。因此，假设从 2021 年开始测算，在每年风电、光伏装机为 60GW 的情况下，如果按 10% 的容量配置储能，大概每年需要新增 6GW 储能。由此可见，储能有望迎来广阔的发展空间。

表 2-10 我国部分地区可再生能源配备储能政策汇总

时间	地区	政策文件	主要内容
2020.9	河北	《关于推进风电、光伏发电科学有序发展的实施方案（征求意见稿）》	支持风电、光伏发电项目按 10% 左右比例配套建设储能设施
2020.11	贵州	《关于上报 2021 年光伏发电项目计划的通知》	在送出消纳受限区域，计划项目需配备 10% 的储能设施
2021.3	陕西	《关于促进陕西省可再生能源高质量发展的意见（征求意见稿）》	2021 年起，关中、陕北新增 10 万 kW（含）以上集中式风电、光伏发电项目按照不低于装机容量 10% 配置储能设施
2021.3	海南	《关于开展 2021 年度海南省集中式光伏发电平价上网项目工作的通知》	每个申报项目规模不得超过 10 万 kW，且同步配套建设备案规模 10% 的储能装置
2021.3	江西	《关于做好 2021 年新增光伏发电项目竞争优选有关工作的通知》	申请参与全省 2021 年新增光伏发电竞争优选的项目，可自愿选择光储一体化的建设模式，配置储能标准不低于光伏电站装机规模的 10% 容量/1h

（2）"两个一体化"的建设规划概况

《国家能源局综合司关于做好可再生能源发展"十四五"规划编制工作有关事项的通知》中提到，结合储能提升可再生能源在区域能源供应中的比重。在各省份陆续发布的规划和建议中，目前已有多个省份发布有关"两个一体化"的文件。在国家政策的引导下，各省份依据其区域特点，促进"两个一体化"示范项目或基地建设。

2. "两个一体化"下储能技术研究

新能源大规模并网是未来的发展方向，但也影响电力系统的安全可靠运行。电力系统的灵活性资源不足可能会导致弃风、弃光，对电力系统的可再生能源消纳能力有较大影响[70]。"风光水火储一体化"有利于解决新能源的发展问题，通过多能互补促进新能源消纳。用户侧也存在新能源，也具有波动性，"源网荷储一体化"通过源荷互动也可以提升新能源的消纳力度。因此，"两个一体化"具有灵活调节能力，并且对新能源发展、能源转型具有重要的作用。此外，"两个一体化"对储能在各个场景的灵活应用起到了促进作用，而储能在不同应用场景下的收益模式也不尽相同，研究储能在"两个一体化"下的灵活性和经济性，有利于促进储能的商业化进程。

（1）"两个一体化"下储能的灵活性应用

2020 年（截至 12 月底），全国弃风率最高的地区为新疆（10.3%），其次为蒙西、甘肃、湖南（弃风率均大于 5%），如图 2-27 所示；2020 年（截至 12 月底），全国弃光率最高的地区为西藏（25.4%），其次为青海、新疆、蒙西、山西（弃光率均大于等于 3%），如图 2-28 所示。

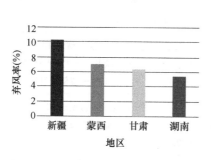

图 2-27　2020 年各地区弃风率情况对比

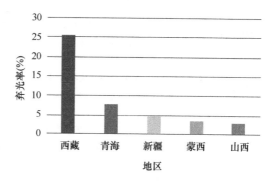

图 2-28　2020 年各地区弃光率情况对比

由图 2-27、图 2-28 可以看出，目前我国部分地区弃风弃光现象仍然较为严重，弃风弃光情况需进一步改善。在可再生能源并网比例增加的情况下，提高电力系统可再生能源的消纳能力显得尤为重要。

2021 年 2 月，国家能源局发布《关于征求 2021 年可再生能源电力消纳责任权重和 2022—2030 年预期目标建议的函》，其中全国可再生能源电力消纳责任权重预期目标建议如图 2-29 所示。由图 2-29 可以看出，到 2030 年，全国可再生能源电力总量、电力非水电消纳责任权重分别要实现 40%、25.9%的比例，促进完成 2030 年非化石能源消费占比目标。

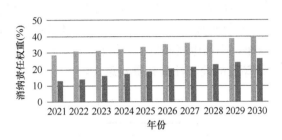

■ 全国可再生能源电力总量消纳责任权重预期目标建议
■ 全国可再生能源电力非水电消纳责任权重预期目标建议

图 2-29　全国可再生能源电力消纳责任权重预期目标建议

可再生能源并网比例的增加，会导致电力系统不确定性增加[71]，当存在不确定性因素使得系统电力供应大于需求或者需求大于供应时，电力系统的灵活性主要体现在系统可以减少或者增加出力，恢复供需平衡[72-75]。在电力系统的电源侧、电网侧、负荷侧以及储能侧均有灵活性资源存在[76]，其中储能可以应用于电源侧、电网侧和负荷侧[77]。

随着储能技术的不断发展，储能应用场景逐渐多元[78]，调节性能好、调节速度快、安装位置灵活的储能也是电力系统重要的灵活性来源，"风光水火储一体化"侧重于电源基地开发，充分发挥具有调节性能的水电站、火电机组以及储能设施的调节能力，来促进可再生能源消纳，减少弃风弃光，提高电力系统的灵活性。随着可再生能源装机规模不断增加，需求侧响应技术的不断发展，电力系统的运行环境更加复杂多变，在电力系统灵活调节能力面临更高要求的情况下，充分挖掘"源网荷储"的灵活性潜力，促进"源网荷储一体化"就显得尤为重要[79]。储能在发、输、配、用环节均具有重要的作用[80]，因此，在"源网荷储一体化"下，储能在电源侧、电网侧和负荷侧的协调发展以及应用应得到足够的重视。

总而言之，储能在"两个一体化"中均占据重要的地位，并且，储能技术在逐步完善，储能的成本也在逐渐下降。因此，"两个一体化"为储能的广泛应用提供了良好的机遇，促进了储能的发展。

（2）"两个一体化"下储能经济性

储能的应用服务类型众多[81-82]，如图 2-30 所示，不同服务类型使得储能具有不同盈利模式[83-84]。发电侧储能需要搭配其他电源共同参与电力市场交易，储能与风电、光伏等新能源搭配，具有减少弃电量带来的收益以及平滑可再生能源出力带来的效益，而储能与火电、水电等常规能源搭配，可使得调频等辅助服务更加优质高效，"风光水火储一体化"因地制宜采取多能源品种发电互相补充，实现电源侧的优化。电网侧储能具有对电网调峰的显性收益以及缓解线路阻塞、延缓输配电扩容等隐性收益。用户侧储能具有峰谷价差套利以及减少容量电费成本等商业模式。"源网荷储一体化"通过协调优化源网荷储各方面主体，提高电力系统的运行效率，提高电能质量。经济性是影响储能发展的重要因素，研究"两个一体化"下储能的经济性具有重要意义。

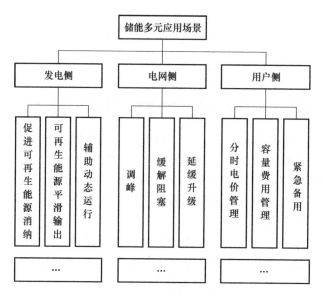

图 2-30　储能多元应用场景

参考文献［85］在"源-储-荷"经济指标中，有关储能的收益仅考虑了储能电池延缓配电网未来升级改造的收益，未能考虑储能多种应用服务的收益；参考文献［86］考虑了"风/光/储"微网中的储能装置及其变流器年等值成本，但是没有直接考虑储能的收益，储能的收益通过提升可再生能源的收益并降低上级电网购电成本和停电惩罚成本间接体现；参考文献［87］在"风光储"多能互补系统中考虑了储能电池运行成本，但是也没有直接考虑储能的收益，而是通过储能参与后系统总成本降低来体现储能的经济效益；参考文献［88］在"源网荷储"互动的直流配电网中运行成本考虑了储能成本，而储能的价值是通过总运行成本的降低以及光伏消纳率的提高来体现的；参考文献［89］在"风光水火储"多能系统中考虑储能系统运行电量收益、充放电成本建立收益模型、成本模型，没有综合考虑储能应用于多种服务的收益。

综上所述，对"两个一体化"的经济性研究中，对储能的经济性研究大多数没有直接考虑储能的收益，而是通过间接提升系统的经济效益来体现，或者有关储能的收益只考虑了很少几个方面，甚至是只考虑了某一方面的收益。

3. "两个一体化"下储能商业化进程

"风光水火储一体化"侧重于电源基地开发，因地制宜采取多能源品种发电互相补充；而"源网荷储一体化"则侧重于围绕负荷需求展开，促使电网与电源、负荷协同发展[90]。"两个一体化"包括不同的模式，如图 2-31 所示。

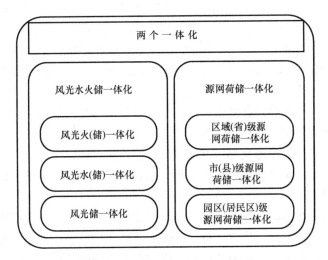

图 2-31　"两个一体化"具体模式

"风光水火储一体化"主要包括"风光火（储）一体化""风光水（储）一体化""风光储一体化"等具体模式；而"源网荷储一体化"主要包括区域（省）级、市（县）级、园区（居民区）级"源网荷储一体化"等具体模式。"两个一体化"都需对储能进行合理配置，有利于解决电力系统的灵活性问题，有利于用能系统动态供需平衡，因此，迎来了市场机遇。多家企业进军"两个一体化"项目，配置一定比例的储能，促进了储能的商业化进程。

（1）"两个一体化"下储能规划

虽然储能有利于促进能源转型，但是在传统的电力体制下储能的定位并不明确，储能为电力系统带来的收益体现在多个环节，但在目前的电力体制下，储能系统无法获得其发挥的多种功能的补偿。并且，我国源网荷等环节的协调还有待进一步加强，国家电力投资集团有限公司（国电投）、中国华能集团有限公司

（华能）、中国华电集团有限公司（华电）等大型发电集团基本只涉足发电领域，电网则覆盖输配电以及售电领域，电源侧和电网侧存在着一定界限，"源网荷储一体化"通过源网荷储各方面主体进行协调，储能的作用将得到更充分的发挥。此外，国电投、华能、华电等大型发电集团的清洁能源装机规模不断增加，而储能是调节清洁能源并网波动性的重要手段。因此，"风光水火储一体化"可通过多能互补以及合理配置储能，促进清洁能源的进一步发展。

"两个一体化"能够促进储能的商业化进程，加快建立更加适合储能的商业模式。在"两个一体化"下，储能作为其中的一部分，对其进行统一规划，不仅对电力行业具有引导作用，也会促进储能产业进一步发展。其中，储能的配置对电力系统的灵活性、稳定性和经济性都具有重要的影响，因此对储能配置进行研究具有重要意义。参考文献［91］在考虑碳交易的基础上，以区域电网的总成本最低为目标，提出区域电网风光储容量的最优配置比例；参考文献［92］考虑"风-光-储"的收入及成本计算收益，以"风-光-储"各投资商的收益最优为目标进行容量优化配置；参考文献［93］兼顾系统的稳定性和经济性，基于双层决策模型对风光储联合发电系统提出一种储能容量的优化配置方法；参考文献［94］考虑电池健康状态、系统经济性等，建立双层模型对光储荷容量的协同配置进行了研究；参考文献［95］建立的"源-荷-储"协调双层规划模型中的上层规划模型以年综合费用最小为目标函数，确定分布式电源、储能系统的安装位置和容量。

综上所述，在多能互补下储能配置的研究中，对 3 种电源进行容量优化配置的研究相对较多，而以"风光水储""风光火储""风光水火储"等 4 种及以上电源作为研究对象的相对较少。此外，应综合考虑储能的经济性、灵活性以及安全性等因素，因地制宜配置储能设施。

（2）"两个一体化"的商业化应用

就电源侧而言，随着清洁能源装机规模不断增加，因地制宜采取多能源品种发电互相补充显然更加灵活[96]；就电网侧而言，"源网荷储一体化"围绕负荷需求展开，促使电网与电源、负荷高度融合，协同发展。不少发电公司响应国家"碳达峰、碳中和"的号召，纷纷进行清洁能源装机占比的统筹规划，发展结构向以清洁能源为主转变，国电投、中国大唐集团有限公司（大唐）、华能、华电以及国家能源投资集团有限责任公司（国家能源集团）五大发电集团清洁能源装机占比及达峰规划见表 2-11。由表 2-11 可以看出，国电投的清洁能源占比最高，因此有望最早达峰。同时，国家电网有限公司（国家电网）也采取相应措施，促进清洁能源大规模开发利用，促进全社会能效的提高，促进"源网荷储"协调互动，助力实现"碳达峰、碳中和"目标。

表 2-11　五大发电集团清洁能源装机占比及达峰规划

企业名称	2019 年清洁能源占比	2020 年清洁能源占比	达峰年份	2025 年清洁能源占比
国电投	50.50%	56.09%	2023 年	60%
大唐	32.51%	38.2%	2025 年	50%
华能	34%	36.5%	2025 年	50%
华电	40.40%	43%	2025 年	60%
国家能源集团	24.90%			

"十四五"期间，我国新能源消纳、电网安全运行等方面将面临越来越大的挑战[97]，并且负荷的多样性和随机性也增加了电力系统实时功率平衡难度[98]。"两个一体化"有利于解决电力系统的灵活性以及用能系统动态供需平衡问题，因此，迎来了市场机遇。多家企业进军"两个一体化"项目，并配置了一定比例的储能，见表 2-12。

表 2-12　部分"风光水火储一体化"和"源网荷储一体化"项目

项目	装机规模/MW	储能功率/MW	总投资/亿元
通辽市现代能源"火风光储制研一体化"示范项目	2000	320	137.5
中电工程广西覃塘区 200 万 kW 风光储一体化项目	2000	200	120
乌兰察布市"源网荷储一体化"综合应用示范基地	3000	880	
鄂尔多斯"风光火储氢"一体化项目	4130	480	
二连浩特可再生能源微电网 470MW 示范项目	470	90	

在"两个一体化"下，储能迎来了商业化的机遇。在此背景下，为支持储能产业健康可持续发展，仍然需要系统规划设计储能，不断发展和完善储能技术，为储能将来更广泛、更长久的发展做好铺垫。

4. 总结与建议

光伏、风电等可再生能源具有间歇性、波动性和随机性，且其与用电负荷不匹配，可用储能来灵活调节。"碳达峰、碳中和"目标的提出必将推动光伏、风电等可再生能源装机规模的增加，使得电力系统对灵活性的要求更高，也给储能的发展带来了新的机遇。此外，"两个一体化"的部署对新能源消纳具有促进作用，有利于提高电力系统的综合效率以及灵活性。储能在"两个一体化"当中占有非常重要的地位，分析新能源领域相关政策以及"两个一体化"的建设规划概况，研究"两个一体化"下的储能技术，进而探究储能的商业化进程，具有重要现实意义，具体建议如下：

1) 储能系统具有选址灵活、建设周期与风/光相匹配、调节速度快等优点，在"风光水火储一体化"和"源网荷储一体化"中是促进新能源发展的一个重要手段。

2) 几大发电集团给出了实现"碳达峰、碳中和"目标下，清洁能源装机占比、达峰年份、具体装机规模等，与之相匹配地，储能也应给出。

3) 我国多地要求可再生能源项目配置5%~20%的储能项目，"两个一体化"下，应综合考虑储能的经济性、灵活性以及安全性等因素，科学论证，因地制宜配置储能设施。

4) 储能技术应用场景众多，可以提供平滑可再生能源波动、调峰、调频、黑启动等诸多服务，收益也应多元。

5) "两个一体化"下，应进一步探索储能的商业模式，完善电力市场机制，提高电力系统的运行效率。

2.4.10 共享储能

随着社会的发展与科技的进步，可再生能源的开发与利用受到广泛重视。21世纪以来，分布式电源（Distributed Generation, DG）作为满足特定用户需要或支持现有电网的经济运行的独立电源，受到大量应用。但分布式电源中的风力发电等出力具有不确定性，会随环境因素的改变而不断变化，产生一定波动，并且对电网中的电压质量和电能质量造成一定干扰。而储能系统，可以在一定程度上平抑分布式电源渗透率高所带来的不利影响，并且其自身具有良好的能量响应能力，因此对储能系统的开发利用很有前景。共享储能则是储能技术与共享经济理念的新生结合，将储能的使用权与所有权剥离，满足各方需求，可以极大提高储能的利用率，缩短成本回收的周期，有效消纳弃电量、进行电价管理、提升电能质量等，在一定程度上也可获取超额利润。储能造价昂贵，选用储能系统，应保证储能系统的容量得到充分利用。

以青海省为例，青海作为三江源头，素有"中华水塔"之称，资源禀赋独特，日照充足，蕴藏着极为丰富的太阳能资源。全年日照小时数超过3500h，是著名的"阳光地带"；地处三类风能可利用区，全年可利用风能时间在3000h以上；全球已查明的锂资源储量为3400万吨，青海盐湖锂资源占全球锂储量的60%以上。青海占地面积相当于两个日本，可用于光伏发电和风电场建设的荒漠化土地达10万m^2，是发展"光伏-储能"新能源基地的不二之地。

得天独厚的自然条件、地理环境，注定青海必将成为新一轮电改体制下的弄潮儿，海南、海西两个千万千瓦级清洁能源基地相继开工建设，规划总规模超过6000万kW。与此同时，青海格尔木50MW光伏电站加装15MW/18MW·h锂电池储能系统，验证了储能提高光伏电站跟踪计划出力能力、友好调度能力；海南州共和县光伏产业园的 20MW/16.7MW·h 储能项目顺利投运，通过项目建设，验证了储能系统解决弃光问题的关键技术及技术可行性；海西州多能互补集成优化示范项目，光伏发电 20 万 kW，风电 40 万 kW，光热发电 5 万 kW，蓄电池储能电站 5 万 kW，采用虚拟同步机技术，使风电、光电能够主动参与一次调频、调压，对电网提供有功和无功支撑，验证了"风-光-热-储"多能互补、智能调度的可行性；德令哈塔式熔盐储能光热电站，是国家首批光热发电示范项目，装机容量 50MW，配置 7h 熔盐储能系统，验证了青海新型发电形式在青海的成功应用；青海格尔木光伏电站建成的 1.5MW/3.5MW·h 直流侧储能示范系统，探索了储能减少弃光的新型商业模式。上述典型储能示范工程的大力推进和有益尝试，为青海打造千亿锂电产业基地的战略、完善太阳能装备制造业产业链条提供了有力支撑。

技术催生了市场，市场又反过来倒逼技术。随着青海省"两个千万千瓦"项目以及可再生能源基地的全面推进，迫切需要通过技术手段和市场化机制创新破解消纳难题。自 2017 年以来，每年 6 月在青海启动全清洁能源供电实践，开启了全省清洁能源供电的先河，先后实现了青海连续"绿电 7 日""绿电 9 日""绿电 15 日"的骄人目标。从 2017 年的 7 天 168 小时，到 2018 年的 9 天 216 小时，再到 2019 年 15 天 360 小时，全省全部使用清洁能源供电，所有用电均来自水、太阳能以及风力发电产生的清洁能源，期间实现青海全省用电零排放，一次次刷新并保持了全清洁能源供电的世界纪录。

江苏、河南和湖南百兆瓦级别的储能电站为大规模储能电站在"发输配用"的典型应用夯实了应用基础，完善了技术储备。储能规模化应用是国家战略，备受国家各部委高度重视，国家层面关于储能方面的政策频出，近三年内五部委颁布的政策就有 20 余项，各级政府颁发的配套政策累计达 50 余项。近日，国家能源局联合国家发展改革委、科技部和工信部联合发布贯彻落实《关于促进储能技术与产业发展的指导意见》2019—2020 年行动计划，将储能的战略地位提到了空前高度。2019 年注定是不平凡的一年，随着国家发展和改革委员会发布修订出台的《输配电定价成本监审办法》以及国网公司下发的《关于进一步严格控制电网投资的通知》（国家电网办 ［2019］826 号文）的推行，储能的推广应用陷入了"倒春寒"。青海作为国家重要的新能源产业基地，一直将清洁能源转型、新能源产业升级作为地方经济的重要支撑，为储能的商业化应用提供了良好的发展基础。创新开展共享储能调峰辅助服务、设计储能市场化交易和调峰辅助服务的商业化运营模式，为共享储能市场化交易平台和区块链平台，构建了完善的共享储能运营监控体系。

自 2019 年 6 月青海省内调峰辅助服务市场启动以来，截至 11 月底，青海共享储能电站累计实现增发新能源电量 1400 余万 kW·h，相当于节约标煤 5600 吨，减排 CO_2 13958 吨，环境效益十分明显。调峰服务成交均价 0.72 元/kW·h，电站利用率高达 85%，最大化提高储能装置的利用率和新能源消纳水平。依托共享储能市场化交易平台，采取多方竞价的方式扩大共享储能市场化交易规模。在限电严重时段，更实现了一日多次充放电，最大化提高储能装置的利用率。青海电力储能调峰辅助服务带动了储能产业和新能源产业上下游共同发展，实现互惠互利、多方共赢。随着青海 32MW/64MW·h 共享储能电站的开工建设，它将成为解决新能源消纳的创新试点，能够有效解决周边地区新能源场站弃光、弃风问题。在弃光、弃风高峰时段将电储存，在非弃光、非弃风低谷时段将电发送至电网，和新能源场站业主进行一定分成从而获得投资收益。此举寓意着储能共享时代的到来，将区块链、大数据等技术引入共享储能电力市场化交易，为交易全过程信息的安全、可追溯保驾护航，保证交易数据公信力，全力打造公正、透明的共享储能市场化交易信用体系。

共享储能的飞速发展离不开区块链这一颠覆性的新兴技术，问世之初即备受多国青睐，运用区块链技术后，无须再布置信息中心枢纽，节约了巨大的设备成本，也避免了后续昂贵的运营维护费用；区块链可以低成本地建立互信机制，打破不同主体间信息的屏障，促进多方之间信息无障碍地流动，实现跨主体的协作。打破电源侧、电网侧和用户侧的界限，同时打破不同资产归属权的束缚，全民共享。不仅整合电源侧储能站，为新能源发电厂提供弃风弃光电量的存储与释放，有效缓解清洁能源高峰时段电力电量消纳困难，而且充分利用电网现有资源，基于"三站合一""多站融合"建设，在变电站内设置储能电站，充分利用变电站的空地资源，为电源的电力支撑提供紧急备用、灵活调度；更将灵活移动共享储能的范围持续延伸至负荷侧，利用电动汽车或智能楼宇等储能装置，在新能源高发时段存储电力，对电动汽车进行充电，在其他时段释放电力。

随着青海海西州、海南州百兆瓦级、吉瓦级以及数吉瓦级储能电站的规划设计、相继投运，从技术层面有下述几点建议：

1）青海属于高海拔地区，考虑到工期、现场安装和调试等综合因素，适应恶劣气候、抗风沙、免维护及微功耗的移动式方舱储能系统是首选。

2）电池类型宜以磷酸铁锂为主，兼以适当比例的液流电池、退役电池梯级利用等多元选择，以便验证多种技术路线可行性，不同电池之间的优势互补。

3）储能容量配置时长不应低于 2h，便于与当地光伏电站的出力曲线相匹配，最大限度减少弃光，满足西北电网调峰最小需求。

4）安全可靠运行、少人或无人值守是储能电站的基本保障，应采用智能控制技术，对电池系统进行故障预警，实现远程自动维护。

5）储能电站规划选址应依据当地电网的具体情况，宜以百兆瓦级为单元，考虑多点接入，并且不同电站之间在调度、控制时应统筹考虑。

总之，青海作为全国首个共享储能交易试点，共享储能生态圈建设已经初见成效，对未来新能源和储能发展有引领示范意义。共享储能新业态的构建将极大地赋能于新能源事业的发展，对能源转型意义重大。共享储能可以有效减少弃风弃光，解决新能源消纳难等问题，增加企业效益；共享储能可以吸引更多的人投入到储能事业中，由此形成储能新兴产业；共享储能将增强电网的调峰调频能力，大大缓解电力供应时序不匹配等问题；共享储能为弃光率控制在 5% 之内这一国家战略保驾护航。可以预见，不久的将来，储能共享时代的到来是大势所趋，更是历史的必然。

2.4.11 移动式储能电源

紧急电源供给能力是一个城市应急管理能力的标志，是各种应急措施的前提和保障。防灾应急电源在确保供电可靠性方面作用突出，可以在短时间内令因意外状况中断供电的重要负荷恢复运行。但防灾应急电源往往受成本、容量限制较多，而移动式储能系统以其配置灵活、易于现场安装和操作、响应迅速、可靠性高、可移动性强、不受地域限制等特点，成为应急电源的首选。

目前，移动式储能系统可解决季节性负荷问题，具有抑制系统振荡、保障电力系统稳定、配合实现电网调压调频等作用。随着储能技术的发展，移动式储能系统的应用范围将会不断扩大，除了能够为疫情、地震、冰灾等自然灾害做应急抢险，还可以为手术室、运动场馆、云服务器等重要设施提供应急备用电源，可为覆冰线路消除融冰、线路检修等工作提供能源，为郊区、城市商业区等地调整用电负荷峰谷，为电动汽车充电，保障重大政治活动电源供给等。

移动储能电源的缺点是受储能系统容量限制，供电容量和时间有限。随着分布式储能在电力系统中的应用越来越广泛[99-102]，将配电网中大量、随机的储能设备通过汇聚技术接入到移动储能电源，不仅能够增强移动储能电源的保障能力、拓展移动储能电源应用场景，而且可以有效利用配电网闲置储能资源。本节针对移动式储能应急电源设备和关键技术进行综述，讨论"可调度"电源与移动式储能系统联合运行模拟方法、分布式储能资源汇聚技术、集群控制技术及其他相关研究，并对国内外研究现状进行分析和总结，最后分析移动式储能应急电源的发展现状与关键设备的研制[103-107]。

1. 移动式储能电源关键技术

（1）"可调度"电源与移动式储能系统联合运行模拟方法

以疫情、地震、冰灾、矿难等突发事故应急抢修、重大保电活动场景为例，首先需研究移动式电源系统的多种接入及运行方式，根据接入方式的不同，研究能够兼顾在线式系统接入和退出的并离网无缝切换技术，实现负荷的不间断供电；根据系统运行的物理规律，研究适用于不同应急场景下移动式储能技术约束条件，包括系统安全性约束、温度场约束、机组技术出力约束，另外重要会议和赛事供电需要考虑电源的输出电能质量和过载能力，城市电网应急和负荷保电则需要更多考虑电源的环境适应性、灵活可靠性及投运、启动时间等。

然后收集重要会议、赛事、突发事故等历史电力供需数据资料，基于 ARMA 模型、线性相关系数和 Copula 模型研究"可调度"电源时空相关性分析方法，搭建"可调度"电源之间的时空分布特性模型。考虑移动式电源设备技术与运行特性，针对不同城市应急管理场景选取合适的优化目标及约束条件，可采用合适的凸化或线性化技术，建立"可调度"电源与移动式储能联合运行模型，考虑不同运行模拟时间周期的高效运行模拟计算方法，可为不同城市应急管理场景下的联合运行模拟提供支撑。

（2）分布式储能资源汇聚技术

针对目前移动式储能应急电源存在供电时间短、供电容量有限等问题，需利用各种分布式储能设备实现移动式储能应急电源的灵活高效，其中有两个关键技术要解决：一是分布式储能资源汇聚技术；二是多种储能设备如何接入移动式储能电源，即直流变换器技术。直流变换器属于电力电子设备，目前主要应用在含有直流母线的设备中，功率较小，且未见与储能应急电源结合以提升应急电源储能系统供电容量的研究，因此以下主要讨论分布式储能资源汇聚技术[108-112]。

目前，国内微电网控制的研究主要集中在下垂控制方面。根据下垂特性曲线可知，频率 f 与有功 P 以及电压 U 与无功 Q 之间均呈线性相关（如图 2-32 所示），分别获取微电网频率和电压，这种控制方法在无需机组间通信协调的情况下按比例分配功率[113]，实现了微电网即插即用，具有简单可靠的特点。

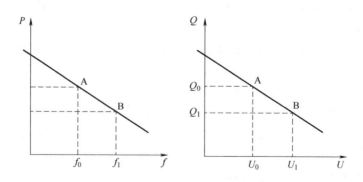

图 2-32 同步电机下垂特性曲线

参考文献 [114] 提出了基于 SOC（荷电状态）的改进下垂控制方法，应用于功率等级差别小的分布式储能系统，实现了根据各储能单元的 SOC 来对其出力大小进行合理分配。

分布式储能主要分为集中决策和分散决策两类运行方式。参考文献［115］使用二阶锥松弛技术获得高比例光伏放射状配电系统中分布式储能规划运行的最优解。而参考文献［116］分析各储能单元的迭代结果，经过相邻单元间的协调，获得各装置的最优策略，在此基础上提出一种完全分散式的分布式储能运行方法。

此外，汇聚技术涉及电动汽车和能量信息化的研究。参考文献［117］提出了电动汽车分布式储能的概念及其控制策略，将电动汽车分成负责充电和放电的两个群，提高了可调度性。参考文献［118］在以单体电池为能量离散化单位的分布式储能系统中应用了能量信息化思想，并设计了可重构电池架构，大幅提升了系统效率。

分布式储能系统的汇聚过程可以套用聚合理论[119]的概念，聚合理论中的疏松聚合体是指以经济性为目标，在常规运行中其结构及组成将根据内部资源和整体运行环境、目标的改变而可能改变的集合单元，体现聚合体的积极性。

（3）集群协调控制技术

集群协调控制技术近年来得到快速发展，其在无人系统[120]、通信领域[121]及智能交通[122]等领域有不少应用。集群控制作为协调控制领域的一个重要方面，具有极强的自我组织能力和被控对象规模较大的特点[123]，尤其在复杂的广域分散系统中，集群协调控制是完成控制目标、实现最优控制的一种行之有效的方法，符合高渗透率分布式储能系统的控制要求。集群协调控制从简单的局部规则涌现出协调的全局行为，使被控对象行为趋于一致，体现了较强的适应性、分散性、鲁棒性、容错性和自主性。

目前，国内外只有少部分专家学者对分布式储能中的集群协调控制技术开展研究，对其进行了初步探讨。分布式储能集群控制目前主要侧重于概念的提出和框架搭建，针对其汇聚应用尚未开展系统性理论研究及模型分析。参考文献［124］提出了一种考虑SOC的多储能系统与可再生能源间的分布式有功功率协调控制策略。更多研究集中在大型风电场的集群控制，包括风电集群、风储集群和风光集群的协调控制构架和基本控制策略等方面，能够为分布式储能集群之间以及上层变电站之间的协调控制提供一种思路和启发。

集群协调控制的核心在于集群和协调控制。集群的首要任务是进行动态划分，将相似度高的分布式储能系统聚合划分为一个子区域，各分区可独立、并行进行控制调节，如图2-33所示。

在这个过程中，聚类理论可为研究提供分组思路，参考文献［125］通过k-means提取用户的典型用电负荷曲线，并与群体行为进行差异性比较，制定基于负荷曲线形态的用户分类规则，在此基础上，根据用户的用电特征，采用"进

133

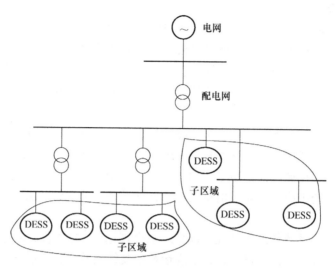

图 2-33　分布式储能分区示意

化"主元分析法对负荷形态相似的用户进行分类。

　　MAS（多代理系统）是由多个智能代理形成，通过确定每个代理在系统中的作用及配合的准则，使系统易于控制与管理。在调度层面统一调配广域布局的分布式储能系统，是一个包含资源分散、监控数据维数高且体量大、控制方式多样化、涉及区域电网数据隐私的集群控制问题，难以实现灵活、有效的统一调度，因而需以 MAS 控制方式对分布式储能系统进行调配。目前 MAS 在微电网[126-128]、虚拟电厂[129]协调控制方面多有应用，为开展灵活供电的移动式分布式储能系统的汇聚应用奠定了较好的基础。

　　（4）移动式储能技术展望

　　目前，国内外针对分布式储能的研究主要集中在配电网或微电网，以促进分布式间歇式电源消纳、支撑电网稳定运行为背景[130-133]，或探讨用户侧分布式储能的经济性[134-135]，研究场景中仅包含单个或数个储能系统，研究点涉及储能系统的容量配置、接入方式、与其他电源的协调控制及能量管理、运营模式、经济性评估等方面，为后续开展多点布局分布式储能系统的规模化汇聚应用提供了相关技术支撑。

　　未来移动式储能应用范围将会不断扩大，有望成为电力系统中极具发展前景的技术支撑，可真正实现"削峰填谷+保电+应急+备用+扩容+智能充售+移动救援"多重应用一体化的系统集成。因此有必要研究移动式储能系统不同场景的运行技术，开发并研制电池成组集成装备，探索适合城市应急管理的移动式储能系统应用关键技术。

2. 移动式储能应急电源

（1）关键设备发展现状

目前广泛应用的移动储能应急电源主要基于化学电池储能系统，其优点是：环境和噪声污染低；可满足用户多种需求；输出电能质量高，可保证重要负荷连续供电；运行和维护成本低。

常规的应急电源车以柴油发电机为主，其结构如图 2-34 所示。柴油发电机应急电源不仅消耗柴油，而且柴油机启动时会产生大量烟雾，噪声大，工作时对环境影响严重，并且供电的稳定性不足。因此目前各种重要负荷仍依靠自备发电来维持供电。

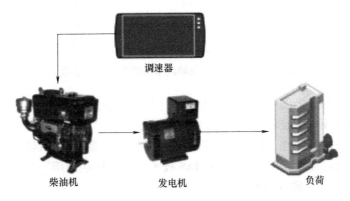

图 2-34　柴油发电机应急电源车的结构

而采用锂电池的移动式储能系统作为应急电源，可以从根本解决上述问题。截至 2019 年底，我国纯电动汽车保有量 381 万辆，单台电动汽车车载电池容量从 20kW·h 到 100kW·h 不等。参考文献［136］研究发现电动汽车处于驾驶状态的时间仅占全天的 10% 以下，同时，电动汽车对系统需求的响应足够迅速，甚至不到 60s[137-138]。因此电动汽车可以参与电动汽车并网服务，成为配电网中一种典型的移动式储能设备。目前，市场主流电动车的储能系统技术参数如图 2-35 所示。

（2）关键设备研制

按照实际负载运行工况需求，设计相应功率等级的储能变流器、电池容量，并重点考虑车载式储能系统面临的通风、散热、运行颠簸等特殊需求，具备交直流充电，输出多路独立不同电压等级的输出端口，需要重点考虑远程监控、智能运维等多方面因素。

基于对电力系统频率调节控制基本动态模型的分析，结合车辆限制和用户需求，提出了参与电网功率调节的电动汽车控制策略[139]。参考文献［140］针对电动汽车的电力系统频率控制与经济调度，研究了电动汽车换电站辅助调频和含

汽车厂商	生产车型	电压等级/V	电池容量/Ah	实车图片
特斯拉	Model S	350	230	
比亚迪	唐	640	37	
蔚来	ES8	350	192	
大众	e-Golf	324	110	
日产	聆风	360	67	
起亚	e-Niro	356	180	
宝马	i3	360	120	
上汽	ID.3	408	189	
丰田	普锐斯(混动)	350	25	
本田	Insight(混动)	270	6.5	

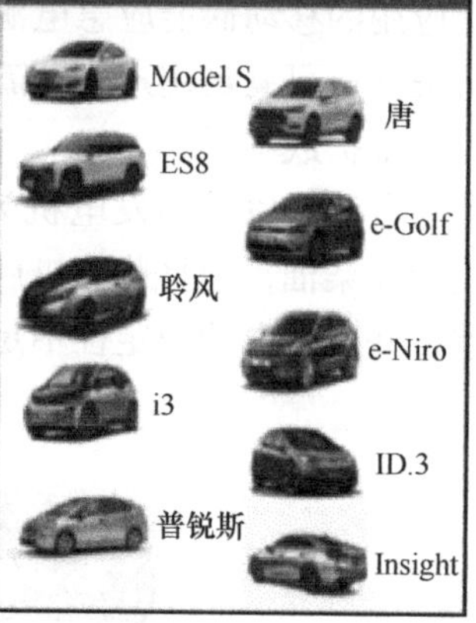

图 2-35　市场主流电动汽车储能系统技术参数

电动汽车的动态经济调度方法。参考文献［141］通过设定电池 SOC 滞环区间和直流微电网母线电压波动阈值范围，在满足用户用车需求的前提下，最大限度发挥电动汽车的储能特性，稳定直流母线电压。参考文献［142-143］提出一种基于电动汽车的超级 UPS 方案，利用 MAS 技术实现"即插即用"功能，实现集群电动汽车的 SOC 一致性均衡控制。

3. 结论

移动式储能应急电源的研究是一个综合性的问题，涉及到移动储能应急电源设备与分布式储能系统汇聚技术，由此可以得到如下结论：

1）采用锂电池、飞轮的移动式储能系统可以克服柴油发电机应急电源的污染问题，且具备更好的灵活性、稳定性，是移动应急电源的主要发展方向。

2）储能系统响应时间快速，从零到满功率启动时间为百毫秒级，可以快速响应紧急负载的特殊需求。

3）将应急电源设备、分布式储能系统汇聚技术以及直流变换器技术有机结合，有望拓展移动储能应急电源的应用空间，增强应对突发紧急事件的保障能力，也为未来分布式储能系统规模化汇聚应用奠定理论基础和应用依据。

参 考 文 献

［1］　陈莉，王艳杰，谭菁. 无纺布隔膜用于锂离子电池的研究进展［J］. 储能科学与技术，2020，9（03）：784-790.

［2］　廉嘉丽，王大磊，颜杰，等. 电力储能领域铅炭电池储能技术进展［J］. 电力需求侧管理，2017，19（03）：21-25.

［3］　谢聪鑫，郑琼，李先锋，等. 液流电池技术的最新进展［J］. 储能科学与技术，2017，

6（05）：1050-1057.

［4］　阴宛珊，唐光盛，张文军. 单体钠硫电池电学性能研究［J］. 东方电气评论，2020，34（04）：1-4.

［5］　Kyung S K, McKenzie K J, Liu Y L, et al. A study on applications of energy storage for the wind power generation in power system［C］//IEEE Power Engineering Society General Meeting, Montreal Quebec, Canada, 2006：1-5.

［6］　Faias S, Sousa J, Castro R. Contribution of energy storage systems for power generation and demand balancing with increasing integration of renewable sources：applications to the Portuguese power system［C］//European Conference on Power Elec- tronics and Applications, Aalborg, Denmark, 2007：1-10.

［7］　许守平，李相俊，惠东. 大规模电化学储能系统发展现状及示范应用综述［J］. 电力建设，2013，34（7）：73-80.

［8］　田立亭，李建林，程林. 基于概率预测的储能系统辅助风电场爬坡率控制［J］. 高电压技术，2015，41（10）：3233-3239.

［9］　梁亮，李建林，惠东. 大型风电场用储能装置容量的优化配置［J］. 高电压技术，2011，37（4）：930-936.

［10］　高志刚，樊辉，徐少华，等. 改进型双向 Z 源储能变流器拓扑结构及空间电压矢量调制策略［J］. 高电压技术，2015，41（10）：3240-3248.

［11］　Department of Energy Sandia National Laboratories. ES-Select™ documentation and user's manual［M］. Sandia, USA：Department of Energy Sandia National Laboratories, 2012.

［12］　Barin A, Canha L N, Abaide A da R, et al. Selection of storage energy technologies in a power quality scenario-the AHP and the Fuzzy log-ic［C］// IECON'09. Porto, Portugal：IEEE, 2009：3615-3620.

［13］　Faouzi B A, nes H H, Faten H. Analytic hierarchy process selection for batteries storage technologies［C］//2013 International Conference on Electrical Engineering and Software Applications（ICEESA）. Hammamet, Tunisia：IEEE, 2013.

［14］　王成山，于波，肖峻，等. 平滑可再生能源发电系统输出波动的储能系统容量优化方法［J］. 中国电机工程学报，2012，32（16）：1-8.

［15］　叶季蕾，薛金花，吴福保，等. 可再生能源发电系统中的储能电池选型分析［J］. 电源技术，2013，37（2）：333-335.

［16］　王承民，孙伟卿，衣涛，等. 智能电网中储能技术应用规划及其效益评估方法综述［J］. 中国电机工程学报，2013，33（7）：33-41.

［17］　伍俊，鲁宗相，乔颖，等. 考虑储能动态充放电效率特性的风储电站运行优化［J］. 电力系统自动化，2018，42（11）：41-47.

［18］　靳文涛，徐少华，张德隆，等. 并网光伏电站 MW 级电池储能系统应用及响应时间测试［J］. 高电压技术，2017，43（07）：2425-2432.

［19］　沈汉铭，俞夏欢. 用户侧分布式电化学储能的经济性分析［J］. 浙江电力，2019，38（05）：53-57.

[20] 倪驰昊，刘学智. 光伏储能系统的电池容量配置及经济性分析 [J]. 浙江电力，2019，38（01）：4-13.

[21] 李彬，凌艳. 电力物资供应链大数据分析管控体系建设研究 [J]. 科技与创新，2019（21）：102-103+107.

[22] 刘亭. 新基建中工业互联网的"新昌模式"[J]. 浙江经济，2020（04）：11-12.

[23] 林诠. 低碳经济建材产业结构调整的根本方向 [J]. 中国建材，2009（09）：24-29.

[24] 高婷. 新形势下大环境对基建企业房地产板块业务影响分析 [J]. 商讯，2019（10）：29-30+33.

[25] 赵彤，吕明超，娄杰，等. 多馈入高压直流输电系统的异常换相失败研究 [J]. 电网技术，2015，39（03）：705-711.

[26] 袁阳，卫志农，王华伟，等. 基于直流电流预测控制的换相失败预防方法 [J]. 电网技术，2014，38（03）：565-570.

[27] 李新年，易俊，李柏青，等. 直流输电系统换相失败仿真分析及运行情况统计 [J]. 电网技术，2012，36（06）：266-271.

[28] 杨军峰，郑晓雨，惠东，等. 储能提升特高压交直流输电能力与提供跨区备用研究 [J]. 储能科学与技术，2019，8（02）：399-407.

[29] 李建林，王剑波，葛乐，等. 电化学储能电站群在特高压交直流混联受端电网应用技术研究综述 [J]. 高电压技术，2020，46（01）：51-61.

[30] 方彤，王乾坤，周原冰. 电池储能技术在电力系统中的应用评价及发展建议 [J]. 能源技术经济，2011，23（11）：32-36.

[31] 刘伟. 在新基建中发挥民企更大作用 [J]. 施工企业管理，2019（04）：60.

[32] 胡婧娴，林仕立，宋文吉，等. 城市轨道交通储能系统及其应用进展 [J]. 储能科学与技术，2014，3（02）：106-116.

[33] 周檬，贾亚雷. 基于改进粒子群优化算法的先进绝热压缩空气储能系统参数优化 [J]. 热力发电，2018，47（01）：94-99.

[34] 涂江红. 高校新校区建设中基建财务管理研究 [J]. 建筑经济，2012（06）：48-50.

[35] 胡国珍，段善旭，蔡涛，等. 基于液流电池储能的光伏发电系统容量配置及成本分析 [J]. 电工技术学报，2012，27（05）：260-267.

[36] 蒋超. 具有储能功能的电动汽车充电系统研究 [J]. 电子设计工程，2019，27（05）：160-164.

[37] 张商州，刘宝盈，种马刚，等. 储能式电动汽车充电桩系统的设计 [J]. 电子产品世界，2016，23（04）：42-45.

[38] 高春辉，肖冰，尹宏学，等. 新能源背景下储能参与火电调峰及配置方式综述 [J]. 热力发电，2019，48（10）：38-43.

[39] 楚皓翔，解大，娄宇成，等. 电动汽车智能充放储一体化电站无功电压调控策略 [J]. 电力自动化设备，2014，34（11）：48-54.

[40] Bayram I S, Michailidis G, Devetsikiotis M, el al. Electric Power Allocation in a Network of Fast Charging Stations [J]. Selected Areas in Communications IEEE Journal on, 2014, 31

（7）：1235-1246.

[41] 许健. 工业用户型光伏微电网的电池储能系统优化配置方法 [D]. 北京：华北电力大学，2016.

[42] 宋晓东. 化解风险，精准"突围"产业"寒冬"下基建企业的转型升级之道 [J]. 上海建设科技，2019（03）：1-3.

[43] Faisal R，Badal，Purnima Das，Subrata K Sarker，et als. A survey on control issues in renewable energy integration and microgrid [J]. Protection and Control of Modern Power Systems，2019，4（4）：87-113.

[44] 宁夏回族自治区发展改革委.《关于加快促进自治区储能健康有序发展的通知（征求意见稿）》[EB/OL].[2021-5-8].

[45] 国家能源局综合司.《关于报送整县（市、区）屋顶分布式光伏开发试点方案的通知》[EB/OL].[2021-6-20]. https://www.sohu.com/a/476060871_120008270.

[46] 宁夏回族自治区发展改革委.《关于报送整县（市、区）屋顶分布式光伏开发试点方案的通知》[EB/OL].[2021-06-29]. https://fzggw.nx.gov.cn/.

[47] 郭文勇，蔡富裕，赵闯，等. 超导储能技术在可再生能源中的应用与展望 [J]. 电力系统自动化，2019，43（8）：2-14.

[48] HATZIARGYRIOU N，ASANO H，RAVANILL R，et al. Microgrids [J]. Power & Energy Magazine IEEE，2007，5（4）：78-94.

[49] YANG J，ZHANG J C，ZHOU Y，et al. Research on capacity optimization of hybrid energy storage system in stand-alone wind/PV power generation system [J]. Power System Protection and Control，2013，6（6）：317-319.

[50] TAN Z F，JU L W，LI H H，et al. A two-stage scheduling optimization model and solution algorithm for wind power and energy storage system considering uncertainty and demand response [J]. International Journal of Electrical Power & Energy Systems，2014，63：1057-1069.

[51] 张利，杨建，菅学辉，等. 考虑次小时尺度运行灵活性的含储能机组组合 [J]. 电力系统自动化，2018，42（16）：48-56.

[52] KHALID M，SAVKIN A V. Optimization and control of a distributed Battery Energy Storage System for wind power smoothing [C]//Control & Automation（MED），2011 19th Mediterranean Conference on. IEEE，2011.

[53] FAISAL R B，PUMIMA D，SUBRATA K. et al. A survey on control issues in renewable energy integration and microgrid [J]. Protection and Control of Modern Power Systems，2019，4（4）：87-113.

[54] 刘洪，徐正阳，葛少云，等. 考虑储能调节的主动配电网有功—无功协调运行与电压控制 [J]. 电力系统自动化，2019，43（11）：51-58.

[55] 王林炎，张粒子，张凡，等. 售电公司购售电业务决策与风险评估 [J]. 电力系统自动化，2018，42（1）：47-54.

[56] SENTHIL K，BWANDAKASSY E B. IEC61850 standard-based harmonic blocking scheme for

139

power transformers [J]. Protection and Control of Modern Power Systems, 2019, 4 (4): 121-135.

[57] 李建林, 王上行, 袁晓冬, 等. 江苏电网侧电池储能电站建设运行的启示 [J]. 电力系统自动化, 2018, 42 (21): 1-9.

[58] AUSFELDER F, BEILMANN C, BERTAU M, et al. Energy storage as part of a secure energy supply [J]. ChemBioEng Reviews, 2017, 4 (3): 1-68.

[59] 李建林, 袁晓冬, 郁正纲, 等. 利用储能系统提升电网电能质量研究综述 [J]. 电力系统自动化, 2019, 43 (8): 15-24.

[60] 申洪, 周勤勇, 刘耀, 等. 碳中和背景下全球能源互联网构建的关键技术及展望 [J]. 发电技术, 2021, 42 (1): 8-19.

[61] 王蓓蓓, 丛小涵, 高正平, 等. 高比例新能源接入下电网灵活性爬坡能力市场化获取机制现状分析及思考 [J]. 电网技术, 2019, 43 (8): 2691-2702.

[62] 李婷, 胥威汀, 刘向龙, 等. 含高比例可再生能源的交直流混联电网规划技术研究综述 [J]. 电力系统保护与控制, 2019, 47 (12): 177-187.

[63] 钟迪, 李启明, 周贤, 等. 多能互补能源综合利用关键技术研究现状及发展趋势 [J]. 热力发电, 2018, 47 (2): 1-5+55.

[64] Chen Siyuan, Li Zheng, Li Weiqi. Integrating high share of renewable energy into power system using customer-sited energy storage [J]. Renewable and Sustainable Energy Reviews, 2021, 143.

[65] 高春辉, 肖冰, 尹宏学, 等. 新能源背景下储能参与火电调峰及配置方式综述 [J]. 热力发电, 2019, 48 (10): 38-43.

[66] 徐国栋, 程浩忠, 马紫峰, 等. 用于缓解电网调峰压力的储能系统规划方法综述 [J]. 电力自动化设备, 2017, 37 (8): 3-11.

[67] 杨军峰, 郑晓雨, 惠东, 等. 储能技术在送端电网中促进新能源消纳的容量需求分析 [J]. 储能科学与技术, 2018, 7 (4): 698-704.

[68] 侯力枫. 风电功率波动平抑下储能出力与平滑能力的动态优化控制策略 [J]. 热力发电, 2020, 49 (8): 134-142.

[69] 冯磊, 杨淑连, 徐达, 等. 考虑风电输出功率波动性的混合储能容量多级优化配置 [J]. 热力发电, 2019, 48 (10): 44-50.

[70] 胡嘉骅, 文福拴, 马莉, 等. 电力系统运行灵活性与灵活调节产品 [J]. 电力建设, 2019, 40 (4): 70-80.

[71] 高庆忠, 赵琰, 穆昱壮, 等. 高渗透率可再生能源集成电力系统灵活性优化调度 [J]. 电网技术, 2020, 44 (10): 3761-3768.

[72] 施涛, 司学振, 饶宇飞, 等. 考虑聚合效应的多点分布式储能系统灵活性评价方法研究 [J]. 电网与清洁能源, 2019, 35 (12): 67-73.

[73] 白帆, 陈红坤, 陈磊, 等. 基于确定型评价指标的电力系统调度灵活性研究 [J]. 电力系统保护与控制, 2020, 48 (10): 52-60.

[74] 李则衡, 陈磊, 路晓敏, 等. 基于系统灵活性的可再生能源接纳评估 [J]. 电网技术,

2017, 41 (7): 2187-2194.

[75] 张高航, 李凤婷. 计及源荷储综合灵活性的电力系统日前优化调度 [J]. 电力自动化设备, 2020, 40 (12): 159-167.

[76] 李海波, 鲁宗相, 乔颖. 源荷储一体化的广义灵活电源双层统筹规划 [J]. 电力系统自动化, 2017, 41 (21): 46-54+104.

[77] 杨卫明, 胡岩, 殷新建, 等. 储能技术及应用发展现状 [J]. 建材世界, 2019, 40 (5): 115-119.

[78] 李建林, 谭宇良, 王楠, 等. 新基建下储能技术典型应用场景分析 [J]. 热力发电, 2020, 49 (9): 1-10.

[79] 刘万福, 赵树野, 康赫然, 等. 考虑源荷双重不确定性的多能互补系统两阶段鲁棒优化调度 [J]. 电力系统及其自动化学报, 2020, 32 (12): 69-76.

[80] 周喜超. 电力储能技术发展现状及走向分析 [J]. 热力发电, 2020, 49 (8): 7-12.

[81] 李建林, 修晓青, 吕项羽, 等. 储能系统容量优化配置及全寿命周期经济性评估研究综述 [J]. 电源学报, 2018, 16 (4): 1-13.

[82] 徐谦, 孙轶恺, 刘亮东, 等. 储能电站功能及典型应用场景分析 [J]. 浙江电力, 2019, 38 (5): 3-10.

[83] 刘畅, 徐玉杰, 张静, 等. 储能经济性研究进展 [J]. 储能科学与技术, 2017, 6 (5): 1084-1093.

[84] 孙伟卿, 裴亮, 向威, 等. 电力系统中储能的系统价值评估方法 [J]. 电力系统自动化, 2019, 43 (8): 47-55.

[85] 葛维春, 滕健伊, 潘超, 等. 含风光储能源-储-荷规划与运行调控策略 [J]. 电力系统保护与控制, 2019, 47 (13): 46-53.

[86] 谢桦, 滕晓斐, 张艳杰, 等. 风/光/储微网规划经济性影响因素分析 [J]. 电力系统自动化, 2019, 43 (6): 70-76+115.

[87] 朱晔, 兰贞波, 隗震, 等. 考虑碳排放成本的风光储多能互补系统优化运行研究 [J]. 电力系统保护与控制, 2019, 47 (10): 127-133.

[88] 权然, 金国彬, 陈庆, 等. 源网荷储互动的直流配电网优化调度 [J]. 电力系统及其自动化学报, 2021, 33 (2): 41-50.

[89] 李铁, 李正文, 杨俊友, 等. 计及调峰主动性的风光水火储多能系统互补协调优化调度 [J]. 电网技术, 2020, 44 (10): 3622-3630.

[90] 郭海涛, 刘力, 王静怡. 2020 年中国能源政策回顾与 2021 年调整方向研判 [J]. 国际石油经济, 2021, 29 (2): 53-61.

[91] 曹建伟, 穆川文, 孙可, 等. 考虑碳交易的区域电网风光储容量配置优化方法 [J]. 武汉大学学报 (工学版), 2020, 53 (12): 1091-1096+1105.

[92] 郭洋, 吴峰, 许庆强, 等. 风-光-储系统在不同运营模式下的最优容量配置策略及考虑网损补贴的经济性分析 [J]. 智慧电力, 2019, 47 (1): 26-33.

[93] 李建林, 郭斌琪, 牛萌, 等. 风光储系统储能容量优化配置策略 [J]. 电工技术学报, 2018, 33 (6): 1189-1196.

［94］ 修晓青，唐巍，李建林，等. 计及电池健康状态的源储荷协同配置方法［J］. 高电压技术，2017，43（9）：3118-3126.

［95］ 高慧，晏寒婷，黄春艳. 考虑"源-荷-储"灵活性资源协调的主动配电网双层规划［J］. 广东电力，2019，32（5）：29-35.

［96］ 李海玲，吕芳，王一波，等. 以可再生能源为主的多能互补集成应用现状及发展研究［J］. 太阳能，2020（9）：14-24.

［97］ 张祥宇，吴奇，付媛. 含虚拟储能直流微电网的储荷协调控制技术［J］. 电力自动化设备，2021，41（1）：113-120.

［98］ 方绍凤，周任军，张武军，等. 源-荷协整关系与电价时间序列协整模型［J］. 电力自动化设备，2020，40（2）：169-176.

［99］ 李建林，马会萌，惠东. 储能技术融合分布式可再生能源的现状及发展趋势［J］. 电工技术学报，2016，31（14）：1-10.

［100］ 王成山，武震，李鹏. 分布式电能存储技术的应用前景与挑战［J］. 电力系统自动化，2014，38（16）：1-8.

［101］ 裴玮，盛鹍，孔力，等. 分布式电源对配网供电电压质量的影响与改善［J］. 中国电机工程学报，2008，28（13）：152-157.

［102］ 李建林，惠东，靳文涛，等. 大规模储能技术［M］. 北京：机械工业出版社，2016.

［103］ 李建林，黄际元. 储能电站新技术与应用［J］. 供用电，2020，37（02）：2+1.

［104］ 李建林，杜笑天，李建林. 关于青海 GW 级储能电站的 12 条建议［J］. 能源，2020，134（Z1）：37-38.

［105］ 李建林，崔宜琳，熊俊杰，等. "两个一体化"战略下储能应用前景分析［J］. 热力发电，2021，50（08）：1-8.

［106］ 李建林，梁忠豪，李雅欣，等. 锂电池储能系统建模发展现状及其数据驱动建模初步探讨［J］. 油气与新能源，2021，33（04）：75-81.

［107］ 李建林，康靖悦，董子旭，等. 共享储能电站优化选址定容研究［J］. 分布式能源，2022，7（03）：1-11.

［108］ 李建林，杜笑天. 区块链+共享储能=？［J］. 能源，2019，132（12）：74-75.

［109］ 李建林，孟高军，葛乐，等. 全球能源互联网中的储能技术及应用［J］. 电器与能效管理技术，2020，No. 586（01）：1-8.

［110］ 李建林. 共享储能为青海新能源供应插上腾飞翅膀［J］. 电气时代，2020，No. 461（02）：14-15+17.

［111］ 李建林，方知进，谭宇良，等. 电化学储能系统在整县制屋顶光伏中应用前景分析［J］. 太阳能学报，2022，43（04）：1-12.

［112］ 李建林，丁子洋，刘海涛，等. 构网型储能变流器及控制策略研究［J］. 发电技术，2022，43（05）：679-686.

［113］ 郭文明，刘仲，牟龙华. 微电源控制策略及微电网分层管理体系［J］. 电器与能效管理技术，2015（24）：64-70.

［114］ 陆晓楠，孙凯，黄立培，等. 孤岛运行交流微电网中分布式储能系统改进下垂控制方

法［J］. 电力系统自动化，2013（1）：180-185.

[115] LI Q F, AYYANAR R, VITTAL V. Convex optimization for DES planning and operation in radial distribution systems with high penetration of photovoltaic resources［J］. IEEE Transactions on Sustainable Energy, 2016, 7（3）：985-995.

[116] RAHBARI-ASR N, CHOW M Y, ZHANG Y. Consensusbased distributed scheduling for cooperative operation of distributed energy resources and storage devices in smart grids［J］. IET Generation, Transmission & Distribution, 2016, 10（5）：1268-1277.

[117] 李志伟，赵书强，刘应梅. 电动汽车分布式储能控制策略及应用［J］. 电网技术，2016, 40（2）：442-450.

[118] 慈松. 能量信息化和互联网化管控技术及其在分布式电池储能系统中的应用［J］. 中国电机工程学报，2015, 35（14）：3643-3648.

[119] 艾芊，贺兴，余志文. 电力系统聚合理论概念及研究框架［J］. 电器与能效管理技术，2014（10）：50-55.

[120] 梁晓龙，孙强，尹忠海，等. 大规模无人系统集群智能控制方法综述［J］. 计算机应用研究，2015, 32（1）：11-16.

[121] 孔勇. 数字集群通信网络架构和多天线技术的研究［D］. 北京：北京交通大学，2012.

[122] ARKIAN H R, EBRAHIMI ATANI R, POURKHALILI A, et al. Cluster-based traffic information generalization in Vehicular Ad-hoc Networks［J］. Vehicular Communications, 2014, 1（4）：197-207.

[123] 刘明雍，雷小康，彭星光. 融合邻域自适应跟随的群集系统分群控制方法研究［J］. 西北工业大学学报，2013, 31（2）：250-254.

[124] 唐芬，姜久春，吴丹，等. 考虑电池储能系统荷电状态的有功功率协调控制［J］. 电力系统自动化，2015, 39（22）：30-36.

[125] 陆金耀. 智能电网用户行为多维度分类方法及其应用研究［D］. 北京：北京交通大学，2016.

[126] 陆金耀. 智能电网用户行为多维度分类方法及其应用研究［D］. 北京：北京交通大学，2016.

[127] 章健，艾芊，王新刚. 多代理系统在微电网中的应用［J］. 电力系统自动化，2008, 32（24）：80-82.

[128] 丁明，罗魁，毕锐. 孤岛模式下基于多代理系统的微电网能量协调控制策略［J］. 电力系统自动化，2013, 37（5）：1-8.

[129] 季阳. 基于多代理系统的虚拟发电厂技术及其在智能电网中的应用研究［D］. 上海：上海交通大学，2011.

[130] 杨洲，刘世嵩，宫俊. 基于分布式储能的微网与主网协调运行的应用［J］. 山西电力，2016（3）：19-22.

[131] 唐文左，梁文举，崔荣，等. 配电网中分布式储能系统的优化配置方法［J］. 电力建设，2015, 36（4）：38-45.

［132］ 李建林，田立亭，来小康. 能源互联网背景下的电力储能技术展望［J］. 电力系统自动化，2015，39（23）：15-25.

［133］ 严干贵，谢国强，李军徽，等. 储能系统在电力系统中的应用综述［J］. 东北电力大学学报，2011，31（3）：7-12.

［134］ 邓明，孙春顺，张媛，等. 用户侧分布式储能经济补偿方法的研究［J］. 供用电，2015，32（1）：68-72.

［135］ 樊高松，张媛. 用户分布式储能的经济性分析［J］. 电力学报，2015，30（5）：389-395.

［136］ KEMPTON W, LETENDRE S E. Electric vehicles as a new power source for electric utilities ［J］. Transportation Research Part D：Transport and Environment，1997，2（3）：157-175.

［137］ HAN S, HAN S, SEZAKI K. Development of an optimal vehicle-to-grid aggregator for frequency regulation ［J］. IEEE Transactions on Smart Grid，2010，1（1）：65-72.

［138］ BROOKS A, GAGE T. Integration of electric drive vehicles with the electric power grid-a new application for vehicle batteries ［C］//Proceedings of the Seventeenth Annual Battery Conference on Applications and Advances. Long Beach，USA：［s. n.］，2002.

［139］ 鲍谚，贾利民，姜久春，等. 电动汽车移动储能辅助频率控制策略的研究［J］. 电工技术学报，2015，30（11）：115-126.

［140］ 谢平平. 含电动汽车的电力系统频率控制与经济调度［D］. 武汉：华中科技大学，2016.

［141］ 王闪闪，赵晋斌，毛玲，等. 基于电动汽车移动储能特性的直流微网控制策略［J］. 电力系统保护与控制，2018，46（20）：31-38.

［142］ XU D Z, XU A J, YANG C S, et al. Uniform state-of-charge control strategy for plug-and-play electric vehicle in super-UPS ［J］. IEEE Transactions on Transportation Electrification，2019，5（4）：1145-1154.

［143］ XU D Z, ZHANG W M, JIANG B, et al. Directed-graphobserver-based model-free cooperative sliding mode control for distributed energy storage systems in DC microgrid ［J］. IEEE Transactions on Industrial Informatics，2020，16（2）：1224-1235.

第3章

3

电化学储能系统关键设备建模

据统计，截至 2020 年底，全球已投运储能项目中电化学储能的累计装机规模为 13081.2MW，其中锂离子电池在各类电化学储能技术中的累计装机规模最大，为 11787MW，占比 90%；在中国已投储能项目中，电化学储能累计装机规模为 2808MW，锂离子电池同样在各类电化学储能技术中装机规模最大，为 2445MW，占比 87%。从 2020 年全球新增投运电化学储能项目的技术分布上看，锂离子电池的装机规模最大，占比为 99.1%。可见在电化学储能领域中，锂离子电池一枝独秀。

3.1 等效电路模型

等效电路模型是基于电路理论的系统辨识方法获得相关参数[1]，记录电池的输入输出数据，进而模拟出锂离子电池非线性特性，属于半经验仿真模型，等效电路模型结构简单、参数较少且模拟精度较高，降低了电池的计算复杂性，可写出解析的数学方程，对电池的全 SOC 范围进行建模，因此等效电路模型更适合用于电池模组或更大规模的建模分析。

3.1.1 研究现状及分类

国外对单体电池模型做了大量研究，其中参考文献 [2] 提出了考虑电池缓冲特性的 Thevenin（戴维南）模型，能一定程度上反映电池动态充放电相应的非线性特征，是目前应用最广泛的直流侧等效模型，也衍生出新一代汽车伙伴关系 PNGV（Partnership for New Generation of Vehicles）模型[3]和通用性的非线性 GNL（General Nonlinearity）模型[4]，不过 Thevenin 模型有精确度不高的缺点；参考文献 [5] 为在恒温下工作的锂离子电池确定了充电过程的通用电池模型，使用最小二乘法将收集的测试数据进行拟合，得到充电曲线的数学模型；参考文献 [6] 提出了一种等效电路模型，该模型保持了其参数与电池电化学原理之间的直接相关性；参考文献［7］建立的锂电池模型采用了一阶 Thevenin 模型结合安时法，并采用二次方根采样点卡尔曼滤波实现对电池等效模型参数的辨识及对电池荷电状态的估算，提高了模型的精确度。

与此同时，中国学者从拓扑结构角度，围绕影响锂电池性能的参数，对锂电池等效电路模型做了大量研究。其中参考文献［8］基于锂电池阻容 RC（Resistance Capacitance）等效电路，提出采用偏差补偿最小二乘法在线辨识模型参数，仿真精度较高，但计算复杂；参考文献［9］对 3 种典型电池建立了通用的储能系统物理模型，同时给定了储能系统的通用数学模型；参考文献［10］基于物理电学模型提出改进的二阶 Thevenin 等效电池模型，该模型充分考虑了容量对电池内部参数的影响，使得精确度有所提高；参考文献［11］以锂电池作为研究对象分析了多种电池等效电路模型的优缺点，最终选取二阶 RC 等效电路模型，搭建了仿真模型，该模型很好地表现了电池的输出特性；参考文献［12］建立基于二阶等效电路的分数阶电池模型，采用遗传算法辨识阶数，然后利用分数阶卡尔曼滤波算法估计电池荷电状态 SOC（State Of Charge），并与扩展卡尔曼滤波算法进行比较。常见等效电路模型包括 Rint 模型、Thevenin 模型、PNGV 模型、DP 模型、GNL 模型等。

3.1.2 模型的适用性

1. Rint 等效电路模型

Rint 模型是一个理想电压源和欧姆内阻的串联结构，又称为内阻模型，电路简单，是理想情况下的仿真模型，但无法描述动态过程，多利用卡尔曼滤波等参数辨识算法，基于开路电压-荷电状态查表法实现锂离子参数的粗略估计，是其他各高阶电路模型的基础。锂电池 Rint 等效电路模型结构如图 3-1 所示。

图 3-1 中，U_{oc} 为开路电压；R_0 为电池内阻；I_L 为负载电流；U_L 为端电压。

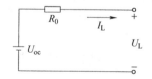

图 3-1 Rint 等效电路模型

根据基尔霍夫定律（KVL）可得等效电路方程为：

$$U_L = U_{oc} - I_L R_0 \tag{3-1}$$

2. Thevenin 等效电路模型

参考文献［13］提出了在 Rint 模型的基础上串联一个 RC 并联网络，构成考虑电池缓冲特性的 Thevenin 模型，等效电阻为恒值，不随时间和 SOC 变化而变化，主要用于描述恒温恒流条件下锂离子电池在充放电过程中的电化学极化特性，一定程度上反应电池动态充放电响应的非线性特征，是目前应用最广泛的直流侧等效模型之一。锂电池 Thevenin 等效电路模型结构如图 3-2 所示。

图 3-2 中，U_{oc} 为开路电压；R_0 为电池内阻；I_L 为负载电流；U_L 为端电压；R_{th} 为极化电阻；C_{th} 为极化电容。

根据基尔霍夫定律（KVL），可得等效电路方程为：

$$U_{oc} = U_L + R_0 I_L + U_{C_{th}} \tag{3-2}$$

$$I_L = \frac{U_{C_{th}}}{R_{th}} + C\frac{\mathrm{d}U_{C_{th}}}{\mathrm{d}t} \tag{3-3}$$

3. PNGV 等效电路模型

参考文献［14-15］在 Thevenin 模型的基础上串联电容组成 PNGV 模型，考虑电流对 OCV 的影响因素，并通过计算开路电压随时间的积分变化，实现锂离子电池荷电状态、功率状态、电池可用容量与电池健康状态的估计，多用于城市工况的仿真模型。锂电池 PNGV 等效电路模型结构如图 3-3 所示。

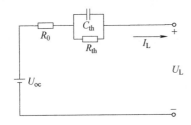

图 3-2　Thevenin 等效电路模型

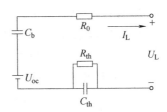

图 3-3　PNGV 等效电路模型

图 3-3 中，U_{oc} 为开路电压；R_0 为电池内阻；I_L 为负载电流；U_L 为端电压；R_{th} 为极化电阻；C_{th} 为极化电容；C_b 为等效电容。

根据基尔霍夫定律（KVL），可得等效电路方程为：

$$U_L = U_{oc} - U_{C_b} - U_{C_{th}} - I_L R_0 \tag{3-4}$$

$$U_{C_b} = I/C_b \tag{3-5}$$

4. 二阶 RC 等效电路模型

参考文献［16-17］考虑欧姆极化和浓度极化的影响，提出在 Thevenin 模型的基础上串联 RC 结构的二阶 RC 等效电路，又称 DP 模型，可描述充放电过程中的浓差极化，相较于其他模型，准确度与适用范围均有提升，综合优势较大。锂电池二阶 RC 等效电路模型结构如图 3-4 所示：

图 3-4 中，U_{ocv} 是开路电压；R_0 为锂电池等效内阻；R_b/C_b 为电化学极化内阻/电容；R_{th}/C_{th} 为浓差极化内阻/电容；I_0 为负载电流；U_L 为锂电池端电压。

根据基尔霍夫定律（KVL），可得等效电路方程为：

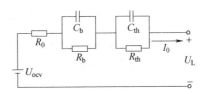

图 3-4　二阶 RC 等效电路模型

$$U_{\text{L}} = U_{\text{ocv}} - U_{C_{\text{b}}} - U_{C_{\text{th}}} - I_0 R_0 \tag{3-6}$$

$$U_{C_{\text{b}}} = I_0 / C_{\text{b}} \tag{3-7}$$

联立上式可得:

$$U_{\text{L}} = U_{\text{ocv}} - I_0 R_0 - I_0 R_{\text{b}}(1 - \text{e}^{-\frac{t}{\tau_1}}) - I_0 R_{\text{th}}(1 - \text{e}^{-\frac{t}{\tau_2}}) \tag{3-8}$$

5. GNL 等效电路模型

参考文献[18]结合上述模型的优点,在 DP 模型基础上考虑欧姆极化、过充因素对锂离子电池自放电的影响,搭建了 GNL 模型,结构较为复杂,验证结果更接近于电池内部特性,适用于荷电状态和功率状态的估计。锂电池 GNL 等效电路模型结构如图 3-5 所示。

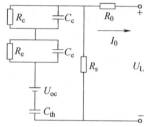

图 3-5 中,U_{oc} 是开路电压;R_0 为锂电池等效内阻;$R_{\text{b}}/C_{\text{b}}$ 为电化学极化内阻/电容;$R_{\text{th}}/C_{\text{th}}$ 为浓差极化内阻/电容;I_0 为负载电流;U_{L} 为锂电池端电压;R_{s} 为自放电电阻;R_{c} 为浓差阻抗;C_{c} 为浓差电容;C_{e} 为传荷电容;R_{e} 为传荷阻抗。

图 3-5 GNL 等效电路模型

根据基尔霍夫定律(KVL),可得等效电路方程为:

$$U_{\text{L}} = U_{\text{oc}} - U_{\text{c}} - U_{\text{e}} - U_{\text{th}} - I R_0 \tag{3-9}$$

$$U_{C_{\text{b}}} = I / C_{\text{b}} \tag{3-10}$$

6. RCS 等效电路模型

参考文献[19]提出一种实用型多阻容 RCS 等效电路,由无数时间常数组成,准确度显著高于其他模型,使电池模型的动态响应适应任何电池终端电压响应,适用于工况复杂的仿真研究,但计算更为复杂。等效电路模型通过将电感、电阻、电容等电器元件数值化表述,在模拟电池动态性能方面具有低复杂性、高准确度和鲁棒性[20],后续通过卡尔曼滤波等算法可实现锂离子电池的状态估计。锂电池 RCS 等效电路模型结构如图 3-6 所示。

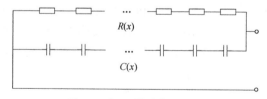

图 3-6 RCS 等效电路模型

图 3-6 中,$R(x)$、$C(x)$ 为特征阻抗。

RCS 等效电路方程为:

$$I = I_{R(x)} + I_{C(x)} \tag{3-11}$$

表 3-1 为电池常用模型比较。

表 3-1　电池常用模型比较

参考文献	模型及电路结构	描述方程	参数	优点	缺点
Rint		$U_L = U_{oc} - I_L R_0$	U_{oc}：开路电压；R_0：电池内阻；I_L：负载电流；U_L：端电压	结构、计算简单，易整定参数	应用范围较小，电流过大时仿真结果与测量值偏差较大
Thevenin		$U_{oc} = U_L + R_0 I_L + U_{C_{th}}$ $I_L = \dfrac{U_{C_{th}}}{R_{th}} + C\dfrac{dU_{C_{th}}}{dt}$	R_{th}：极化电阻；C_{th}：极化电容，描述由于极板极化效应带来的电极电势变化	结构简单，物理意义明确，易于参数辨识，可预测恒温条件下 SOC 对负载响应，结合查表法可实现工程应用	模型参数为常数，但受电池老化、温度变化影响较大，准确度不高
PNGV		$U_L = U_{oc} - U_{C_b} - U_{C_{th}} - I_L R_0$ $U_{C_b} = I/C_b$	C_b：等效电容；R_{th}：极化电阻；C_{th}：极化电容	可描述开路电压、容量变化及电池内部反应过程	串联电容导致累积积分误差，准确度不高
DP		$U_L = U_{ocv} - I_0 R_0 - U_{R_b} - U_{R_{th}}$ $I_0 = \dfrac{U_{R_b}}{R_b} + C_b\dfrac{dU_{R_b}}{dt}$	R_{th}：浓差阻抗；C_b：浓差电容；R_b：传荷阻抗	仿真准确度较高，可用于大倍率工况条件，更接近电池实际运行特性，可实现在线模型仿真任务	结构较为复杂，温度等影响因素未考虑
GNL		$U_L = U_{oc} - U_c - U_e - U_{th} - IR_0$	R_s：自放电阻；浓差阻抗；C_c：浓差电容；C_e：传荷电容；R_e：传荷阻抗	仿真准确度较高，适用性广，额外考虑自放电和过充电的影响	模型复杂，噪声影响大，参数难以整定，较为复杂
RCS		$I = I_{R(x)} + I_{C(x)}$	$R(x)$、$C(x)$：特征阻抗	仿真准确度高，考虑电阻电容分布函数，且参数较少	计算复杂，未考虑温度以及老化对参数分布函数的影响

3.2 电化学模型

电化学模型是通过模拟电池电化学反应过程建立起来的模型，可以对电池外特性仿真且具有较高准确度。

3.2.1 研究现状及分类

近年来，锂离子电池因其安全性及寿命较长的优点[21]而广泛应用于电动汽车以及储能电站[22]，且市场占有率逐年提升；与此同时，锂离子电池的滥用现象所导致的火灾以及爆炸等事故屡见报道。因此，为实现锂电池的安全可靠运行，对锂离子电池的荷电状态（State Of Charge，SOC）、电池内部温度进行实时估计等瓶颈问题亟待解决。对锂离子电池单体的特性认知是实现电池安全管理以及优化控制的重要前提[23]，在电池性能分析基础上进行荷电状态 SOC 估算、健康状态（State Of Health，SOH）评估。目前，电池管理系统可对电池单体以及电池模组的电压、电流以及温度等进行实时监控，实现较为精确的电池 SOC 估计，进而实现过充、过放、短路保护等安全措施[24]。但由于锂离子电池电化学过程的高度非线性、时变性以及温度参数等交互耦合复杂特性，SOC 的变化强烈影响模型参数变化，因此可以利用准确的 SOC 实时估算电池参数以及温度变化，从而使模型更为准确，确保电池的正常使用，延长电池寿命[25-29]。

基于电池动态特性变化规律及数学模型实现实现荷电状态的准确估计，进而支撑电池储能系统的充放电优化管理。现有相关研究常采用安时积分法、开路电压法（OCV）、粒子滤波（PF）[30]、卡尔曼滤波（KF）[31]、神经网络（NN）[32]、模糊逻辑（FL）[33]、遗传算法（GA）[34]等方法；其中安时积分法由于计算量较小、易于实现而得到较为广泛地应用。参考文献［35］基于一阶 RC 等效电路模型对电池的动力学特性深入剖析，实现了对电池内阻的实时监测估计；参考文献［36］采用扩展卡尔曼滤波寻找 SOC 与模型参数的对应关系，并验证了所得模型数据的实验误差；参考文献［37］针对高阶 PNGV 模型，利用扩展卡尔曼滤波与无迹卡尔曼实现了对锂电池的荷电状态估计，并验证了相关算法的有效性；参考文献［38］采用无迹卡尔曼滤波估算电池 SOC 与实际温度变化，提出了"电-热"耦合模型，并通过 HPPC 工况实验验证了模型温度与 SOC 的估算准确度；参考文献［39］通过搭建多种不同尺度的锂电池"电-热"耦合模型，对比分析了在同一温度条件下的模型可靠性差异，模型复杂程度与可靠性呈现密切相关的关系。

3.2.2　模型的适用性

1. 铅酸电池模型

目前为止技术最为成熟且应用最广泛的电池是铅酸电池，结构如图 3-7 所示。其中，隔板的主要作用是为了防止电池的正负极短路，同时也需要为电解液的渗透提供通路，因此常采用微孔塑料制作成多细孔的结构。铅酸电池放电时，电解液中的硫酸（H_2SO_4）被消耗，分别与正极的二氧化铅（PbO_2）和负极的海绵状铅（Pb）反应生成硫酸铅（$PbSO_4$），随着电解液中硫酸的浓度不断降低以及正负极板上附着的硫酸铅越来越多，电池剩余的电量也越来越少，电池电压也逐渐降低。反之，充电时，在正负极板上附着的硫酸铅又分别被还原为二氧化铅和海绵状铅，同时生成硫酸。理想状态下，在一轮完整的充放电的循环之中，电池正负极的物质性质均未发生变化。铅酸电池充放电时的反应方程式为：

$$总反应式：2PbSO_4+2H_2O \underset{放电}{\overset{充电}{\rightleftharpoons}} PbO_2+2H_2SO_4+Pb$$

$$正极：PbSO_4+2H_2O \underset{放电}{\overset{充电}{\rightleftharpoons}} PbO_2+SO_4^{2-}+4H^++2e^-$$

$$负极：PbSO_4+2e^- \underset{放电}{\overset{充电}{\rightleftharpoons}} Pb+SO_4^{2-}$$

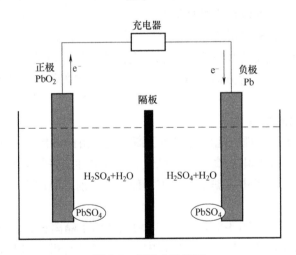

图 3-7　铅酸电池模型

铅酸电池于 1859 年被法国化学家 Gaston Plante 发明，距今已有百年之久，各项技术方案已十分成熟，其最大的优点就是价格低廉，同时还具有很强的环境适应性，在通信、电力、应急、储能、动力等各个领域都有广泛应用[40]。但随着各类设备对电源的性能需求越来越高，铅酸电池的各项问题也逐步显现，如质量大、易自放电、快速充电难等,用作动力电池时还存在续航里程短的问题[41],但即便如此,由于其超高的性价比和稳定成熟的技术,铅酸电池并未退出历史舞台。面对续航里程短的问题,铅酸电池目前仍大量应用于电动自行车、三轮车领域,此类低速电动车价格相对低廉,对续航里程也没有过高的要求,很适合铅酸电池发挥效力;面对质量大的问题,铅酸电池可应用于电动叉车之中,此类重型设备本身质量就很大,与其他电池相比,铅酸电池多出来的质量在可接受的范围内,同时,此类设备对稳定性也有一定要求,而且铅酸电池更换简单、维护容易,因此可以胜任;另外,在目前的汽车、摩托车的起动电源领域,铅酸电池可以说是近乎无敌的存在,最主要的原因就是其在成本低的同时具有很好地温度适应特性,在-40℃的低温下仍旧能够提供足够的功率用以起动车辆。

目前,国内外各学者也开展了对铅酸电池的改进研究。美国 Firefly 公司开发出了基于炭材料或石墨泡沫的铅酸电池,碳泡沫是一种孔隙率在 90% 以上的复合材料,密度很低且具有高导电性,此电池可承受更大倍率的充电电流(可 1C 充电),且循环寿命提升显著[42];现有方法在分散性碳纳米管中加入了正极活性材料[43],增强了活性物质与板栅之间接触界面的结合强度,使得极板的耐久能力大大提升,显著延长了电池寿命;将聚氨酯泡沫进行玻璃碳化[44]后,制成了泡沫铅板栅,使用此泡沫铅板栅的铅酸电池的比能量达到了 43.5Wh/kg,与常规电池相比提高了 14.5%,使用寿命也比国标要求寿命超出了 20.9%。现如今,各种材料的电池如雨后春笋般涌现,为了应对其他电池对市场份额的冲击,铅酸电池需要紧守成本和安全性的优势,同时积极融合其他学科的技术,在轻量化、快充等方面取得技术突破,才能在竞争日益激烈的未来占据一席之地。

2. 锂离子电池模型

20 世纪 90 年代,锂电池成功实现了商业化,由此开启了一个新时代。锂电池具有比能量高、工作电压高、无记忆性、充放电性能好等优势,在手机、笔记本电脑等高端电子设备中占据了大量市场份额,目前已经成为了新能源汽车的首选动力源。

锂电池工作原理如图 3-8 所示,其隔膜层常用于隔离正、负极,以避免电池内部短路,且阻止电子通过。充电过程中,锂离子从正极穿越电解质与隔膜层后抵达负极,与此同时,与 Li^+ 等量的电子 e^- 从正极经导体与负载等外部电路抵达负极,以保证电荷平衡;放电过程锂离子运动轨迹相反,电子从负极经外部电路流入正极并达到平衡,即锂离子电池充放电是一个可逆的电化学反应过程。锂离子充放电时的反应方程式为:

$$总反应式:Li_{1-x}A_zB_y+Li_xC_6 \underset{充电}{\overset{放电}{\rightleftharpoons}} LiA_zB_y+6C$$

$$正极：Li_{1-x}A_zB_y+xLi^++xe^- \underset{充电}{\overset{放电}{\rightleftharpoons}} LiA_zB_y$$

$$负极：Li_xC_6 \underset{充电}{\overset{放电}{\rightleftharpoons}} 6C+xLi^++xe^-$$

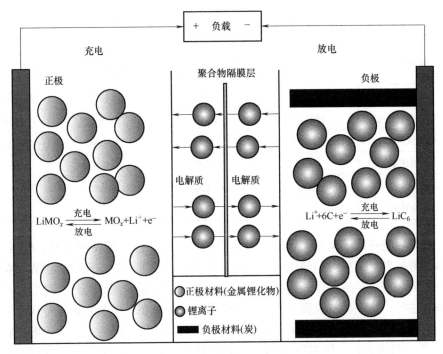

图 3-8　锂离子电池模型

锂电池的电解液一般为导电锂盐的非水有机溶剂，导电锂盐一般选用六氟磷酸锂（$LiPF_6$），有机溶剂是由碳酸酯和羧酸酯组成的混合物。目前电解液的最高工作电压已经达到了 4.5V，几乎已经到了极限值[45]，除此之外，也可以向固体电解质发展，使得电池工作电压继续提升时也能保持良好的安全性。

锂电池的负极设计目标是工作电压越低越好，这样可以尽可能地提高电池的工作电压，目前锂电池的负极材料以碳素材料为主，基本可以满足现有需求。为了获得更高的比能量，硅碳负极引起了学者们的关注，其比能量高出现有石墨负极的 1~2 倍，但稳定性不足且具有体积效应，实际应用仍存在困难；钛酸锂负极材料则具有更高的安全性且循环倍率优异，但其嵌锂电压过高，拉低了电池外电压，需要配合高压正极材料使用；另外，理论上最好的负极材料是金属锂，但其在液态的电解液下会产生锂枝结晶，严重影响电池的安全性，需要改用合适的固体电解质[46]。

正极材料是锂电池研究的重点，对锂电池的性能影响显著，改良现有的正极材料、开发新型的正极材料仍是锂离子电池未来的研究重点。根据正极活性物质的不同，分为钴酸锂电池（$LiCoO_2$）、锰酸锂电池（$LiMn_2O_4$）、磷酸铁锂电池（$LiFePO_4$）、三元锂电池等[47]，不同正极材料的锂电池性能参数对比如表 3-2 所示。

表 3-2　不同类型锂离子电池的性能参数对比

性能参数	电池类型			
	钴酸锂电池	锰酸锂电池	磷酸铁锂电池	三元锂电池
英文缩写	LCO	LMO	LFP	NMC/NCA
比容量/(mAh/g)	140~155	100~115	130~140	155~165
循环性能/次	≥400	≥500	≥2000	≥800
材料成本	很高	很低	较低	较高
环保性能	含钴	无毒	无毒	含镍、钴
安全性能	差	良	优	良

钴酸锂是锂离子电池中最早商业化的正极材料，但其存在容量低、电压小、寿命差等问题。通过对钴酸锂电池机理的研究，人们发现，在充放电过程中会发生一系列相变，导致晶体结构改变，最终使得电池容量衰减；另外，随着充放电过程的进行，极板材料表面会有 CEI/SEI 膜生成并堆积，极板表面成分或结构也可能发生变化，这种表面衰退现象使得电池的循环性能下降，从而导致电池容量降低[48]。目前为止，提高钴酸锂电池容量最有效的方法是提高充电截止电压，经过国内外研究人员的不懈努力，钴酸锂电池的充电截止电压已由刚商业化时的 4.2V 提升至了 4.45V，能量密度也有了大幅增长，若继续提高充电截止电压，会使颗粒表界面稳定性下降，也会出现高电压的不均匀反应等问题，在稳定性和安全性方面也面临更大的挑战[49]。目前，钴酸锂电池主要应用在小型便携式电子设备的领域中。

钴是一种稀有金属，作为战略资源，价格昂贵，为了降低锂电池的成本，一些学者研究出了锰酸锂电池。锰储量较高，使得锰酸锂制造成本低，另外，与钴酸锂相比，锰酸锂还具有安全性能好和环境污染小等优点。锰酸锂电池在反复的充放电循环之后仍旧会有容量损失的现象发生，主要原因为：大功率充放电时，锰酸锂材料的晶格结构会发生改变，材料结构受到破坏；经过多次充放电循环，正极材料表面的保护膜可能会遭到破坏，使得锰离子溶解至电解液中，导致电解液还原分解；存储不当时，电解液中的六氟磷酸锂遇水会产生氢氟酸（HF），氢氟酸会进一步与锰酸锂发生反应，生成物会阻塞锂离子的迁移[50]。目前改善锰酸锂电池容量衰减问题、提高循环寿命的最有效方式是优化电解液组成，仍存在较大的技术难度。

随着人们对环境保护的日益重视，如何摆脱电池的重金属污染成为一个热门的研究话题，在这种环境下，磷酸铁锂电池应运而生。与钴酸锂、锰酸锂相比，磷酸铁锂不含任何重金属元素，环境友好性更高，同时还具有非常高的循环寿命支持快速充电；磷酸铁锂晶体中的 P-O 键稳固，即使在高温或过充的状态下也不易崩解，因此其具有很高的安全性。磷酸铁锂的这些优越性使得其在新能源汽车的动力电池领域发挥了极大的作用，占据了很大一部分市场份额[51]。但由于制造工艺的限制，磷酸铁锂电池的振实密度与压实密度较低，使得能量密度较低。

三元锂电池是近年来锂电池领域的研究热点，主要有镍钴锰酸锂电池、镍钴铝锂酸电池等，并逐渐向高镍三元材料发展。与磷酸铁锂电池相比，三元锂电池的最大优势在于能量密度高，正极材料的改进使得三元锂电池能达到更高的工作电压，这意味着电池容量方面有了很大提升。但是，无论是镍钴锰酸锂电池还是镍钴铝酸电池，都含有重金属元素，在报废之后的回收利用方面存在较大的难题；世界上的钴矿含量较少，且已探明的钴矿大多在非洲刚果地区，进口成本高；另外，三元锂电池的结构相对更加复杂，正极材料在高温下结构不稳定，导致电池整体的安全性较差[52]。作为一种新兴电池，在动力电池领域，三元锂电池与磷酸铁锂电池各有各的优势，三元锂电池更适合需求大容量、长续航的高端车型，磷酸铁锂电池更适合经济、安全的中低端车型。

3. 液流电池模型

液流电池作为储能技术发展应用的一个重要方向，具有长寿命、电解液可重复使用、功率和容量可分开设计、安全性好等优势，适用于建设兆瓦到百兆瓦级的大规模储能电站。在国家能源局《能源技术革命创新行动计划（2016—2030年)》中，全钒液流电池被列为大规模储能技术的首选。

液流电池属于氧化还原化学电池，由电解液、正负电极、离子隔膜、储液罐等部分组成，正负极电解液分别存储在两个不同的存储罐，正负极电解液由离子交换膜隔开，电解液通过压力泵的作用压入电堆中，发生反应后重新回到储液罐完成循环。液流电池工作原理如图 3-9 所示。

液流电池作为储能技术发展应用的一个重要方向，其电堆与存放电解液的储罐独立分开，从根本上克服了传统电池的自放电现象。功率只取决于电堆大小，容量只取决于电解液储量和浓度，设计非常灵活；当功率一定时，要增加储能容量，只需要增大电解液储罐容积或提高电解液体积或浓度即可，而不需改变电堆大小。可用于建造千瓦级到百兆瓦级储能电站，适应性很强。

随着液流电池储能电站规模的不断扩大，系统结构也变得更加复杂，需对液流电池储能电站进行合理的功率分配和优化运行，通过合理分配液流电池储能电

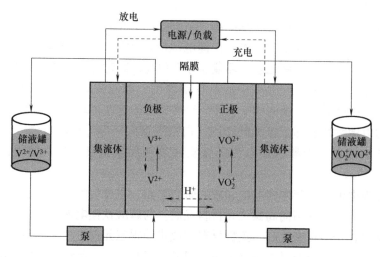

图 3-9 液流电池模型

站充放电时刻和功率，高效利用液流电池储能电站能量，以实现削峰填谷、跟踪计划出力等功能。不同于锂电池等其他电池类型，液流电池的输出电压范围较大，实际工程中常采用 DC/DC+DC/AC 的双级式结构，能量分配指令的执行单元和储能变流器（Power Converter System，PCS）的控制策略也将不同。此外，需充分考虑电池模块荷电状态（State Of Charge，SOC）、循环寿命等因素，避免频繁充放电，提高其使用寿命。液流电池 SOC 过高或者过低时，其充放电能力将受到限制，甚至退出运行，影响电站的整体出力。此外，电池的过充过放会严重影响其寿命。适当结合实际应用场景，制定合理的运行策略，既能实现储能电站的稳定经济运行，又能延缓液流电池容量衰减，在液流电池储能电站积极参与电网运行的同时，保证自身持续健康运行。

3.3 储能电站数字镜像化

3.3.1 背景现状

2021 年 8 月国家能源局发文《提质增效"数字能源"与"双碳"目标偕行》指出，当前，我国正处于能源低碳转型爬坡过坎的攻坚期，能源偏煤、结构偏重和效率偏低等诸多结构性矛盾依然突出。与发达国家相比，中国实现"碳达峰、碳中和"远景目标时间更紧、幅度更大、困难更多、任务异常艰巨，需要实现全社会经济体系、能源体系、技术体系等系统性低碳绿色变革。事实上，在推进数字产业化和产业数字化的过程中，大数据、物联网、人工智能、5G 产业等新一代信息技术，加速传统能源产业与数字产业深度融合，打造具有国际竞争力的数字能源产业集群，优化能源产消、能源供需两侧，将能够直接或间接减少能源活动产生的碳排放量[53]。

就能源的供给侧而言，数字镜像技术重构了现代能源管理系统。基于信息智能系统与深度学习算法，能源厂商能够利用每天产生的海量数据，预测未来电能需求的趋势与波动情况，从而减少自身能源项目开支；生产经理通过观察能源生产过程中的实时监测和控制参数，兼顾各原材料之间的比例协调与配套，提高加工转换效率和能源输送、分配和储存效率，大幅降低传统意义上的生产环节管理成本。

因而，在此背景下，将储能与数字镜像相结合，实现大规模锂电池储能电站集群的数字化镜像建模与运行模拟，分析数字镜像电站集群并网稳定性，对数字镜像电站集群储能系统汇聚规律进行挖掘研究，对数字镜像电站集群储能系统多场景优化调度控制技术进行研究，构建更为清洁、高效、安全和可持续的现代能源体系，最终为"双碳"目标下的可持续发展做出贡献[54]。

3.3.2　数字镜像储能电站国内研究机构的研究情况

最早，数字孪生思想由密歇根大学的 Michael Grieves 命名为"信息镜像模型"（Information Mirroring Model），而后演变为"数字孪生"的术语。数字孪生一词在 2003 年由美国的 Dr. Grieves 在 PLM 课程上提出并给出了数字孪生的三维模型：实际物理产品、数字虚拟产品、虚拟和物理产品数据和信息的连接。他强调可通过数字孪生同时观察物理和虚拟产品信息，动态跟踪已标签性能参数，高效发现设计差异，及时响应问题并决策改进，从而实现产品生命周期管理。但受限于当时的信息化技术水平，生产过程中物理产品收集信息范围有限，部分依赖于手动收集且纸质原始数据难以电子化等问题，数字孪生停留在概念阶段，未引起太多关注。

在数字化储能技术的发展上，起步阶段国外要领先于国内，国际知名的公司早已将储能相关产品的削峰填谷和调频调相功能应用在工业领域中，而特斯拉等公司已经将数字化储能普及到了居民生活中。早在 2008 年，美国奥巴马政府就开展了"能源之星"的计划，在这个计划中，能够通过能源之星认证的建筑设计，能为每个用户减少约 20% 的能源消耗，通过分布式数字化储能电站的方式。美国能源部（DOE）和电力研究院（EPRI）已经通过大型压缩空气数字化储能和数字化电池储能电站技术将当地的风力发电和居民用户结合起来，实现了可再生清洁能源、用户和储能的相结合。在 2010 年，压缩空气数字化储能技术力压当年其他出众的工程技术，与人工智能等技术被选为"未来十大技术"之一，得到了世界的重视。美国犹他州 VRB 公司建立了 250kW/20MW 全钒液流电池数字化储能系统。日本在钠硫电池方面处于世界顶尖的位置，在 2004 年其钠硫储能容量已超 100MW。2010 年，日本将 250kW/520kW 的全钒液流电池投入市场进行商业运营，已循环 27 万次，全球尚未有其他数字化储能电站达到该指标。

在集群数字化储能电站装机量上，我国储能项目累计装机容量约 33GW，其中电化学储能新增投运容量达到 1083MW/2706MW·h，对大规模数字化储能电站的动态特性等效表述尤为重要。在电力系统仿真计算中，合理的元件模型结构及其参数是精确仿真计算的保障，而在其他诸如功率转换系统（Power Conversion System，PCS）、变压器等元件已有成熟模型可用的前提下，源端模型成为了制约提高仿真准确度的一个关键性因素。电化学数字化储能电站的数字化建模、集成规划对改善可再生能源的消纳、出力特性具有重要作用，而电池建模作为仿真模型的基础，能够更加深入地了解储能电站的性能特点，对突破新能源发展的瓶颈具有重要意义。电池是电化学储能中最重要的组成部分。目前，国内外研究人员从机理、外特性和拓扑结构等角度，围绕影响电池性能参数，对不同类型的数字化电池建模过程进行研究，在仿真准确度不断提升的同时，形成了电化学模型、黑箱模型和等效电路模型 3 种常用模型建立思路。其中电化学模型（第一原理模型）是从机理方面研究，主要应用于充放电状态估计和老化预测，常采用单粒子模型和准二维模型等方法，具有较高准确度和清晰的物理意义，但由于计算较为复杂，且难以获得电池制造商的完整参数集，一般用于研发和电池组件制造的研究，在大规模数字化储能工程中难以实现；黑箱模型（经验模型）是从外特性出发，需要通过大量的数据训练，模型的准确度和计算负担受到输入变量的选择和数量的影响，主要应用于处理充电状态、健康状态和容量相关的电池特性，常采用神经网络、支持向量机和模糊逻辑等数据驱动方法，易于在实践中实现，但在数据量不足或训练方法不合适的情况下准确度较差；等效电路模型是基于电路理论的系统辨识方法获得相关参数，记录电池的输入输出数据，进而模拟出锂离子电池非线性特性，属于半经验仿真模型，相较于前两种模型，等效电路模型结构简单、参数较少且模拟准确度较高，降低了电池的计算复杂性，可写出解析的数学方程，对电池的全荷电状态（State Of Charge，SOC）范围进行建模，因此等效电路模型更适用于电池模组或更大规模的建模分析。

鉴于储能对未来能源革命的重要性，政府多个部门已对储能的发展制定相关战略规划和政策措施，自 2007 年以来，国家电网公司先后支持多个科技项目，围绕电池系统大容量集成技术、电池储能电站集成技术、储能电站监控系统、储能电站控制与能量管理技术、储能电站提高大规模风光发电接入能力应用技术等方面研究取得多项突破，并在此基础上，依托中国电力科学研究院建立了国际首个大容量电池储能并网实验平台——张北储能试验基地以及举世瞩目的国家风光储输示范工程。该储能电站出力能力为 23MW，能量存储容量为 71MW·h，系统包含了 46 台 500kW PCS 并联运行。并网运行时，储能电站配合风电场和光伏电站，实现平抑输出波动、提升跟踪日前调度计划能力及削峰填谷的功能。离网运行时，储能电站作为主电源为系统提供电压频率支撑。在上述应用场合中，随着 PCS 并联台数的增加，会衍生出多种稳定性问题，主要包括：并网情况下，由于变压器漏抗及线路阻抗等原因，多台 PCS 与电网产生关联耦合构成复杂的高阶电路结构，此时 PCS 的谐振特性会发生改变，在原有谐振尖峰的基础上会另外在高、低频处产生谐振尖峰，传统控制策略难以对其抑制，造成各台 PCS 输出电流谐波含量增加，严重情况下甚至会造成 PCC 点电压发生谐振，导致整个储能系统停机。

3.3.3　数字镜像储能电站系统框架

1. 数字镜像储能电站系统建模方法

在锂离子电池单体等效电路模型及其性能参数基础上，根据串并联电路及大容量电池系统充放电工作特性，确定各电池单体性能参数与大容量电池系统性能参数的数理关系，建立基于电池荷电状态的大容量电池系统等效电路模型，再结合基于开关函数的功率转换系统数学模型，来构建模块化电池储能子系统模型，最后将模块化电池储能子系统进行并联扩展，从而得出大容量锂离子电池储能系统数字化模型。该系统由 N 个模块化电池储能子系统经并联而成，每个模块化电池储能子系统是由功率转换系统和锂离子电池系统构成，锂离子电池系统是由电池单体经 m 串 n 并而成的 $m \times n$ 型电池系统，如图 3-10 所示。

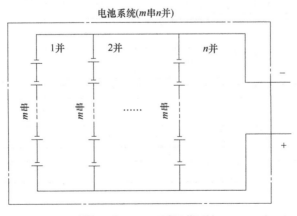

图 3-10　$m \times n$ 型电池系统

2. 数字镜像储能电站系统评估模型设计方法论

综合评价是对多元、多属性、多指标对象的价值判断，一般来说，评价对象比较复杂，需要通过某种假定，利用某种方法，对指标进行合成，得出一个组合后的评价值。评价方法是否科学合理，决定评价结果的性质。有关系统评价的理论和方法大致可以分为三类：一是以数理理论为基础的方法。它以数学理论和解析方法对评价系统进行定量描述和计算，通常需要在一定的假设条件下进行评价。评价方法主要有模糊分析法、灰色系统分析法、技术经济分析法等。二是以统计分析为主的方法。其特点是把统计样本数据看作随机数据处理，对指标数据进行转化，所得均值、方差、协方差反映指标潜在的规律，通过统计方法对指标体系进行分析，得出在大样本数据下对评价对象的综合认识。评价方法有主成分分析法、因子分析法、聚类分析法、判别分析法、关联分析法、层次分析法等。三是重现决策支持的方法。以计算机系统仿真和模拟技术为主，研究如何使系统的运行和人类行为目标的一致，以此得出系统评价结果。

3. 数字镜像储能电站系统框架

数字镜像储能电站系统框架从逻辑上分为 5 层，如图 3-11 所示，从下至上分为设备层、监控层、应用支撑层、业务应用层、展示层。

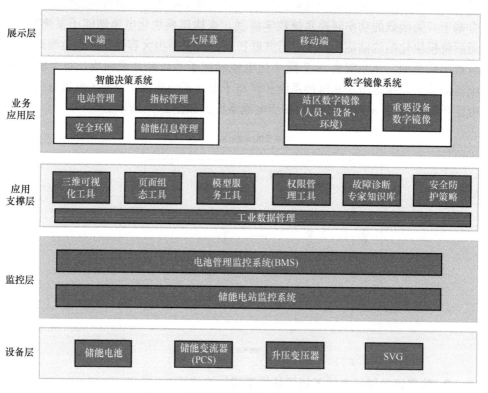

图 3-11 数字镜像储能电站系统框架图

　　设备层：储能电站设备较少，以储能电池、电池管理系统（BMS）、储能变流器（PCS）、监控系统、升压变压器、SVG 为主。

　　监控层：主要包括电池管理监控系统（BMS）和储能电站监控系统。BMS 主要是对电池电压、温度、状态等信号在线监测，对电池进行管理。电站监控系统实现全站储能系统实时监视，功率控制，满足电网调峰调频需求。

　　应用支撑层：包括数据管理和应用工具，为业务定制开发提供支撑，具体包含工业数据存储、过滤、管理等，以及三维可视化工具、页面组态工具、模型服务工具、算法编排工具、权限管理工具、故障诊断专家知识库、安全防护策略。其中，可视化工具可编制简易的厂房、设备二维和三维动态图元，也可从外部导入高清晰或者复杂的三维设备模型。

　　业务应用层：主要包含智能决策系统、数字镜像系统，其中智能决策系统融合了储能电站的多个系统，总体绩效模块单独开发设计；数字镜像系统包含工艺机理模型、设备模型和管理模型。

　　展示层：提供 Web 访问方式，可以在 PC 端、移动端显示查看，也可以大屏幕的形式展示。

3.3.4　储能电站数字镜像特点

1. 储能电站数字镜像信息映射

　　通过布局精准可靠的物理感知，构建高效传输的连接网络与海量数据接入、处理与共享的储能电站数字镜像支撑平台，在保证信息安全的前提下，将大规模集群化储能电站中真实世界完整映射在虚拟空间。对大规模集群化储能电站中实现虚拟与现实中的信息双向流动。储能电站系统的工艺机理模型、设备模型和电池管理模型，基于数字仿真提供优化控制、设备运维、能效分析、电池管理等功能，建立辅助决策分析模型，为企业经营管理提供支持[55]。

　　储能电站数字镜像系统如图 3-12 所示，首先构建储能数字模型，基于工艺机理和运行数据建立迭代升级的储能数字模型，从整体监控系统中实时获取储能电站系统运行状态，实现数据模型与物理实体的信息同步，并基于运行历史数据修正模型。其次构建储能三维模型，包含各部件的造型、装配体效果、设计作业指导的流程以及交互界面的设计。

2. 储能数字镜像系统多场景优化调度控制

　　为了更好地实现全局优化控制，在满足本地负载用电的情况下，能够在电力负荷峰谷变化的时候充分根据电池状态发挥储能系统的削峰填谷作用。对集群化储能的控制策略核心流程如图 3-13 所示。首先，储能数字镜像系统对系统中的负载与可再生能源发电站发电情况进行预测，并实时监控储能系统的运行状态与自身特性，包括储能的 SOC 与端电压等数值，并将这些信息一并发送至中央协

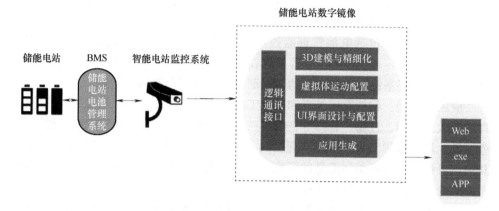

图 3-12 储能电站数字镜像系统

调控制器进行处理。中央协调控制器根据系统的运行状态决定储能的运行模式，向储能发送应吸收或放出的有功功率与无功功率指令，集群化数字镜像储能系统会根据自身的控制策略实现该指令下电能的充放电。

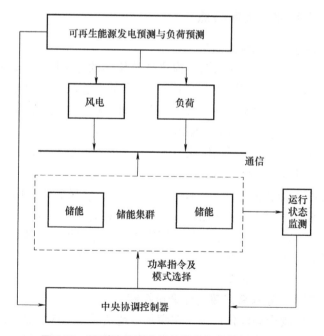

图 3-13 储能数字镜像系统优化调度控制流程图

数字镜像储能系统的运行可以根据系统负载曲线的不同状态分为三种应用场景，进行优化调度控制。

应用场景 1：当系统负载处于非峰值的谷值时段时：当新能源发电站的输出功率大于或小于负载功率时，储能集群会根据自身的电能管理策略进行充电或放电。

应用场景 2：当系统负载处于峰值期间：当系统中的输出功率足以支持系统中的负载需求时，多余的功率可以传输至电网，实现对电网的支撑；当系统中的输出功率小于系统中的负载需求时，储能集群开始放电，补偿系统中不足的负载需求，储能集群 SOC 至下限时，再由电网对系统进行支撑，减小电网的负担。

应用场景 3：当系统中的负载处于谷值期间：当系统中的输出功率大于系统中的负载需求时，储能集群开始充电，吸收多余电能，当储能集群 SOC 至上限时，多余电能传输至电网；当系统中的输出功率小于系统中的负载需求时，不足的功率由电网提供。

3. 储能数字镜像电站运行安全状态评估技术

在国内外，电网侧、发电侧、用户侧均出现过不同程度的火灾事故，电池安全问题已成为限制其进一步应用发展的关键和难点。在电化学储能电站向更大规模集成的进程中，大规模、大容量的电化学储能的实时监测、预警以及管控已成为不可忽视的重点环节。建立储能电站数字镜像模型下，实现镜像储能系统安全运行至关重要。数字镜像储能系统安全运维关键技术，如图 3-14 所示。

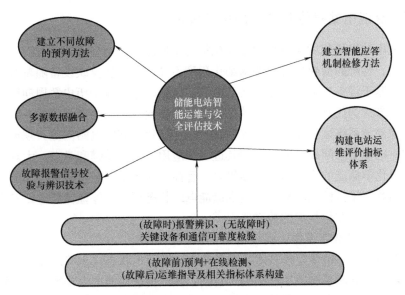

图 3-14　数字镜像储能系统安全运维关键技术示意图

数字镜像储能电站智能运维与安全评估技术具体可分为 4 种情况：①无故障

情况：对关键通信和控制设备可靠度和通信可靠度的在线检验，从而降低故障概率、运维成本。同时提高 BMS 数据利用率与储能电站的电池仓和升压仓中各控制设备和监测设备的服役可靠性与通信稳定性；②故障发生前：预判故障位置并且在线检测，通过制定基于专家库的储能告警策略，考虑运维数据与系统安全之间的联系，设置故障报警阈值。通过将压差、霍尔零漂、温度及风扇工作时间作为关键指标，对控制装置分级布置，研究储能电站设备智能巡视技术，形成巡视报告。针对故障前进行故障预判，实现主动防御式运维。深入细致研究储能站电池、变流装置、配电设备、通信系统等多设备运维数据类型和结构，研究储能站多设备与多故障类型的提前预判技术，数障发生之前的提前预判和提前预警；③故障发生时：针对储能电站失火、电池发生泄漏等重要报警信号，基于信号和图像处理、多源数据融合技术，通过报警所述故障的校验与辨识技术，以及基于决策层面信息融合的不同诊断方法报警信号综合判断方法，使报警能可靠及时地反映故障，支撑消防等应急措施的在线自动运行；④故障解决后：对故障后的检修最优安排，从而实现运维和检修的高效和精准。根据储能电站相关设计标准，构建储能电站设备故障树，明确主要故障类型及其相关表征参量，确定表征参量与故障类型之间的影响关系。建立各类故障诊断与检修模型，针对电化学储能系统特点，提出储能系统电站级和设备级评价方法，结合实时和历史数据，对储能系统进行安全、性能、寿命指标实时评价，确保储能系统服务期内全程管控。

3.3.5 储能电站镜像化涉及的关键技术

储能电站镜像化的关键技术主要包括对于储能电池类型及其关键设备数字化建模技术，传统的简化机理模型精细化程度不高，也无法反映设备随着时间发生的变化，基于设备工艺机理建立初始的数字镜像模型，基于历史数周期性地通过及其学习方式迭代升级模型，使数字模型尽可能地保持与物理设备的一致性。其次是镜像储能系统运行安全状态评估技术，在电化学储能电站向更大规模集成的进程中，电池安全问题已成为限制其进一步应用发展的关键和难点。大规模、大容量的电化学储能的实时监测、预警以及管控已成为不可忽视的重点环节。通过储能电站数字镜像模型的建立，实现储能电站状态评估，保证储能电站安全运行也是储能电站镜像化技术的关键要点[56]。

1. 储能电站数字镜像建模技术

储能电站数字镜像建模技术主要是建立电池荷电状态（SOC）和功率变换系统开关函数的储能系统数字化模型。包括：测试提取储能电池参数，基于智能算法分析电气参数和容量参数的时变特点，建立基于时变参数耦合下的电池等效模型，准确表征电池动稳态以及暂态响应特性。

储能系统结构如图 3-15 所示。

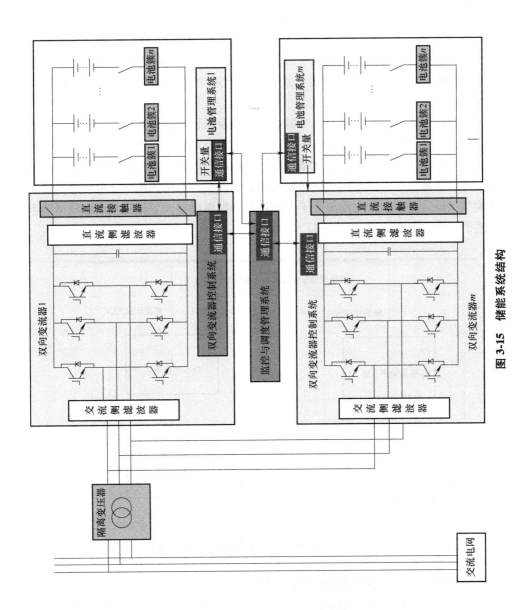

图 3-15　储能系统结构

大容量电化学储能系统及其建模方法为解决大型集群式储能电站因传统储能系统各电池单体性能参数并不一致而导致其电池性能参数（如电压、电流等）及充放电特性难以被准确测量、估计的问题。系统由 N 个模块化电池储能子系统经并联而成，每个模块化电池储能子系统是由功率转换系统和锂离子电池系统构成，锂离子电池系统是由电池单体经 m 串 n 并而成的 $m \times n$ 型电池系统；功率变换系统的主电路是基于 IGBT 的传统三相桥式电压源变换器。锂离子电池系统接于功率转换系统直流母线侧，并通过功率转换系统与外界进行能量交换。

在已获得的锂离子电池单体等效电路模型及其性能参数基础上，根据串并联电路及大容量电池系统充放电工作特性，确定各电池单体性能参数与大容量电池系统性能参数的数理关系，建立基于电池荷电状态的大容量电池系统等效电路模型，再结合基于开关函数的功率转换系统数学模型，来构建模块化电池储能子系统模型，最后将模块化电池储能子系统经并联扩展而得大容量锂离子电池储能系统模型[57-61]，如图 3-16 和图 3-17 所示。

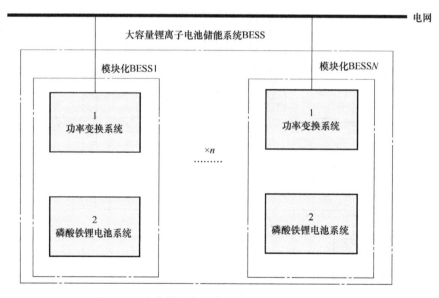

图 3-16　大容量锂离子电池储能系统结构示意图

2. 镜像储能系统运行安全状态评估技术

在建立储能电站数字镜像模型基础上，实现储能电站状态的评估预警，关键在于储能电站数字模型、预测预警指标和预测预警标准量的建立。目前，故障诊断技术已成为一个十分活跃的研究领域。所谓故障，广义地讲，可以理解为任何系统的异常现象，使系统表现出所不期望的特性。故障诊断技术主要包含三方面

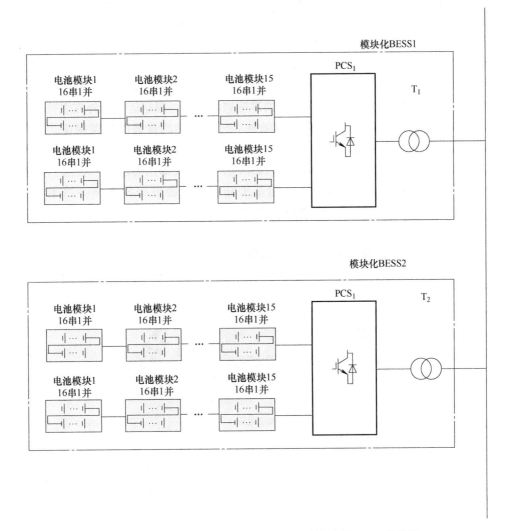

图 3-17　2 个模块化电池储能子系统构成的大容量 BESS 结构图

的内容：故障检测、故障隔离、故障辨识。所谓故障检测是判断系统中是否发生了故障及检测出故障发生的时刻；故障隔离就是在检测出故障后确定故障的位置和类型；故障辨识是指在分离出故障后确定故障的大小和时变特性。从本质上讲，故障诊断技术是一个模式分类与识别问题，即把系统的运行状态分为正常和异常两类，而异常的信号样本究竟又属于哪种故障，这又属于一个模式识别的问题。近几十年来，故障诊断技术得到了深入广泛的研究，提出了众多可行的方法。总结现有的研究方法主要分为三类：信号处理的方法、模型解析的方法以及知识诊断的方法。第一，基于模型的故障预警技术是随着解析冗余思想而形成

167

的，具体是指采用参数估计法、状态估计法和等价空间法建立物理系统的等效数学模型，通过采集实际测量值和模型观测值的残差进行分析判断。这种方法的优点在于深度解析动态系统的本质，实时进行故障检测，但往往需要建立系统的精准模型，实现较为困难。第二，基于信号处理的故障预警方法是利用信号处理方法，直接分析可测信号的外在表征，即特征值，根据特征的异常变化检测故障类型，其优点在于无需构建被预警系统的准确数学模型，根据信号的外在表征描述系统的故障情况，但是信号分析的有效性和外在描述的普适性难以保证。而基于知识的故障预警方法，与基于信号的预警方法类似，并不依赖系统的精确模型，而是通过对测量信息的自动学习和推理，实现故障预警过程。目前，随着人工智能等技术的发展，基于信号和基于知识的预警过程界限并不清晰。因此，为了区别于基于模型的故障预警技术，可以将二者统称为基于数据的故障预警方法。

图 3-18 所示为储能系统安全运维关键技术。

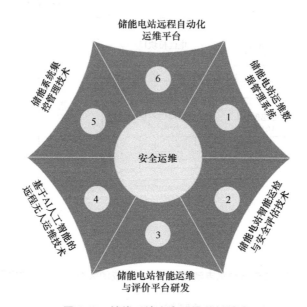

图 3-18 储能系统安全运维关键技术

（1）储能系统智能数据减量、数据挖掘与数据预处理技术

截至 2019 年底，全球已投运的储能项目累计装机规模 186.6GW，同比增长 1.9%。其中电化学储能累计装机容量为 9520.5MW，我国已投入储能项目累计装机规模 32.4GW，占全球市场规模的 17.6%，同比增长 3.6%。目前电化学储能技术也是储能技术中进步最快的，以锂离子电池、铅炭电池、液流电池为主导的电化学储能技术在安全性、能量转换效率和经济性等方面均取得了重大突破。

随着储能系统的增多，储能系统的安全运行与运维问题日益突出，如何实现大规模分布式储能站的高效运维是目前储能项目亟待解决的问题。储能站的 BMS 数据由于数据量庞大、属性繁多、数据属性与储能系统在各应用场景下的关联性和必要性分析不足，致使数据利用低效，信息资源浪费等多重困扰。因此，储能站运维数据挖掘和减量技术势在必行。通过将数据挖掘技术应用到电力设备的运行管理上，利用 K-means 聚类算法挖掘历史运行数据信息，进行单维状态量故障特征提取，基于 Apriori 算法挖掘不同故障模式下关联规则，建立关键性能矩阵，借助高维随机矩阵理论分析设备故障的时空特性，最终通过 D-S 证据理论对单维与多维诊断结果进行信息合成，获得设备故障的诊断判据。图 3-19 所示的针对储能系统数据减量、数据挖掘与数据预处理技术研究。综合考虑系统运行状态和电力用户差异性，建立设备健康度指数以及重要度指数，显著降低设备运维决策风险。

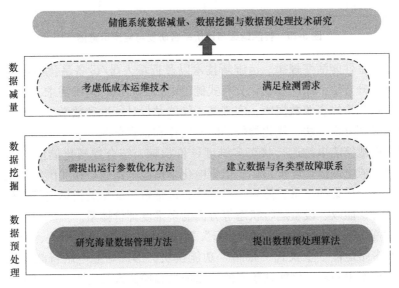

图 3-19　储能系统数据减量、数据挖掘与数据预处理技术研究示意图

（2）储能电站智能远程自动化安全运维平台

基于设备性能演变规律、运维新技术及近场人员/设备最优匹配与调度运维的效率提升方法，研发"端-边-云"智能监测与评价功能模块，结合规模化储能电站运行场景，构建储能电站运行评价指标、融合多重应用场景的储能电站商业价值评估体系，并面向规模化分布式储能站研发多站运检"全景式一张图"功能模块，建立储能电站智能远程自动化安全运维平台，如图 3-20 所示。

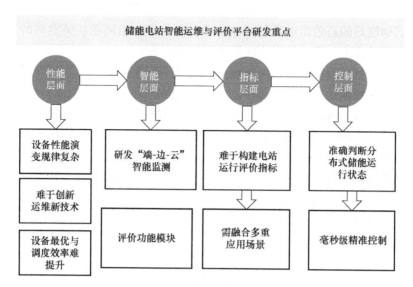

图 3-20 智能运维与评价平台研发与应用示意图

基于设备性能演变规律、运维新技术以及近场人员/设备最优匹配与调度运维的效率提升方法：面向规模化分布式储能电站的监测与运维需求，建立了储能站故障信息和检修资源数据库，实现基于储能站设计标准和数学最优化的储能站故障检修计划分析方法，优化检修的时间安排和物资分配。

建立电池储能电站运行状态多维度评价指标，结合规模化储能电站运行场景，构建储能电站运行评价指标。依据电化学储能电站运行相关国家标准，对储能电站运行中采集的电量、能效、可靠性、运维费用等相关指标进行考核，形成充放电能力、能效、设备运行状态等方面的多维度评价体系。

开发基于运维大数据的"端-边-云"智能监测与评价功能模块、分布式电池储能电站多站运检"全景式一张图"功能模块，形成储能电站智能运维与评价平台，在检修中心显示储能站集群的故障信息和检修人员物资的实时情况，并开发向检修人员推送检修信息的 App，优化运维检修效率。

（3）基于 AI 人工智能的远程无人运维技术

随着互联网、移动互联网迅猛发展，用户越来越挑剔，对应用软件的用户体验要求越来越高。而我们知道，应用软件都是建立在一个庞大、复杂、跨协议层的大型分布式系统之上的。而这个分布式系统的技术、软件、配置通常会不断快速地演变；其软硬件难以避免会发生故障、变更；用户流量会发生不可预知的变化，甚至会发生安全攻击事件，而上述趋势愈演愈烈。如图 3-21 所示，尽管各类运维监控工具使得系统运行状态的可见度有较大提升，但是当遇到运维故障时，面对海量监控数据和庞大负责分布式系统，仍依赖运维人员在高压下人力做出迅速、准确的运维决策。这显然是不现实的。

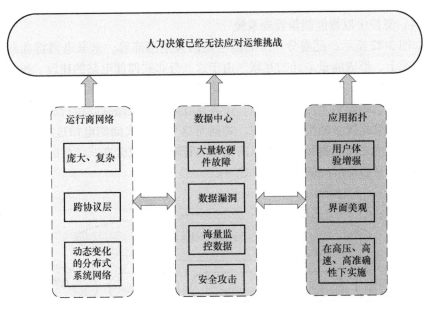

图 3-21　AI 的远程无人运维示意图

　　智能运维的概念是由 Gartner 在 2016 年提出，旨在大数据、机器学习等方法提升运维能力，其目的是为了进一步降低自动化运维中人为干扰，最终实现运维无人化、完全自动化。随着现在人工智能技术的不断发展，智能运维有望得以落地，当前许多企业都在积极探索中。GAVS、Moogsoft 等互联网公司都发布了 AIOps 的白皮书。其中，GAVS 在白皮书中提出将算法作为有竞争力的工具，并提出了构成智能运维系统的一些主要元素，包括监控生态系统、分析系统、记录系统、自动脚本系统、数据池等关键组件。同时，GAVS 也在白皮书中提出了对 AIOps 的愿景，包括提升对业务、信息、网络和设施的可见度；实时分析诊断问题并提供解决方法；实时通知警告存在问题；信息监控和行为预测等。Moogsoft 提出当今的计算能力已经变得高效、便捷、便宜；如今的算法诸如监督学习/无监督学习，已经有能力从大数据中推导出相关的含义，因此可以使用 AIOps 协助人们进行 IT 运维。2018 年 4 月，由高效运维社区发起，联合百度、阿里巴巴、腾讯等多家企业人员起草了《企业级 AIOps 实施建议》白皮书 V0.6。白皮书阐释了 AIOps 的目标是"利用大数据、机器学习和其他分析技术，通过预防预测、个性化和动态分析，直接和间接增强 IT 业务的相关技术能力，实现所维护产品或服务的更高质量、合理成本及高效支撑"。白皮书中建议"AIOps 的建设可以从无到局部单点探索，再到单点能力完善，形成解决某个局部问题的运维 AI

'学件'（也称为 AI 运维组件），再由多个具有 AI 能力的单运维能力点组合成一个智能运维流程"。

（4）集控中枢智能能量管理系统

如图 3-22 所示，随着分布式储能电站的大范围部署，未来电网将在局部消纳的基础上，形成能量单元的互联。由于这些分布式储能电站的建设、投运往往是用户自发行为，装机规模、布点位置均是业主按自身需求而定，将出现各储能单元碎片化、场景多元、点数众多、按各自既定控制策略独立运行的现象，导致储能单元以独立微小的个体而存在。如何对这些分布式储能电站进行集中控制，实现与大电网之间能量和数据的双向流动的管理，构成分布式能量的高效分配利用和传输，是亟待解决的关键技术之一。

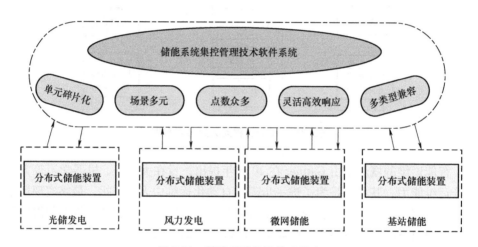

图 3-22　储能系统集控管理平台

对于当前分布式储能系统的能量管理，国内外较多地研究了单能源局域网在联网/孤岛运行模式下能量经济调度与优化分配问题，而对于多个互联能源局域网之间的能量交互问题研究相对较少。随着分布式微型产能单元的增多，多能源局域网互联互通下的能量交互模式比单能源局域网更有利于清洁能源的就地利用、就近协调，其能量管理问题不仅要考虑互联多能源局域网整体与上层高压节点（或公用电网）间的能量交互问题，而且需要考虑不同能源局域网间的能量互换数量、次序、费率等问题。同时，能源互联网需要通过信息流控制实现对众多节点间能量流的广域调度，形成集能量产、供、销统一调度的一体化能量管理与交易平台。因此，需要在明确终端用户产/用能类型的基础上，对节点的充裕性进行预判，然后通过聚合形成更高层次、更广范围内的可调度能力。

3.4　基于非线性估计的镜像储能电池系统预警技术

3.4.1　储能电池故障判断的非线性估计模型

非线性状态估计（Nonlinear State Estimation Technique，NSET）方法是一种以历史数据为基础，通过挖掘历史数据行为规律，形成对系统状态估计的非线性、非参数方法，其优势在于算法的运算简单、计算量小，比较适合于设备的实时数据监测和评估。考虑储能电池状态评估和预警的实时性，本节采用真实系统测量数据与数字模型仿真数据的偏差，构成对真实系统在参数变化过程中偏离系统正常状态模型的估计，方法的结构图如图 3-23 所示。

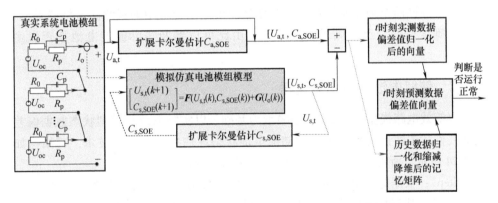

图 3-23　基于非线性状态估计的数字镜像储能电池预警结构图

假设在 k 时刻电流 $I_o(k)$ 下，真实系统实测输出电压 $U_t(k)$ 且基于扩展卡尔曼估计电池荷电状态为 $C_{SOC}(k)$，模型仿真的输出为 $U_{s,t}(k)$ 且基于扩展卡尔曼估计电池荷电状态为 $C_{s,SOC}(k)$，则组成系统偏差的观测向量 $\boldsymbol{X}_k = [\Delta U_t(k), \Delta C_{SOC}(k)]^T = [U_t(k) - U_{s,t}(k), C_{SOC}(k) - C_{s,SOC}(k)]^T$。储能电池在正常运行时，采集得到 m 个观测向量构建记忆矩阵 $\boldsymbol{D}$，见式（3-12），记忆矩阵表现出在正常运行状态下真实储能电池和数字模型行为的记忆和学习。

$$\boldsymbol{D} = [\boldsymbol{X}_1 \times, \cdots, \times \boldsymbol{X}_m]$$
$$= \begin{bmatrix} AU_t(1), \cdots, AU_t(m) \\ AC_{SOC}(1), \cdots, AC_{SOC}(m) \end{bmatrix} \tag{3-12}$$

NSET 的输入为真实储能电池输出电压和荷电状态与模型仿真输出电压和荷电状态在某一时刻的观测向量 $\boldsymbol{X}_n$，则输出为 $\boldsymbol{X}_n$ 的估计值 $\boldsymbol{X}_e$。对任意 $\boldsymbol{X}_n$，均计

算一个权值向量 $\boldsymbol{W}=[w_1,\cdots,w_m]^T$，令输出 $\boldsymbol{X}_e$ 等于记忆矩阵 $\boldsymbol{D}$ 和 $\boldsymbol{W}$ 的乘积，见式（3-13）。

$$\boldsymbol{X}_e = \boldsymbol{D} \cdot \boldsymbol{W} = \sum_{i=1}^{m} w_i \boldsymbol{X}_1 \tag{3-13}$$

其中，权值向量 $\boldsymbol{W}$ 可以通过最小化 $\boldsymbol{X}_n$ 与 $\boldsymbol{X}_e$ 的残差得到，见式（3-14）。

$$\boldsymbol{W} = (\boldsymbol{D}^T \otimes \boldsymbol{D})^{-1} \cdot (\boldsymbol{D}^T \otimes \boldsymbol{X}_n) \tag{3-14}$$

其中，$\otimes$ 为非线性运算符，常选用两个向量欧式距离表示，即行向量 $\boldsymbol{x}_\alpha$ 和列向量 $\boldsymbol{x}_\beta$ 的计算公式见式（3-15）。

$$\boldsymbol{x}_\alpha \otimes \boldsymbol{x}_\beta = \sqrt{\sum_{i=1}^{N} (x_\alpha(i) - x_\beta^T(i))^2} \tag{3-15}$$

由式（3-14）和式（3-15）可以计算出输出为 $\boldsymbol{X}_n$ 的估计值 $\boldsymbol{X}_e$，见式（3-16）。

$$\boldsymbol{X}_e = \boldsymbol{D} \cdot (\boldsymbol{D}^T \otimes \boldsymbol{D})^{-1} \cdot (\boldsymbol{D}^T \otimes \boldsymbol{X}_n) \tag{3-16}$$

若实际储能电池正常运行，状态变量能被记忆矩阵中的观测向量精确重构、估计准确度较高，反之则准确度较低，由此可以判断实际储能电池是否发生异常。

3.4.2　储能电池故障判断流程

以等效电路模型+扩展卡尔曼模型为基础、以实际系统与模型状态数据偏差的非线性状态估计为预警模型的储能电池状态评估方法和预警技术，其结构如图 3-24 所示，所提方法的流程如图 3-24 所示，具体步骤如下：

Step1：根据等效电路和实验数据，整定参数构建储能电池的数学模型；

Step2：基于数学模型，利用扩展卡尔曼滤波方法形成对储能 C_{SOC} 的估计，形成储能电池模型的 2 个状态量（输出电压和荷电状态）；

Step3：基于历史数据计算模型仿真结果，以实际系统数据与模型仿真结果在两个状态变量上的偏差为观测值，归一化处理后形成记忆矩阵，并根据各历史数据的欧式距离，缩减记忆矩阵维度，形成基于数据-模型混合驱动的非线性状态估计模型；

Step4：实测真实系统的输出电压、荷电状态以及输出电流，以输出电流为控制量获得 Step 2 所得电池模型的仿真结果；

Step5：计算实际测量值与模型仿真值在输出电压和荷电状态的偏差并归一化处理，基于 Step 3 所得非线性状态估计模型，计算所得数据-模型在输出电压和荷电状态偏差的估计值；

Step6：根据计算所得数据-模型在输出电压和荷电状态偏差的估计值，判读其是否达到预警裕度。

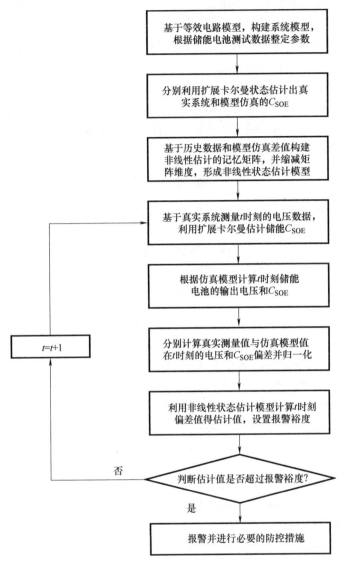

图 3-24　基于非线性估计的电池预警方法

3.5　本章小结

　　本章主要围绕电化学储能系统关键设备建模进行介绍，介绍了电化学储能的等效电路模型、电化学模型以及电化学储能电站数字镜像化技术。

电化学储能主要包括铅酸电池、锂离子电池、液流电池等。电化学储能系统可以在发电侧、电网侧以及用户侧等多个领域有广泛应用潜力，但不同应用场景对电池特性要求不尽相同，只有对电池进行详细建模，才能准确表征电池自身状态、健康水平。通过对比单体电池的 Rint、Thevenin、PNGV 等多种等效电路建模方法，阐述了不同单体模型在多种应用场景下的优势和局限性。建立了铅酸电池、锂离子电池、液流电池的电化学模型，并进一步介绍了电化学储能电站数字镜像化技术，阐述了当前通过数字镜像化技术实现储能电站运行状态预测技术与故障早期预警技术的方法，为电化学储能系统的安全运行提供了思路。

参 考 文 献

［1］ 李晓鹏，袁学庆，李博，等. 考虑温度影响的锂电池等效电路建模及研究 ［J］. 电测与仪表，2019，56（3）：35-41.

［2］ 李建林，徐少华，惠东. 百 MW 级储能电站用 PCS 多机并联稳定性分析及其控制策略综述 ［J］. 中国电机工程学报，2016，36（15）：4034-4047.

［3］ United States Idaho National Engineering & Enviormental Laboratory，PNGV Battery Test Manual ［D］. Revision3，2001.

［4］ BULLER S，THELE M，DONCKER R W A D，et al. Impedance-based simulation models of supercapacitors and Li-ion batteries for power electronic applications ［J］. IEEE Transactions on Industry Applications，2005，41（3）：742-747.

［5］ TSANG K M，SUN L，CHAN W L. Identification and modelling of Lithium ion battery ［J］. Energy Conversion and Management，2010，51（12）：2857-2862.

［6］ BERRUETA A，URTASUN A，URSÚA A，et al. A comprehensive model for lithium-ion batteries：From the physical principles to an electrical model ［J］. Energy，2018，144：286-300.

［7］ RENGASWAMY R，NARASIMHAN S，KUPPURA V. Receding Nonlinear Kalman（RNK）Filter for Nonlinear Constrained State Estimation ［J］. Computer Aided Chemical Engineering，2011，29：844-848.

［8］ LIPPERT M. Battery modelling for energy storage ［J］. Power Engineering International，2018，26（5）：32-35.

［9］ ZAHEDI A，SMIEEE. Development of an electrical model for a PV/battery system for performance prediction ［J］. Renewable Energy，1998，15（1）：531-534.

［10］ 朱方方，王康丽，蒋凯. 基于 Simulink 的锂离子电池建模与仿真研究 ［J］. 电源技术，2019，43（3）：434-436，489.

［11］ 马群. 基于中心差分卡尔曼滤波的动力电池 SOC 估算研究 ［D］. 长春：吉林大学，2014.

［12］ 陈息坤，孙冬. 锂离子电池建模及其参数辨识方法研究 ［J］. 中国电机工程报，2016，36（22）：6254-6261.

[13] Martin Coleman, William Gerard Hurley, et al. An improved battery characterization method using a two-pulse load test [J]. IEEE Transactions on Energy Conversion, 2008, 23 (2), 708-713.

[14] 杨杰, 王婷, 杜春雨, 等. 锂离子电池模型研究综述 [J]. 储能科学与技术, 2019, 8 (01): 58-64.

[15] 寇睿媛, 王顺利, 屈维. 锂离子蓄电池 PNGV 等效电路模型构建方法研究 [J]. 电源世界, 2015 (07): 41-44.

[16] 熊会元, 洪佳鹏, 王攀, 等. 基于正态分布的锂电池组建模仿真 [J]. 电源技术, 2019, 43 (10): 1626-1629.

[17] 李建林, 徐少华, 惠东. 百 MW 级储能电站用 PCS 多机并联稳定性分析及其控制策略综述 [J]. 中国电机工程学报, 2016, 36 (15): 4034-4047.

[18] 林成涛, 仇斌, 陈全世. 电动汽车电池功率输入等效电路模型的比较研究 [J]. 汽车工程, 2006 (03): 229-234.

[19] Technology - Vehicle Technology; Findings in the area of vehicle technology reported from University of Wisconsin (Development of an equivalent circuit for batteries based on a distributed impedance network) [J]. Journal of Transportation, 2020.

[20] 梁新成, 张勉, 黄国钧. 基于 BMS 的锂离子电池建模方法综述 [J]. 储能科学与技术, 2020, 9 (06): 1933-1939.

[21] 李建林, 李雅欣, 周喜超, 等. 储能商业化应用政策解析 [J]. 电力系统保护与控制, 2020, 48 (19): 168-178.

[22] 屈星, 李欣然, 盛义发, 等. 面向广义负荷的电池储能系统等效建模研究 [J]. 电网技术, 2020, 44 (03): 926-933.

[23] 李建林, 屈树慷, 黄孟阳, 等. 锂离子电池建模现状研究综述 [J]. 热力发电, 2021, 50 (07): 1-7.

[24] 李建林, 屈树慷, 周毅, 等. 双碳目标下储能电站相关技术分析 [J]. 电器与能效管理术, 2021 (11): 8-14.

[25] Hongwen He, Rui Xiong, Jinxin Fan. Evaluation of Lithium-Ion Battery Equivalent Circuit Models for State of Charge Estimation by an Experimental Approach [J]. Energies, 2011, 4 (4): 582-598.

[26] 郑旭, 郭汾. 动力电池模型综述 [J]. 电源技术, 2019, 43 (03): 521-524.

[27] Cai Y, Cancian M, D'Arpino M, et al. A generalized equivalent circuit model for large-scale battery packs with cell-to-cell variation [C]//IEEE National Aerospace and Electronics Conference. IEEE, 2019.

[28] Ziese J, Franke M, Kowal J. Evaluation and comparison of two approaches to capture the electrical behaviour of battery cells [J]. The Journal of Energy Storage, 2020, 30 (1-2): 101463.

[29] Martin Coleman, William Gerard Hurley, et al. An Improved Battery Characterization Method Using a Two-Pulse Load Test [J]. IEEE Transactions on Energy Conversion, 2008, 23

（2）：708-713.

[30] 戴银娟，郭佑民，高锋阳，等. 基于粒子滤波算法的车载储能元件 SOH 预测方法研究 [J]. 铁道科学与工程学报，2019，16（10）：2572-2577.

[31] 魏克新，陈峭岩. 基于多模型自适应卡尔曼滤波器的电动汽车电池荷电状态估计 [J]. 中国电机工程学报，2012，32（31）：19-26+214.

[32] 汪玉洁. 动力锂电池的建模、状态估计及管理策略研究 [D]. 合肥：中国科学技术大学，2017.

[33] 刘巨，姚伟，文劲宇，等. 一种基于储能技术的风电场虚拟惯量补偿策略 [J]. 中国电机工程学报，2015，35（07）：1596-1605.

[34] 李秀磊，耿光飞，季玉琦，等. 主动配电网中储能和需求侧响应的联合优化规划 [J]. 电网技术，2016，40（12）：3803-3810.

[35] 徐东辉. 锂电池一阶 RC 等效电路模型的动力学特性分析 [J]. 电源技术，2021，45（11）：1448-1452.

[36] 李伟，刘伟嵬，邓业林. 基于扩展卡尔曼滤波的锂离子电池荷电状态估计 [J]. 中国机械工程，2020，31（03）：321-327+343.

[37] 施天珍. 基于高阶 PNGV 模型的动力电池 SOC 估计 [D]. 南京：南京理工大学，2014.

[38] 刘雨辰，周飞，徐帅，等. 电热耦合模型与 UKF 组合估算电池温度与 SOC [J]. 电源技术，2021，45（02）：166-172.

[39] MEI Wenxin, DUAN Qiangling, ZHAO Chunpeng, et al. Threedimensional layered electro-chemical-thermal model for a lithium-ion pouch cell Part II. The effect of units number on the performance under adiabatic condition during the discharge [J]. International Journal of Heat and Mass Transfer, 2020, 148.

[40] 张永锋，俞越，张宾，等. 铅酸电池现状及发展 [J]. 蓄电池，2021，58（01）：27-31.

[41] 丁玲. 电动汽车用动力电池发展综述 [J]. 电源技术，2015，39（07）：1567-1569.

[42] 陆亚山，杨宝峰，王金良，等. 碳纤维板栅在铅蓄电池中的研究与应用 [J]. 电池工业，2016，20（01）：20-22+38.

[43] Meyers Jeremy P, de Guzman Rhet Caballes, Swogger Steven W, et al. Discrete carbon nanotubes promote resistance to corrosion in lead-acid batteries by altering the grid-active material interface [J]. Journal of Energy Storage, 2020, 32.

[44] 沈浩宇，陈理，王冰冰，等. 泡沫铅板栅的比表面积对铅酸电池性能的影响 [J]. 储能科学与技术，2020，9（03）：856-860.

[45] 周荣. 高电压锂离子电池用功能电解液的研究 [D]. 厦门：厦门大学，2018.

[46] 高敬园. 锂电池负极材料的研究进展 [J]. 广东化工，2020，47（03）：115-116.

[47] 黄健. 退役锂离子电池的状态评估及一致性筛选方法 [D]. 上海：东华大学，2021.

[48] 杨鑫，陈娟，常海涛. 锂离子电池正极钴酸锂研究进展 [J]. 电池工业，2022，26（01）：26-29+46.

［49］　Qin Changdong, Jiang Yuyuan, Yan Pengfei, et al. Revealing the minor Li-ion blocking effect of LiCoO$_2$ surface phase transition layer［J］. Journal of Power Sources, 2020, 460.

［50］　刘津宏. 功能添加剂对锰酸锂电池的性能影响研究［D］. 广州：华南理工大学, 2019.

［51］　张长煦, 倪子潇. 车用三元锂电池与磷酸铁锂电池对比分析［J］. 汽车实用技术, 2019（23）：28-29+65.

［52］　胡浪, 乔俊叁. 锂离子动力电池发展现状及应用前景［J］. 时代汽车, 2021（01）：88-89.

［53］　李建林, 张则栋, 谭宇良, 等. 碳中和目标下储能发展前景综述［J］. 电气时代, 2022, 484（01）：61-65.

［54］　李建林, 张则栋, 李雅欣, 等. 碳中和目标下移动式储能系统关键技术［J］. 储能科学与技术, 2022, 11（05）：1523-1536.

［55］　李建林, 肖珩. 锂离子电池建模现状综述［J］. 储能科学与技术, 2022, 11（02）：697-703.

［56］　李建林, 谭宇良, 赵锦, 等. 电网侧储能发展态势及技术走向［J］. 电器与能效管理技术, 2020, 590（05）：1-6.

［57］　谢志佳, 李建林, 程伟, 等. 储能电站降低光伏电站弃光率需求分析［J］. 电器与能效管理技术, 2018, 538（01）：18-24.

［58］　王苏杭, 李建林, 李雅欣, 等. 锂离子电池系统低温充电策略［J］. 储能科学与技术, 2022, 11（05）：1537-1542.

［59］　李红霞, 李建林, 米阳. 新能源侧储能优化配置技术研究进展［J］. 储能科学与技术, 2022, 11（10）：3257-3267.

［60］　肖珩, 李建林, 李雅欣, 等. 电化学储能电站 NPC 三电平变流器仿真建模研究［J］. 太阳能学报, 2022, 43（05）：438-445.

［61］　李建林, 姜冶蓉, 方知进. "双碳"战略下储能利好政策解析［J］. 电气时代, 2021, 480（09）：8-10.

第4章
电网侧预制舱式储能消防安全

4

4.1 国内外研究现状

4.1.1 国外研究现状

在储能系统领域，国外在基础标准规范、安装标准规范、储能系统整体标准规范和组件标准规范 4 个层级中形成了相对完善的标准规范体系，除了锂离子电池及电池组的安全标准测试方法之外，近年来相关国家还制定了专门针对储能系统锂离子电池安全的标准，如美国 UL 标准 UL 9540A《电池储能系统热失控火灾蔓延评价测试方法》、日本标准《电力贮存用电池规程》以及美国消防协会标准 NFPA 855《固定式储能系统安装标准》等[1-4]。

4.1.2 国内研究现状

近年来，江苏、河南、湖南、青海、福建等电网侧百兆瓦级锂离子电池储能电站相继建设、投运，在平抑新能源电力波动、提升清洁能源外送能力、电网调峰、调频、电力辅助服务等领域发挥重要作用，大容量集装箱式锂离子电池储能系统成为未来发展的趋势[5-6]。我国部分研究机构近年来开展了储能电池火灾防护技术研究、电化学储能电池热失控实验检测技术研究等基础性课题研究，主要针对单体电池及电池模块级别，对锂离子电池储能柜、电池簇及储能系统开展的相关试验研究较少，相关安全测试方法、标准规范尚未建立健全[7]。在产品应用方面，目前针对锂离子电池消防普遍采用传统的七氟丙烷灭火装置，该装置灭火针对性不强，对大规模锂离子电池储能系统的灭火效果也不明晰，满足不了当前储能电站建设及发展的需要[8]。在储能标准体系建设方面，我国已颁布的标准涵盖了储能系统通用技术条件、储能系统规划设计、接入电网规定、电池本体技术要求、装备技术条件等方面的内容。而在储能电站消防安全方面，仅中电联于 2020 年发布由国网江苏省电力有限公司等单位牵头组织编制的团体标准 T/CEC 373—2020《预制舱式磷酸铁锂电池储能电站消防技术规范》，对预制舱式磷酸铁锂电池储能电站的消防工程设计、建设、运维技术给出了规范性要求。目前，亟需开展电池储能系统消防安全方面的标准体系建设，最大程度降低发生危险事故的概率。

4.2　火灾风险识别技术

首先说明锂离子电池火灾特征及热失控机理。一般来说，锂离子电池安全问题的发生主要是因为锂离子电池电解液体系是 $LiPF_6$ 的混合碳酸酯溶液，此类溶剂挥发性高、闪点低、易燃烧。当内部短路、过充，就会产生大量的热，导致电池温度上升[9-12]。当达到一定温度时，就会发生一系列分解反应，使电池的热平衡受到破坏。这些由副反应产生的异常热量如果得不到及时释放，就会进一步加剧反应的进行，导致电池急剧增温造成热失控，进而导致燃烧、爆炸等连锁反应。锂电池火灾过程大致分为如下 4 个阶段：升温阶段；初爆阶段；漏液阶段；复燃阶段。当单个电池燃爆后，就可能引发相邻电池发生燃爆，随着每个电池发生爆裂并泄漏电解液，就会产生一种反复燃烧的火焰。当一定数量的锂电池热失控蓄积了一定的热量和温度，就会引起大规模同时燃爆[13-16]。此时若没有采取有效措施，集装箱内锂电池将会燃爆，造成严重危害，越到后期，危害越大。锂电池燃爆会产生大量有毒烟雾，严重污染周围环境，会导致头晕恶心，可以认定锂电池火灾为 B、C、D、E 类的复合型火灾，给扑灭锂电池火灾造成极大的困难[17-18]。

对于全电池在高温下具体的热失控行为，可以分析得到每个热失控行为阶段相关反应的热、动力学特性，从而说明全电池的热失控机理。锂离子电池的安全问题主要表现在过热、过充、机械冲击下导致的短路，或者因为自身化学反应因素导致锂离子电池内部温度上升导致热失控造成安全事故的发生。当电池内部短路、过充，就会产生大量的热，导致电池温度上升。当达到一定温度时，就会导致一系列分解反应，使电池的热平衡受到破坏。这些由副反应产生的异常热量如果得不到及时释放，就会进一步加剧反应的进行，电池温度急剧升高，液态电解质达到沸点，在正极析氧、内部热失控的条件，具备燃烧的三要素（氧化剂、还原剂、温度），最终导致电池的燃烧引发电池火灾。当一定数量的锂电池热失控蓄积了热量和温度，就会引起大规模锂离子电池同时燃爆。图 4-1 为锂离子电池热失控过程分析。

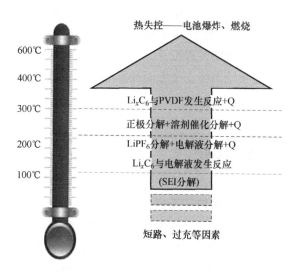

图 4-1 锂离子电池热失控过程分析

4.3 吉瓦级电化学储能电站安防体系

4.3.1 吉瓦级电化学储能电站安防体系概述

为响应 2030 年碳达峰战略和促进清洁电能转型，吉瓦级新能源+电化学储能的发展模式值得重点关注[19]。作为一种灵活的储能资源，电化学储能近年来发展迅猛，已建成多个百兆瓦级示范工程。随着国内吉瓦级电化学储能电站的示范项目确立，青海省政府已经与国网综能集团/中国诚通集团分别签署吉瓦级电化学储能电站战略合作协议，计划在格尔木、乌图美仁等多个地区部署 1GW・h/2GW・h 电化学储能电站，山西、福建、河南等地也已经开始了对吉瓦级电化学储能电站建设的探讨并逐渐进入部署阶段。但是电化学储能电站安全始终是制约电化学储能发展的瓶颈，吉瓦级电化学储能电站的信息构架是其安防体系的基础支撑，而安防体系是电站信息构架的数据终端以及整个电站安全稳定运行的保障[20]，两者环环相扣，密不可分，因此研究吉瓦级电化学储能电站的信息构架及其安防体系具有重大意义。

吉瓦级电化学储能电站的信息构架要满足其分布式站址的信息传输需求，并能够为安防体系的预警与消防环节提供准确、及时的数据支撑，以提高设备使用效率、运行寿命的同时优化电站经济性与安全性[21]。传统百兆瓦级电化学储能电站规模较小，其数据传输为多个集装箱并行上传至数据中心，数据量较小；由于吉瓦级电化学储能电站的技术尚难以支撑单站规模达到吉瓦级，因此前期示范工程应为分布式站址，同时需要接受省调的统一调度，各个百兆瓦级子站需要与省级调度中心进行数据交互。因此，吉瓦级电化学储能电站面临两大问题：

1）单站规模远超目前 100~200MW 级电化学储能电站，其信息构架承受的数据量显著增多，在与省调通信过程中，数据传输延迟也将导致省调指令存在偏差；

2）由于单站规模增大，其安全问题也更为突出，一旦某个集装箱发生火灾，吉瓦级电化学储能电站部分停运将导致严重经济损失，因此有必要深入研究其安防体系，增强吉瓦级电化学储能电站安全性。

目前，国内的吉瓦级电化学储能电站示范工程正逐渐走入正轨，在不远的将来逐渐建设并投运。为推动吉瓦级电化学储能电站信息构架与安防体系的研究发展，本章从通信与监测、状态评估与维护、预警与消防三个角度入手进行分析，具体工作如下：分析吉瓦级电化学储能电站的整体信息架构，讨论在储能电站向吉瓦级规模发展的过程中可能的问题及可行对策；梳理吉瓦级电化学储能电站状态评估与运维关键技术，剖析电站状态评估与运维的技术形势；面向吉瓦级电化学储能电站的安防问题，从预警与消防两个角度入手，分析故障预警及火灾消防措施，可以为吉瓦级电化学储能电站安防体系建设提供参考。

4.3.2　储能电站信息构架

以现有的技术条件而言，单站达到吉瓦级规模技术难度较大，因此在吉瓦级电化学储能电站建设前期，应以分布式吉瓦级电化学储能电站形式建立示范工程，与传统百兆瓦级电化学储能电站相比，吉瓦级电化学储能电站信息架构体现出分布式、集中控的特点。多个百兆瓦级子站在进行站内管控的同时，还需接受省调的统一调度，作为一个整体储能资源为区域电网提供服务。因此，海量数据汇聚于省调部门，省调需要据此判断吉瓦级电化学储能电站整体状态。建设可传输、处理海量数据的电站信息架构，同时提高电站安全性，是吉瓦级电化学储能电站面临的严峻挑战。

吉瓦级电化学储能电站的信息架构与安防体系如图 4-2 所示，在集装箱中 BMS、EMS 采集、汇集数据后送至调度中心，总站进行电池等关键设备的状态评估，生成对应的预警动作信号、设备维护指令等，指令下发至 EMS，控制电池集装箱故障隔离并利用多级消防消除火灾事故，提高吉瓦级电化学储能电站安全性[22]。

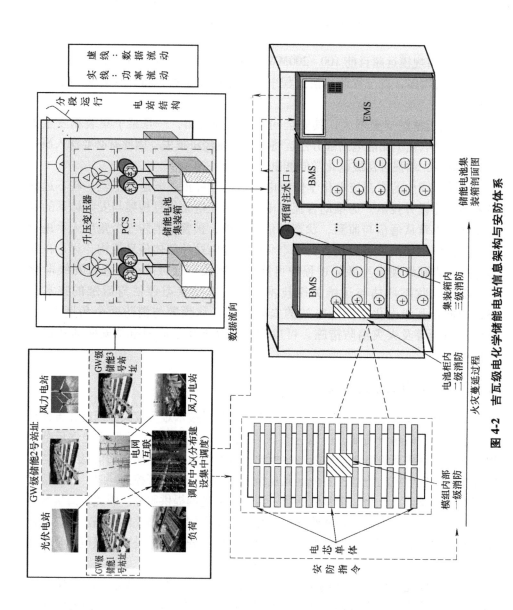

图 4-2 吉瓦级电化学储能电站信息架构与安防体系

184

1. 吉瓦级电化学储能电站整体信息架构

吉瓦级电化学储能电站子站规模可达数百兆瓦级别,接受省调的统一调配。一方面,电站整体的运行模式由省调根据当前电力系统运行情况进行调度,相比传统百兆瓦级电化学储能电站而言,子站运行模式难以自主控制,因此电站的信息架构也将相应改变;另一方面,多个子站之间存在相互间通信,因此面临百兆瓦级电站间数据交互、信息共享问题。

吉瓦级电化学储能电站信息架构包括储能电池、PCS、站内变压器等电气元件模块以及监控装置、消防装置、电源装置等,而通信系统是各个部件以及站内通信总站之间连接的桥梁[23];另外,与百兆瓦级电化学储能电站相比[24],为了集成吉瓦级规模的电化学储能电池,同一区域电网内的百兆瓦级子站数量将明显增多,为保证吉瓦级电化学储能电站接受调度指令的响应速度以及整体性,各个子站之间的信息交互也将更为频繁。

电站规模扩大导致的监控对象增多带来了新的难题:百兆瓦级电化学储能电站仅单个电池堆每秒上行及下行数据就达到数千至上万个,吉瓦级电化学储能电站必然面临海量数据的处理问题;当出现异常,如何在海量电池中定位故障电池,以及在哪个管控层级切除故障电池[25]。针对上述问题,需要对吉瓦级电化学储能电站 BMS、PCS、EMS、数据中心等关键组成部分在整体信息构架中安置位置、监控功能、职责范围等进行讨论,分析吉瓦级电化学储能电站对信息构架需求,以总结可行的技术路线。吉瓦级电化学储能电站的通信结构如图 4-3 所示。

2. 吉瓦级电化学储能电站关键设备数据

以吉瓦级电化学储能电站的信息架构为监测、控制、告警等数据提供传输通道,因此可以通过分析数据传输的需求及其走向,归纳出电站整体信息构架的不足及其改进方法[26]。BMS 汇总各个电池模组所采集的数据,并内置直接故障隔离功能;同一个集装箱内的 BMS 信息在 EMS 处汇集并进行简化处理,加大其采样间隔以减小数据量,并对下属 BMS 进行控制;最终子站的全部 EMS 数据上报数据中心,进行电站级别的整体调度与控制[27]。

(1) BMS 监测数据

电池管理系统(Battery Management System, BMS)是对电池单体及电池簇进行监测的装置,在发生异常时及时对电池进行保护。根据标准 T/CEC 176—2018《大型电化学储能电站电池监控数据管理规范》[28] 及 GB/T 34131—2018《电化学储能电站用锂离子电池管理系统技术规范》[29] 可整理出表 4-1,国家标准中对 BMS 电池监测的测点、监测数据类别、采样准确度、采样频率等给出建议;同时也对 BMS 的功能给出建议,应能够计算 SOC、SOE 等状态参数,对故障进行诊断及电气保护,管理电芯过充、过放、过温及不均衡状况,并具备统计及通信、记录功能。表 4-1 为上述标准中对于 BMS 采集数据的要求。

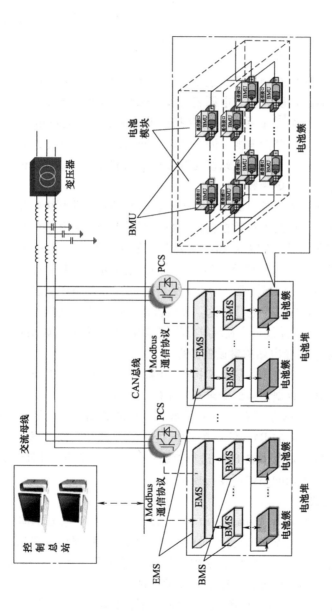

图 4-3 吉瓦级电化学储能电站通信结构

表 4-1　兆瓦及百兆瓦级储能电站 BMS 采集数据标准

数据	数据量/簇	检测/估算准确度	数据存储周期	采样周期
电芯电压	200~300	±0.3%	5~10s	≤100ms
簇中电压	20~30	±1%	5~10s	≤100ms
电池簇电流	1	±0.5A	5~10s	≤100ms
模组温度	10~30	±2℃	5~10s	≤500ms
电池簇 SOC	1	8%	5~10s	≤100ms
电芯 SOE	150~200	8%	5~10s	3s

表 4-1 为兆瓦及百兆瓦级储能电站采集数据的标准，目前国内兆瓦级电化学储能电站以及百兆瓦级储能电站，电压及温度采样周期均遵循表 4-1 中要求，且如青海等部分百兆瓦级电站可达 15ms/次采样。在兆瓦级电站向百兆瓦级电站发展过程中，储能集装箱数据量没有明显变化，可以预见，吉瓦级电化学储能电站的集装箱数据量与百兆瓦级储能电站相比将不会出现显著变化。

虽然单个集装箱数据量没有显著变化，但集装箱的数量增长为数据中心的数据汇总带来了很大压力。吉瓦级电化学储能电站集装箱数量是百兆瓦级电化学储能电站的十倍。一方面，目前 BMS 之间多使用穿行通信，虽然对通信线路要求低，传输速度却很慢，在数据上传中难免出现通信延迟、抢占通信信道等问题，且一旦某个 BMS 出现故障，其下顺位的 BMS 将无法继续通信；另一方面，十倍于百兆瓦级电化学储能电站的数据量汇集于数据中心，给数据处理、数据记录、跟踪设备信息等重要功能带来了困难，因此 BMS 需要向智能化发展，增加 BMS 中的数据处理以及控制功能，尽量减少数据中心中汇总的数据量，以此优化电站数据结构[30]。BMS 是数据采集的终端，也是吉瓦级电化学储能电站监控电池状态的基础设备，其技术发展对电站的安全性以及经济效益具有重要意义。对吉瓦级电化学储能电站 BMS 可提出以下发展建议：

1）优化 BMS 向上通信方式，研究并行通信可行性，将每个 BMS 作为独立测控终端与上级通信，减小 BMS 向上传输数据时抢占通信信道带来的数据延迟问题。

2）增加 BMS 智能化程度，将低难度的数据处理、逻辑判断及控制功能集成于 BMS 之中，可以减少上层数据中心的数据处理压力，优化电站整体数据结构。

（2）PCS 运行调度

吉瓦级电化学储能电站中的功率变换器（Power Control System，PCS）是储能电池与电网连接的桥梁，通常多个电池簇挂载在同一 PCS 低压直流母线上，PCS 对电池输出功率进行直流到交流的变换，然后根据吉瓦级电化学储能电站不同的应用场景，直接接在交流母线送出或经过变压器升压接入高压交流输电线上传输。

对吉瓦级规模储能电站而言，其 PCS 并网存在两个主要问题：

1）吉瓦级电化学储能电站需要多台 PCS 并联提高功率转换能力，由于并网时一般采用 LCL 滤波器，因此面临谐振尖峰数量增多导致系统失稳的问题[31]；

2）主流 PCS 器件难以精确控制，且 PCS 升压能力不足，需要变压器升压才能并入电网。针对以上问题，可以对吉瓦级电化学储能电站 PCS 技术走向提出以下建议：

① 针对吉瓦级电化学储能电站多 PCS 并联谐振尖峰问题，可考虑如有源阻尼控制、下垂控制等 PCS 控制策略，提高电站并网安全性。

② 面向未来柔性直流输电的电网发展趋势，可以结合模块化多电平换流器（Modular Multi-level Converter，MMC）等新型技术设立试点集装箱，探索 MMC 直接并网的可行性。

（3）EMS 数据汇流

能量管理系统（Energy Management System，EMS）是用于信息计算、记录、信息上报及下行指令控制的装置，每个集装箱配备一台 EMS。每一个集装箱中的 EMS 可以对此集装箱数据进行汇总，并进行与上级的通信，将监测数据以及估计出的电池 SOC 等状态数据、某些故障发生后 BMS 上传的告警信号等数据上传。吉瓦级电化学储能电站规模较大，因此站内集装箱数量众多，为 EMS 的能量管理、策略制定等功能的同时工作带来了压力。而目前国内多数储能电站集装箱的 BMS 中尚未集成计算、控制等功能，仅供数据的汇总、上传。各集装箱 EMS 汇总数据后数据压力大，因此工程应用中 EMS 将对数据进行采样，在不影响状态监测的情况下减少数据量。图 4-4 所示为吉瓦级电化学储能电站数据流向图。

根据现行 GB/T 34131—2017《电化学储能电站用锂离子电池管理系统技术规范》[32]，大规模储能电池管理系统应尽量采用多层次结构。但目前 EMS 运行压力大，主要原因在于：

1）目前 BMS 集成功能较少，EMS 需要同时进行储能电池的能量管理、电气设备监控等。

2）EMS 还需要管理 PCS，制定 PCS 动作策略并对其进行控制。

为解决上述问题，可以将 EMS 功能分散，设立功率控制器（Power Management System，PMS）进行 PCS 策略制定及控制，而 EMS 仅负责储能电池能量管理及电气设备监控，保障系统的安全稳定运行。吉瓦级电化学储能电站数据量更大，因此将其控制功能层级化、分散化将有助于减小设备运行压力，提高控制实时性，保障电站安全。

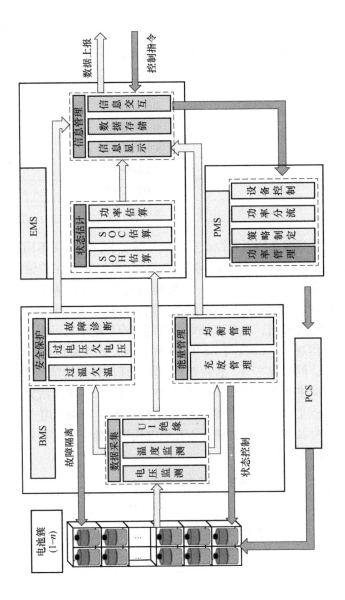

图 4-4　吉瓦级电化学储能电站数据流向

3. 监控系统

典型大规模电化学储能电站的组网方式如图 4-5 所示，依据标准 Q/GDW 1887—2013《电网配置储能系统监控及通信技术规范》[33] 中规定，大规模电化学储能电站监控系统分为站控层、间隔层和过程层。其中对于监控系统整体可靠性指标以及实时性指标存在如表 4-2 所示要求。

表 4-2　储能系统可靠性与实时性指标

系统可靠性指标		系统实时性指标	
模拟量综合误差	≤1%	系统控制响应	<1s
遥测合格率	≥98%	画面调用时间	<3s
遥信正确率	≥99%	实时数据查询	<3s
遥控正确率	≥99.9%	历史数据查询	<10s
系统可考虑	>99%	遥测信息响应	≤3s
平均无故障时间	≥2 万 h	遥信变化响应	≤2s

依据表 4-2 中所示储能系统可靠性与实时性指标要求，可以在不同层级选择以太网、CAN 现场总线、RS485 三种组网方式。三种组网方式在传输距离、传输速率等方面存在显著差异。以太网是一种传输距离远、传输速率快的组网方式，其安全性能也较好，但远距离传输时成本较高，且对环境要求很高，因此仅适用于站控层内部及对外通信，在环境较好的就地监控系统中也可以使用。以太网支持 IEC 61850 通信规约；CAN 与 RS485 两种组网方式各有优劣：CAN 具有非常好的环境适应性，同时成本低，长短距离传输表现均较为优异，但由于其传输方式为半双工，因此主要在间隔层及过程层之中使用；RS485 从站异常将影响下一从站通信，且节点上只能有一个数据发送端，因此将 RS485 用于监控结构终端的单方面动作信号及响应信号传输。吉瓦级电化学储能电站监控系统架构及其组网方式如图 4-5 及表 4-3 所示。

表 4-3　组网方式对比

组网方式	以太网	CAN	RS485
通信规约	IEC 61850	CAN2.0B	MODBUS
距离/km	—	0.1/10	0.1/2
速率/(Mbit/s)	—	1/0.05	10/0.005
安全性能	高	中	低
环境要求	高	低	中

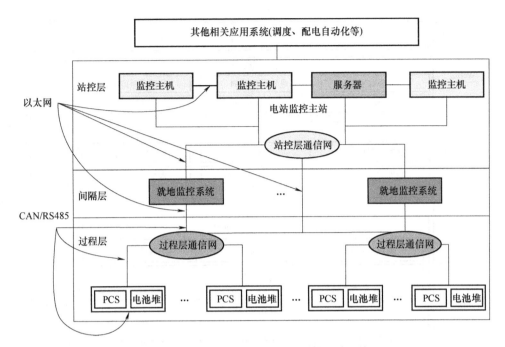

图4-5　吉瓦级电化学储能电站监控系统架构

吉瓦级电化学储能电站 EMS 需要处理海量数据，但通过控制采样频率可以控制其数据量；当数据汇总于站内的数据中心，多维度、多样化、巨大数据量将是对吉瓦级电化学储能电站的 EMS、储能数据中心信息处理能力的巨大考验。因此，针对吉瓦级电化学储能电站数据量庞大、设备维护难的问题，有必要建立基于大数据的储能监控云平台，根据用户不同的工作负载进行动态的资源调整[34]。其主要服务包括"基础设施即服务（Infrastructure as a Service, IaaS）""平台即服务（Platform as a Service, PaaS）""软件即服务（Software as a Service, SaaS）"三种功能。吉瓦级电化学储能电站大数据云平台架构如图4-6所示。

利用云平台 IaaS 服务可以对吉瓦级电化学储能电站数据监测、告警等实时性要求高的数据进行处理，将计算设备、网络设备、存储设备等基础设施进行虚拟化并封装，以便数据的计算、估计、拟合等；利用云平台 PaaS 对数据进行计算以及深度挖掘。使用云平台提供的服务进行吉瓦级电化学储能电站的数据处理，比起 EMS 等设备和数据中心的数据处理能力，云平台可调用动态资源空间，因此实际应用中由于其占用内存过大的估计算法、预测算法等均可以使用，能够增加数据处理准确性；利用云平台 SaaS 可以优化调度中心办公利用云平台数据空间大的特点，可以建立吉瓦级电化学储能电站设备全寿命周期数据库，追踪每个设备的出场数据、运行时长、折损情况等，便于数据预测及预警、制定运行计

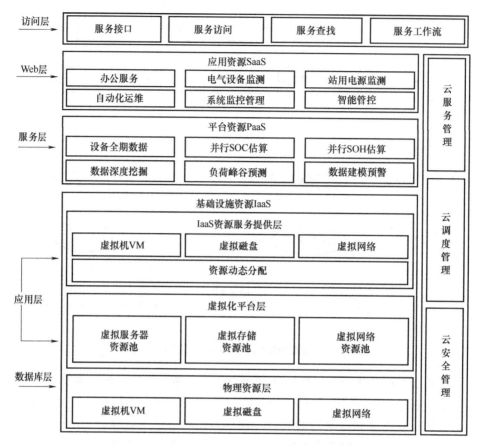

图4-6 吉瓦级电化学储能电站大数据云平台架构

划、设备维护检修计划等的制定。

吉瓦级电化学储能电站的信息架构将出现大数据量、更低时延要求的变化，应按照现有标准与规范中的要求，保障信息安全性与传输稳定性的前提下，对数据进行精简处理，同时可探索更高性能的数据传输技术，建立结构更合理、准确性更高、实时性更高的吉瓦级电化学储能电站信息架构。

4. 吉瓦级电化学储能电站状态评估及运维

吉瓦级电化学储能电站监控系统采集储能电池的电流、电压等状态信息后，其巨大数据量使得对数据进行决策必须借助明确的、有效的快速决策方法，因此需要建立数据评价指标体系，依据评价指标体系评估吉瓦级电化学储能电站运行状态，针对吉瓦级电化学储能电站的不同运行状态进行调度、检修、告警等指令。然而，如储能电池荷电状态（State Of Charge，SOC）[35]和储能电池健康状态（State Of Healthy，SOH）两种最为关键的储能电池状态量无法直接测量得到，因此需要使用参数整定方法结合改进卡尔曼滤波算法对 SOC 以及 SOH 进行估计。

　　对于吉瓦级电化学储能电站而言，SOC 和 SOH 是储能电池最重要的两个状态量。SOC 与 SOH 均无法直接测量得到，因此需要根据其原理进行估计。图 4-7 所示为 SOC 与 SOH 联合估计流程图。

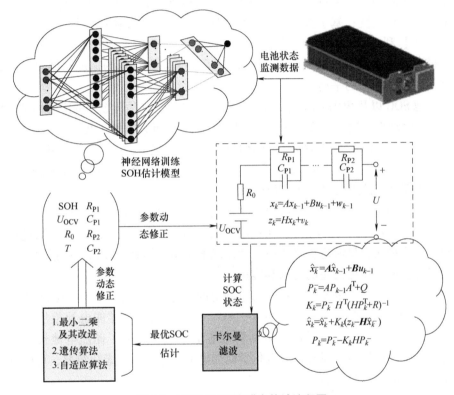

图 4-7　SOC 与 SOH 联合估计流程图

　　目前对于电池 SOC 与 SOH 的估计主要分为独立估计与联合估计。其中，独立估计在对其中一个参数进行估计时忽略另一参数对其影响，在前一参数确定后估计另一参数。参考文献［36］使用开路电压法计算电池 SOC，之后使用 SOC 对 SOH 进行估计，此方法较好地减小了电池模型非线性带来的估计误差，但未考虑 SOH 变化对于 SOC 估计带来的误差。参考文献［37］采用拓展卡尔曼滤波对 SOC 进行估计，然后利用拟合算法获得内阻，从而对 SOH 进行估计，同样未考虑 SOH 与 SOC 之间的耦合关系，从而引入了估计误差。独立估计方法计算结构简单，但其缺点在于忽略了 SOC 与 SOH 之间的耦合关系，导致其预测准确度下降。

193

联合估计考虑了 SOC 与 SOH 之间的耦合关系，是建立 SOC 与 SOH 之间的联合模型，在 SOC 与 SOH 的每次计算中都考虑对方带来的影响，将对方当作变化的参数进行估计。其中，依赖模型的 SOC 与 SOH 估计使用双观测器实现二者的估算，并在估算过程中相互迭代。参考文献［38］使用在线自适应电路模型，通过卡尔曼估计电池 SOC，最小二乘法观测电池容量，二者集成以联合估算。虽然学者们不断提出新型算法及改进观测器提高模型法准确度，电池模型的不准确仍旧制约其准确度；基于数据驱动的联合估计模型可以回避电池建模误差，参考文献［39］利用非线性自回归神经网络实现 SOC 与 SOH 的联合估算，避免了电池建模误差的同时考虑了 SOC 与 SOH 的耦合关系，在计算的速度与结果的准确度之间取得了较好的平衡。

电池 SOC 以及 SOH 的估计对于准确度要求较高，其估计数据的准确性可能影响储能电池动作、过充过放的发生等。但由于联合估计计算量较大，过程误差难以把控，因此在百兆瓦级在数据中心设备能够支撑的情况下，应尽量采用基于数据驱动的联合估计方法，令 SOC 以及 SOH 在估计过程中相互耦合，提升估计准确性。

5. 吉瓦级电化学储能电站评价指标

通过可测量状态量对吉瓦级电化学储能电站的电池模组、电池簇、电池堆甚至电站整体 SOC 状态以及电芯 SOH 状态进行精确估计后，可以根据可测量状态量及不可测量状态量制定吉瓦级电化学储能电站指标体系，以指标体系规范电站的运行与管控，指导设备的检修和维护。

指标大致可分为依据可测量状态量制定的指标，以及依据 SOC 及 SOH 此类不可测量状态量所制定的指标。其中，SOC 代表着电化学储能电池模块短期充放电能力，可以量化电化学储能电站剩余能量。SOH 代表了储能电池长期充放电能力，可以定量地描述吉瓦级电化学储能电池各电池模组老化情况，可以直观地体现储能电池各参数的变化情况。

除了 SOC 以及 SOH 两个最关键的储能电池性能指标外，可测量状态量的组合也能够反应电池模组的运行状态。各个可测量状态量可以反应吉瓦级电化学储能电站电池模组的运行状态，且其计算简单，占用运行内存少，是一种可以集成于 BMS 或 EMS 的超快速异常判断及故障隔离方式。建立规范的电化学储能电站评价指标体系可以及时发现过充、过放等电池异常状态，并且能够有效预防小型故障的发生，防止电池模组及电池簇异常状态发展为大型事故[40]。目前国内的储能设备暂无统一标准，电池集装箱型号、结构、消防标准等均不相同，因此，吉瓦级电化学储能电站建立并严格遵守通用的指标体系约束，在故障发生前阻止其继续发展，才能在不干扰吉瓦级电化学储能电站的整体或局部运行的前提下，及时有效的排除可能发生的电气设备故障。图 4-8 为吉瓦级电化学储能电站评价指标。表 4-4 为评价指标解析表。

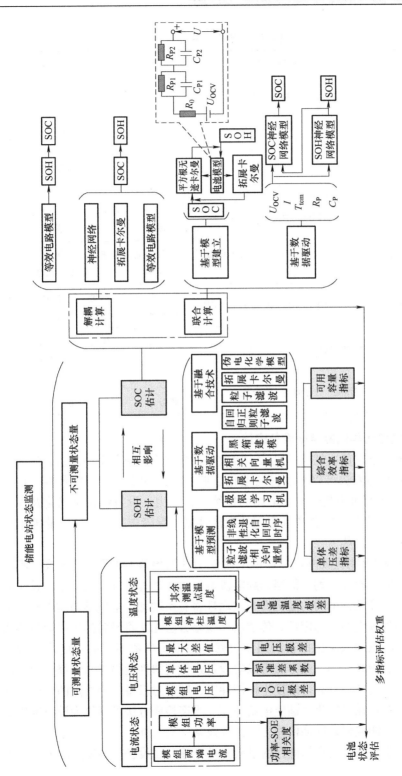

图 4-8　吉瓦级电化学储能电站评价指标

表 4-4　评价指标解析

指标	计算	功能	反映故障
电池电压极差	同一模组电芯电压最大差值	反映电压最大、最小单体性能	电池老化容量不足
电池电压标准差系数	$u_\delta = \dfrac{S_u}{u_{ave}} = \dfrac{\sqrt{\dfrac{\sum\limits_{i=1}^{n}(u_i - u_{ave})^2}{n}}}{u_{ave}} \times 100\%$	反映电池模组整体性能	模块性能低、模块一致性差
电池温度极差	同一模组不同电芯温度最大差值	反映电池性能衰减	一致性差性能衰减
SOE 极差	统一电池簇中不同电池模块 SOE 最大差值	反应电池组能量一致性	极差大则能量一致性差
功率-SOE 相关度	电池簇中电池模块功率与 SOE 相关程度	反映直流功率均衡水平	电池模块功率过充放
SOC	与 SOH 解耦计算或联合计算	电池模块及簇荷电状态	过充、过放、均衡性差
SOH	模型预测、数据驱动、融合技术	反映电芯健康状态	电芯老化性能下降

6. 吉瓦级电化学储能电站设备维护

吉瓦级电化学储能电站规模庞大，因此其设备安全性更是重中之重。通过建立评价指标体系的方法可以显著提高电化学储能电站的安全性、规范性、可靠性[41]，但随着吉瓦级电化学储能电站的持续运行出力，设备将自然老化及性能下降[42]，因此有必要制定合理且实用的检修计划，保障吉瓦级电化学储能电站关键设备维持良好性能。

传统的兆瓦/百兆瓦级电化学储能电站使用计划检修+事后检修模式，不同的时期制定不同的检修计划。但当前新能源并网占比显著提升，且未来很长时间其提升趋势不会降低，电网的随机性与波动性将有所增加，电化学储能电站的运行工况也面临着较大的不确定性。传统周期检修方法无法将设备的历史运行状态以及当前健康状态纳入考虑因素。周期检修方法根据当前不同的季度及运行情况，设置固定的检修周期。此方法可以对设备进行规律性的检查与维修，但对设备的管理较差，设备检修时可能发生档期冲突，同时对设备是否故障的判定条件也难以设定。对吉瓦级电化学储能电站而言，周期检修方法可以作为设备维护的后备保障，但不能仅依靠周期检修方法保证设备的安全性。

事后检修是一种不具有超前性的事故弥补措施，当设备已经发生故障后对设备进行检修与维护，而无法响应对设备状态的告警信号。在故障发生后对于设备的检修维护是有必要的，而且其响应时间应尽量低，才能将故障的影响降至最低。

参考文献［43］以设备超负荷情况作为判断依据，动态调整设备维护开始时间，有效地防止了设备超负荷运转，但仅解决了设备超负荷运转问题，未考虑维护时间对下一层级调度影响；参考文献［44］在传统模型的基础上建立了以维护时间最小为约束的维修模型，但未考虑维修时间改变对设备轮换以及故障应急的影响；参考文献［45］利用粒子群算法优化储能电站的检修周期，在保证电站运行可靠性基础上进行了经济性寻优，但粒子群算法寻优易陷入局部最优解，实际应用中存在一定问题。

目前对于检修周期的优化算法仍在不断发展，但吉瓦级电化学储能电站面临着海量电芯带来的超大数据量，使得已有的检修周期制定策略均出现了一定的局限性。因此，吉瓦级电化学储能电站的检修计划制定需要结合新兴技术，制定具有实时性的检修策略。借助储能大数据云平台，可以对设备进行全寿命追踪，云平台还可以提供巨大的运算空间以及需求的数据处理、特征挖掘服务，一旦发现某设备出现故障前兆或其故障可能性过高，可立即安排检修计划，通过持续的提前检修保证设备运行在良好的状态下；同时应结合运行数据及其关键设备全寿命周期状况，借助云平台高准确度风险评估结果，细化检修目标至设备具体部位，减小检修工作难度、耗时的同时避免不同设备同期出现问题导致工作人员档期冲突、人力资源不足。

7. 小结

吉瓦级电化学储能电站的状态评估及运维技术应统筹考虑，对设备的状态评估需保证准确度、低时延、低计算量，以精确的评价指标体系保证准确无误的控制与状态监测。分布式吉瓦级电化学储能电站的评价指标与传统百兆瓦级电化学储能电站相比差别不大，但在准确度与计算速度方面存在改进空间；设备维护方面应保留事后检修模式及计划检修模式，探索实时检修的可行性以及对应技术方案。结合大数据云平台等新型技术，可以为吉瓦级电化学储能电站状态评估及运维平台的建立提供新的选择，其多样化数据处理计算等服务以及其计算空间小、计算速度快的特点契合吉瓦级电化学储能电站需求，具有实际应用的潜力。

4.3.3　储能电站安防体系

吉瓦级电化学储能电站的信息构架不仅用于制定运行计、检修计划等，还是电站的安防体系的重要基础[46]。由于吉瓦级电化学储能电站规模庞大，设备众多，给故障预警以及火灾消防的控制带来了阻碍[47]。虽然单个分布式子站采集数据量并未上升，但其运行计划受省调控制，根据区域电网运行状况灵活改变，子站的运行模式将更为灵活。面对这种情况，储能电池的运行状态改变将更为频繁，其承受的压力以及损耗也将变大，因此需要依托更为准确、数据承受能力更强的吉瓦级电化学储能电站信息构架，利用高准确度、低延迟的预警与消防技术提高电站安全性。

吉瓦级电化学储能电站的故障可大致分为两类[48]：一类为电池过充、过放导致的电流、电压过高，此类故障易于发现，且通过切断线路等手段可以完成隔离；另一类即电池热失控。电池热失控是一种不可阻断的故障，当热失控发生时，虽然 BMS 能够立刻切断电池模块或电池簇两端电流，但热失控已经无法自发停止，同时链式反应将导致周围电池温度越过热失控阈值，发生连锁反应[49-50]。一旦火焰蔓延到集装箱规模，则只能向集装箱灌水，整个集装箱将被废弃。可见，吉瓦级电化学储能电站的安全防护必须在电池温度升高到阈值前监测其异常并动作，尽可能提前检测到热失控故障的发生[51]。如图 4-9 所示为故障消防与预警流程图。

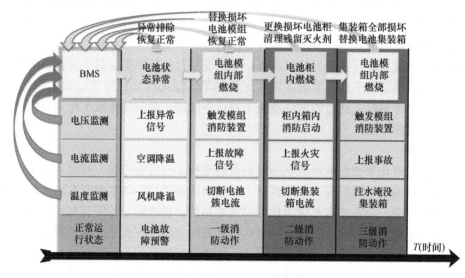

图 4-9　故障消防与预警流程图

1. 故障预警技术

百兆瓦级电化学储能电站利用站控中心的数据计算、处理功能对设备异常状态进行检测。而对于吉瓦级电化学储能电站而言，其站内故障仍由站内数据中心进行计算与处理，但各个分布式子站数据需要上传至省级调度部门进行统一管理，虽然数据上传过程需要一定延时，难以由省调对各个子站形成统一的实时监管，但有利于设备全寿命跟踪信息的校正，可以建立吉瓦级电化学储能电站的镜像电站或利用大数据平台技术，对各个设备的运行状态进行仿真形式的跟踪，以便发现设备的异常运行数据。另外，对电池模组内部温度进行检测的方式无法在所有电芯处布置测点，典型电池模组内仅布置 4~6 个测温点，对电芯局部故障发热的监测存在局限性。烟雾探测器只能检测相应空气中烟雾浓度，而当电池包内部已经鼓胀导致破裂后，电池火灾已经蔓延开来。因此，吉瓦级电化学储能电站故障的预警技术仍需要向全方位、低延迟、高准确度的方向进一步研究。

现有的故障预警技术可以根据其对故障事件判断原理不同分为两类：利用经验进行预警以及利用模型进行预警。基于经验的预警方法利用专家给出的意见，结合模糊的方法为故障因素主观赋权，建立故障风险模型。参考文献［52］使用主成分分析及聚类分析对历史火灾形势数据进行了分析，较好地总结出了火灾特征状况，但没有考虑分级之间的模糊化。参考文献［53］使用层次分析法建立了综合考虑多安全因素的风险评价模型，但是方法也没有考虑分级之间模糊化问题。参考文献［54］利用多位专家给出的火灾预警因素计算阈值，使用模糊聚类建立火灾风险评估模型，此方法对其数据的分类识别具有较高的准确度，结果划分较为明确，但模糊聚类方法较为依赖隶属度阈值的选择精确性。为解决阈值依赖问题，提高阈值的精确性，参考文献［55］利用模糊层次分析法对专家评分进行模糊化处理，使得层次分析法中阈值的精确度提高，使其对故障的筛选与分级具有更高准确度。

基于模型的预警方法根据对正常运行数据的预测与实际运行数据的残差判断[56-57]，残差过大说明实际运行数据发生故障。非线性状态估计（Nonlinear State Estimate Technology，NSET）是一种典型残差预警方法，参考文献［58-59］使用 NSET 对风电机组齿轮箱温度进行监测，建立了正常运行时的记忆矩阵，可预测正常运行时数据，因此当输入数据为故障时输出结果将发生变化。此类方法模型简单，判断速度快，但对于记忆矩阵中不包含的数据特征无效，因此对于训练数据全面性要求较高。神经网络是近年来兴起的黑箱建模方法，通过训练多层神经网络参数来达到预测数据的目的。参考文献［60-63］使用 RBF 神经网络对风电机组变桨系统进行故障预警，使用滑动窗口模型减小外界干扰导致的误告警，使用核密度估计法估计异常状态阈值，可以有效地在故障前提前预警；参考文献［64-65］使用广义回归神经网络判断风机故障，基于小概率事件假设计算置信上线作为阈值，利用滑动窗模型判断故障发生。一方面，基于模型的预警方法均要求提前训练好包含正常运行状态信息的数据模型，且其数据模型对于预警效果影响很大；另一方面，其数据模型的建立需要较为全面的正常运行数据，训练样本较大为宜。

基于模型的预警技术还包括镜像电站技术。通过仿真建立吉瓦级电化学储能电站模型，按照真实的电站并网电压、需求功率等对模型进行建立。在吉瓦级电化学储能电站运行时同步运行镜像电站，由于镜像电站是完全基于数学表达所得到的模型，因此不存在误差影响。一旦吉瓦级储能电站电流、电压、温度等数据出现偏差，其与镜像电站状态量残差增大，超过阈值后判定为故障。此类模型准确度高，对电站下一刻状态预测更为精确，但模型建立困难，仍处在研究阶段，尚无法投入实际使用。

目前已有的故障预警方法各有优劣，需要视具体情况选用[66-67]。一方面，对于吉瓦级电化学储能电站而言，其故障预警方法要求能够处理超大数据量，并且要预先探测出故障的发生，因此可选用基于模型的预警方法，使用群优化算法、梯度下降算法及神经网络的反向传播优化其模型参数，在保证计算速度的同时提升预警准确度；另一方面，吉瓦级电化学储能电站加大如镜像电站等新型技术研发力度，优化预警方法与促进技术成熟并重，提高吉瓦级电化学储能电站的安全性能。如图 4-10 所示为吉瓦级电化学储能电站预警环节。

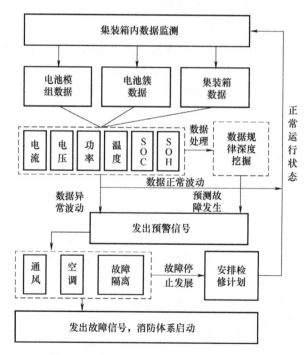

图4-10　吉瓦级电化学储能电站预警环节

2. 基于信息构架的消防体系

储能电站典型消防报警设计参照 GB 50116《火灾自动报警系统设计规范》[68]，注重于温度感应与烟雾探测器探测故障，这种报警方式属于电池热扩散事故发生之后的报警，其参考建筑类应用的火灾自动报警系统的设计方案并不适用于储能电池热失控早期预警。而一旦热失控发生，电池热失控超过阈值温度后即使切断电流仍然会继续发展，最终导致冒烟、燃烧或爆炸事故。因此，在增进预警方法准确性与正确率的同时，还应建设吉瓦级电化学储能电站多级消防体系，通过多层的消防体系保障吉瓦级电化学储能电站的消防安全。

由于吉瓦级电化学储能电站设备众多，且电站承担的储能任务较多，一旦发生电池集装箱火灾等较为严重的故障，导致吉瓦级电化学储能电站部分停运，不但会造成子站的经济损失、人员受伤，还会导致分布式吉瓦级电化学储能电站的整体运行情况被打乱，省调部门的统一调度出现混乱，从而影响区域电网的安全稳定运行[69-70]。因此，为满足吉瓦级电化学储能电站对安全性能的高要求[71]，应增加电站安防体系的冗余度，将储能电站的消防措施分为多级布置，包括电池模组灭火环节、电池柜灭火环节、电池集装箱灭火环节，通过信息上传渠道与信息构架对接，对设备进行实时监测，通过三级的消防措施保护储能电池集装箱，尽可能地缩小灭火导致的电池损坏的范围，减小火灾发生带来的经济损失。唯有吉瓦电化学储能电站的安全性能得到保障，项目才能不断落地并体现出其真正价值。目前技术较为成熟的不同灭火剂效果对比如表 4-5 所示。

表 4-5　不同灭火剂效果对比

灭火剂	灭火原理	效果	问题	装置体积及重量	对设备二次损坏	环境影响
干粉	分解吸热，阻断燃烧反应，隔绝空气	低（障碍物阻隔）	难以扑灭锂电池火灾	体积小、重量轻	高（吸潮导电腐蚀）	无
细水雾	降低表面温度，蒸发降低温度	低	效果受水量限制，电池尾气毒性增加	体积大、重量重（泵房、水箱）	极高（短路）	无
泡沫	隔绝空气、降低温度	低（难以全淹没）	泡沫比例混合罐放置要求高	体积大、重量重	极高（短路）	较大
七氟丙烷	阻断燃烧反应，汽化降低温度	低	本身具有毒性，分解产物具有毒性	体积大、重量重	低（灭火时产生 HF）	温室效应（2024 年禁止）
气溶胶	隔绝空气，降低温度	高	采用热敏线，需围绕电池布线	体积小、重量轻	低（少量降尘）	无
水淹	隔绝空气，降低温度	极好	水淹后集装箱整体损坏	超大体积、重量重	极高（水淹）	无

国内已有众多锂电池火灾方面的研究。在初期对锂离子电池火灾灭火剂的探

索后，发现 ABC 干粉、七氟丙烷、水等均能在锂电池火灾中有效灭火，但抑制温升的效果以水为最佳。由 BMS 对电池状态进行监测，并当电池发生超温、过流、过电压、欠电压等故障时采取对应策略；当 BMS 控制的通风、跳闸、空调等方式没有明显效果，储能电池集装箱发生火灾后或热失控特征气体传感器报警后，火灾报警联动控制系统动作，灭火装置启动对火灾集装箱进行灭火。如图 4-11 所示为吉瓦级电化学储能电站的火灾三级防控流程。

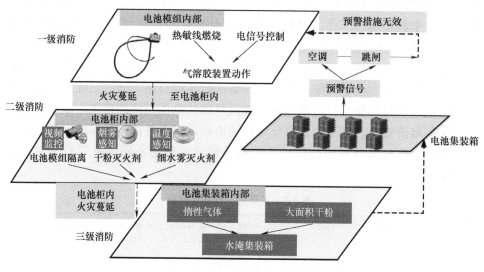

图 4-11　火灾三级防控流程

目前，储能电站消防所使用标准一般为电气设备火灾消防标准，但储能电池火灾具有易复燃的特点，当将火灾首次熄灭后，数分钟之内均存在复燃风险；已有的对储能电池电、热、机械滥用实验发现，电池火灾在开放空间内将难以熄灭。

当火灾蔓延至电池柜后已经难以抑制，仅集装箱注水可取得较好效果；从吉瓦级储能电站的成本方面考虑，尽可能地缩小火灾范围，减少对于相邻设备的影响，是降低火灾经济损失、提高安全性的根本措施。一方面，通过电池模组级、电池柜级、电池集装箱级的多段消防措施，可以提高吉瓦级电化学储能电站的安全裕度；另一方面，气溶胶等新型灭火剂体积小，适合模组内灭火，传统的七氟丙烷、细水雾等灭火剂可用于抑制电池柜火焰，但需要配合密封结构降低相邻设备损坏风险，而集装箱注水是最终保障，吉瓦级电化学储能电站每个集装箱均应具备注水孔，防止发生大规模安全事故。

3. 小结

吉瓦级电化学储能电站的信息构架是其安防体系的基础，而安防体系是整个电站的安全保障。通过预警加三级消防的安防体系，各级措施冗余且通过信息构架互补互联互通，可以保证电站具有较好的安全稳定性。同时，许多更高准确度、低计算量的预警技术以及低成本、有实效的新型消防手段不断涌现，吉瓦级电化学储能电站可以实测各新型技术效果，在技术成熟的条件下将其嵌合入安防体系中，精进电站安全性。

4.4　本章小结

信息构架与安防体系建设是吉瓦级电化学储能电站服务于大规模新能源和电网需求响应的关键问题，也是实现我国 2030 年碳达峰战略和能源转型的大规模储能可靠落地应用的核心技术。因此，本节从吉瓦级电化学储能电站的数据监控体系、状态评估技术以及预警消防机制三个角度对其运维与管控技术进行剖析，得出如下结论和建议：

1）吉瓦级电化学储能电站的信息监测体系应遵循层次化结构和数字化管理。建设分布式 BMS 和 EMS 汇聚至站内数据中心或云端数据中心统一监测管控的多层次信息体系，降低数字监控体系的传输时延，以及提高数据有效性，将是可以保障吉瓦级电化学储能电站数字化可视交互、智慧化运营管理的实践基础。

2）吉瓦级电化学储能电站的运维和管控技术应围绕储能设备的精密化状态评估和智能化决策技术展开。基于数据-模型混合驱动的强稳健性、高准确性、低复杂度电站状态估计算法将是提升电站智能化决策的必由之路，而构建计及电站设备状态的决策平台将是制约电站发展的主导因素。

3）吉瓦级电化学储能电站的安防体系需建立多级冗余互补设计。高预见性、低延时的潜在风险预警保护策略，配合电池模组-柜体-箱舱多层级结构、细水雾-气溶胶-水淹等多灭火方式的安防体系是电站可靠安全运行的重要保障。

参 考 文 献

［1］ 程琦，兰倩，赵金星，等. 锂离子电池热失控原因及对策研究进展［J］. 江汉大学学报（自然科学版），2018，46（1）：11-16.

［2］ LI W D，SONG B H，MANTHIRAM A. High-voltage positive electrode materials for lithium-ion batteries［J］. Chemical Society Reviews，2017，46（10）：3006-3059.

［3］ 茹毅，黄孟阳，屈树慷，等. 集装箱式锂离子电池储能系统消防技术研究进展［J］. 电气时代，2021（11）：84-87.

［4］ 李建林，武亦文，王楠，等. 吉瓦级电化学储能电站研究综述及展望［J］. 电力系统自动化，2021，45（19）：2-14.

[5]   李建林,王上行,袁晓冬,等. 江苏电网侧电池储能电站建设运行的启示 [J]. 电力系统自动化, 2018, 42 (21): 1-9.

[6]   李建林,李雅欣,周喜超. 电网侧储能技术研究综述 [J]. 电力建设, 2020, 41 (6): 77-84.

[7]   SPINNER N S, FIELD C R, HAMMOND M H, et al. Physical and chemical analysis of lithium-ion battery cell-to-cell failure events inside custom fire chamber [J]. Journal of Power Sources, 2015, 279: 713-721.

[8]   OHMI N, NAKAJIMA T, OHZAWA Y, et al. Effect of organo-fluorine compounds on the thermal stability and electrochemical properties of electrolyte solutions for lithium ion batteries [J]. Journal of Power Sources, 2013, 221: 6-13.

[9]   王青松,孙金华,姚晓林,陈春华. 锂离子电池中的热效应 [J]. 应用化学, 2006, 23 (5): 489-493.

[10]   WANG Q S, PING P, ZHAO X J, et al. Thermal runaway caused fire and explosion of lithium ion battery [J]. Journal of Power Sources, 2012, 208: 210-224.

[11]   Zhirong Wang, Kai Liu, Jingjing Liu, et al. Influence of the charging and discharging of the 18650 lithium-ion battery thermal runaway [J]. Journal of Hazardous Materials, 2011, 192: 99-107.

[12]   Huaqiang Liu, Zhongbao Wei, Weidong He, et al. Thermal runaway mechanism of lithium ion battery for electric vehicles: A review [J]. Energy Conversion and Management, 2017, 150: 304-330.

[13]   JHU C Y, WANG Y W, SHU C M, et al. Thermal explosion hazards on 18650 lithium ion batteries with a VSP2 adiabatic calorimeter [J]. Journal of Hazardous Materials, 2011, 192 (1): 99-107.

[14]   LU T Y, CHIANG C C, WU S H, et al. Thermal hazard evaluations of 18650 lithium-ion batteries by an adiabatic calorimeter [J]. Journal of Thermal Analysis and Calorimetry, 2013, 114 (3): 1083-1090.

[15]   GOLUBKOV A W, FUCHS D, WAGNER J, et al. Thermal-runaway experiments on consumer Li-ion batteries with metal-oxide and olivin-type cathodes [J]. RSC Advances, 2014, 4 (7): 3633-3642.

[16]   HSIEH T Y, DUH Y S, KAO C S. Evaluation of thermal hazard for commercial 14500 lithium-ion batteries [J]. Journal of Thermal Analysis and Calorimetry, 2014, 116 (3): 1491-1495.

[17]   JHU C Y, WANG Y W, WEN C Y, et al. Self-reactive rating of thermal runaway hazards on 18650 lithium-ion batteries [J]. Journal of Thermal Analysis and Calorimetry, 2011, 106 (1): 159-163.

[18]   YAYATHI S, WALKER W, DOUGHTY D, et al. Energy distributions exhibited during thermal runaway of commercial lithium-ion batteries used for human spaceflight applications [J]. Journal of Power Sources, 2016, 329: 197-206.

[19] 胡鞍钢. 中国实现 2030 年前碳达峰目标及主要途径 [J/OL]. 北京工业大学学报（社会科学版）：1-15 [2021-02-09].

[20] Yuan Bo, Wang Peng, Yang Jie, et al. A Review and Outlook of User Side Energy Storage Development in China [C]//3rd IEEE International Electrical and Energy Conference (CIEEC), SEP 07-09, 2019, Beijing, PEOPLES R CHINA：943-946.

[21] 任大伟, 侯金鸣, 肖晋宇, 等. 能源电力清洁化转型中的储能关键技术探讨 [J/OL]. 高电压技术：1-10 [2021-02-10].

[22] 李建林, 王上行, 袁晓冬, 等. 江苏电网侧电池储能电站建设运行的启示 [J]. 电力系统自动化, 2018, 42 (21)：1-9+103.

[23] 林丹, 刘前进, 曾广璇, 等. 配电网信息物理系统可靠性的精细化建模与评估 [J]. 电力系统自动化, 2021, 45 (03)：92-101.

[24] 李建林, 牛萌, 王上行, 等. 江苏电网侧百兆瓦级电池储能电站运行与控制分析 [J]. 电力系统自动化, 2020, 44 (02)：28-35.

[25] 许琭, 郭庆来, 刘新展, 等. 提升电力信息物理系统韧性的通信网鲁棒优化方法 [J]. 电力系统自动化, 2021, 45 (03)：68-75.

[26] 王超超, 董晓明, 孙华, 等. 考虑多层耦合特性的电力信息物理系统建模方法 [J]. 电力系统自动化, 2021, 45 (03)：83-91.

[27] 汤翔鹰, 胡炎, 耿琪, 等. 考虑多能灵活性的综合能源系统多时间尺度优化调度 [J/OL]. 电力系统自动化：1-16 [2021-02-10].

[28] 大型电化学储能电站电池监控数据管理规范：T/CEC 176—2018 [S]. 北京：中国计划出版社, 2018.

[29] 电化学储能电站用锂离子电池管理系统技术规范：GB/T 34131—2018 [S].

[30] 方晓伦, 杨强, 刘国锋, 等. 海上多平台互联电力系统故障后的供电恢复策略 [J/OL]. 电力系统自动化：1-12 [2021-02-10].

[31] 薛宇石, 徐少华, 李建林, 等. PI 控制下储能并网 PCS 多机并联稳定性分析 [J]. 高电压技术, 2018, 44 (01)：136-144.

[32] 全国电力储能标准化技术委员会. 电化学储能电站用锂离子电池管理系统技术规范：GB/T 34131—2017 [S]. 北京：中国标准出版社, 2017.

[33] 国家电网公司. 电网配置储能系统监控及通信技术规范：Q/GDW 1887—2013 [S].

[34] 赵昊天, 王彬, 潘昭光, 等. 支撑云-群-端协同调度的多能园区虚拟电厂：研发与应用 [J/OL]. 电力系统自动化：1-17 [2021-02-09].

[35] 刘畅, 蔡旭, 陈强. 链式电池储能系统的荷电状态复合均衡控制策略 [J]. 电力系统自动化, 2019, 43 (10)：68-77.

[36] 汪秋婷, 姜银珠, 陆赟豪. 基于滑动窗自适应滤波的锂电池 SOC/SOH 联合估计 [J]. 电源技术, 2017, 41 (01)：17-20+172.

[37] Kim J, Lee S, Cho B H. Complementary cooperation algorithm based on DEKF combined with pattern recognition for SOC/capacity estimation and SOH prediction [J]. IEEE Transactions on Power Electronics, 2012, 27 (1)：436-451.

［38］ Wei Z, Zhao J, Ji D, et al. A multi-timescale estimator for battery state of charge and capacity dual estimation based on an online identified model［J］. Applied Energy, 2017, 204（15）：1264-1274.

［39］ Chaoui H, Ibe-Ekeocha C C. State of chargeand state of health estimation for lithium batteries using recurrent neural networks［J］. IEEE Transactions on Vehicular Technology, 2017, 66（10）：8773-8783.

［40］ 曾辉, 孙峰, 邵宝珠, 等. 澳大利亚100 MW储能运行分析及对中国的启示［J］. 电力系统自动化, 2019, 43（08）：86-92.

［41］ 赵仕策, 赵洪山, 寿佩瑶. 智能电力设备关键技术及运维探讨［J］. 电力系统自动化, 2020, 44（20）：1-10.

［42］ 贺鸿杰, 张宁, 杜尔顺, 等. 电网侧大规模电化学储能运行效率及寿命衰减建模方法综述［J］. 电力系统自动化, 2020, 44（12）：193-207.

［43］ 谢志强, 周伟, 余泽睿. 动态调整设备维护开始时间的综合调度算法［J/OL］. 机械工程学报：1-7［2021-04-20］.

［44］ 姬东朝, 肖明清. 一种新的最小维修优化数学模型的建立［J］. 航空计算技术, 2002（03）：31-33.

［45］ 郭建鹏, 刘明灿, 李振翔, 等. 适应电能替代需要的储能电站检修周期优化［J］. 广东电力, 2018, 31（07）：24-29.

［46］ 李建林, 武亦文, 王楠, 等. 吉瓦级电化学储能电站信息架构与安防体系综述［J］. 电力系统自动化, 2021, 45（23）：179-191.

［47］ 李建林, 谭宇良, 王含. 储能电站设计准则及其典型案例［J］. 现代电力, 2020, 37（04）：331-340.

［48］ 李建林, 谭宇良, 周喜超, 等. 国内外电化学储能产业消防安全标准对比分析［J］. 现代电力, 2020, 37（03）：277-284.

［49］ 刘洋, 陶风波, 孙磊, 等. 磷酸铁锂储能电池热失控及其内部演变机制研究［J/OL］. 高电压技术：1-9［2021-02-10］.

［50］ 王铭民, 孙磊, 郭鹏宇, 等. 基于气体在线监测的磷酸铁锂储能电池模组过充热失控特性［J］. 高电压技术, 2021, 47（01）：279-286.

［51］ 袁铁江, 杨南, 张昱, 等. 基于Surrogate的预装式储能电站布局优化［J/OL］. 高电压技术：1-11［2021-02-10］.

［52］ 蓝柳茹, 刘蕾, 吴镇疆. 基于主成分和聚类分析的柳州市森林火灾特征研究［J］. 中国农学通报, 2020, 36（22）：92-99.

［53］ 陈尚, 蒋毅, 宋珍. 电力电缆火灾风险评价模型与预警信号分级［J］. 南方电网技术, 2020, 14（04）：3-7+16.

［54］ 蔡钟山. 基于模糊聚类算法的早期火灾预警巡检机器人［J］. 机电工程技术, 2020, 49（10）：149-150+250.

［55］ 王长江, 李本新, 姜涛, 等. 基于改进模糊层次分析法的交直流受端电网交流故障筛选与排序［J/OL］. 电网技术：1-10［2021-04-20］.

［56］郭亦宗，冯斌，岳铂雄，等. 负荷聚合商模式下考虑需求响应的超短期负荷预测［J］. 电力系统自动化，2021，45（01）：79-87.

［57］冯斌，郭亦宗，陈页，等. 基于 GRU 多步预测技术的云储能充放电策略［J/OL］. 电力系统自动化：1-14［2021-02-09］.

［58］郭鹏，David Infield，杨锡运. 风电机组齿轮箱温度趋势状态监测及分析方法［J］. 中国电机工程学报，2011，31（32）：129-136.

［59］李建林. 风电供暖+储能＝？［J］. 能源，2019（02）：93-94.

［60］顾军民，陈思函，马永光. 基于 RBF 神经网络的风电机组变桨系统故障预警［J］. 电力科学与工程，2020，36（12）：37-43.

［61］李建林，惠东，靳文涛. 大规模储能技术［J］. 电气时代，2018（11）：88.

［62］李建林，田立亭，程林，等. 考虑变工况特性的微能源系统优化规划（一）基本模型和分析［J］. 电力系统自动化，2018，42（19）：18-26+49.

［63］李建林，牛萌，张博越，等. 电池储能系统机电暂态仿真模型［J］. 电工技术学报，2018，33（08）：1911-1918.

［64］崔恺，许宜菲，李雪松，等. 基于广义回归神经网络的风电机组性能预测模型及状态预警［J］. 科学技术与工程，2020，20（32）：13220-13228.

［65］李建林，郭斌琪，薛宇石，等. 国内微电网示范工程及运行控制能效管理技术综述［J］. 电器与能效管理技术，2017（18）：1-7+16.

［66］安坤，田政，赵锦，等. 浅析电化学储能电站建设中存在的安全隐患及解决措施［J］. 电器与能效管理技术，2020（10）：107-113.

［67］李建林，马会萌，田春光，等. 基于区间层次分析法的电化学储能选型方案［J］. 高电压技术，2016，42（09）：2707-2714.

［68］火灾自动报警系统设计规范：GB 50116［S］. 中国计划出版社.

［69］牛志远，金阳，孙磊，等. 预制舱式磷酸铁锂电池储能电站燃爆事故模拟及安全防护仿真研究［J/OL］. 高电压技术：1-10［2021-02-10］.

［70］李建林，靳文涛，惠东，等. 大规模储能在可再生能源发电中典型应用及技术走向［J］. 电器与能效管理技术，2016（14）：9-14+61.

［71］孟祥鹏. 基于锂离子电池储能系统的消防安全技术［J］. 科技创新与应用，2020（26）：150-151.

第5章

5

特定场景下储能容量优化配置及经济性评估

5.1 储能技术应用现状分析

5.1.1 储能技术应用现状

国内关于电化学电池储能技术的应用已进入大规模应用及推广阶段，应用研究主要涉及储能技术在电力系统调频、削峰填谷、提高可再生能源并网能力等方面[1-2]。目前，在我国的湖南、江苏等多地已建立百兆瓦级电池储能系统应用示范电站，并已开始在福建宁德建立吉瓦级储能电站工程。不止锂离子电池储能电站跨入百兆瓦级的规模，全钒液流电池与钠硫电池储能电站相继有工程不断落地，储能由商业化初期向规模化发展转变。国内电化学电池储能技术应用的典型案例参见表5-1。

表5-1 国内储能技术应用案例

名称及地点	应用功能	储能方式说明
福建晋江100MW·h储能电站	辅助电网调频、调峰	30MW/100MW·h锂离子电池储能系统
国网时代福建吉瓦级宁德霞浦储能工程	辅助电网调频、调峰	200MW/400MW·h锂离子电池储能系统
三峡乌兰察布新一代电网友好绿色电站示范项目	平滑功率输出、跟踪计划出力、调频、调峰	550MW/1100MW·h锂离子电池储能系统
江苏镇江百兆瓦级示范工程	需求响应、辅助调频、调压	100MW/200MW·h锂离子电池储能系统
湖南城步儒林百兆瓦级储能示范项目	辅助电网调峰、快速响应	100MW/200MW·h锂离子电池储能系统

(续)

名称及地点	应用功能	储能方式说明
安徽金寨百兆瓦级共享储能示范项目	辅助电网调频、调峰	100MW/200MW · h锂离子电池储能系统
张北风光储输示范工程	平滑功率输出、跟踪计划出力、调峰、调频	14MW/63MW · h锂离子电池储能系统；2MW/8MW · h全钒液流电池储能系统
上海漕溪站的能源转换综合展示基地	辅助电网调峰	100kW/800kW · h钠硫电池储能系统
国电投湖北襄阳百兆瓦全钒液流电池储能项目	增强电网消纳能力、辅助调峰、调频	100MW/500MW · h全钒液流电池储能系统

不计抽水蓄能，电化学储能是已投运项目规模最大的储能技术。据不完全统计，截至 2020 年电化学储能累计装机容量达 3.3GW，同比增长 91.2%。电化学储能的发展进入高速阶段，非化学储能稳步前进，多领域融合互补。相较于其他储能技术，电化学储能凸显经济性，未来成本优势会继续扩大。

图 5-1 为目前全球主流储能类型项目比。锂离子占全球电化学储能电站的 90% 以上，是电化学储能最主要的应用技术。液流电池一般以全钒液流电池为主，现阶段电站项目规模处在兆瓦级，且大部分配置在新能源电源侧。目前国内最大的全钒液流储能电站为在建的国电投湖北襄阳 100MW/500MW · h 储能项目。铅蓄电池在不同场景中陆续出现应用，

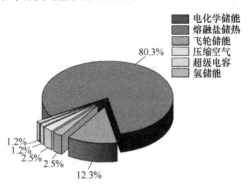

图 5-1　目前全球主流储能类型项目占比

钠硫电池在德国、日本、阿联酋等国家均有储能电站的配套建设。安全性高、性能更好的新型储能电池是储能发展的关键。

随着碳中和、碳达峰的推进，多元储能技术的单位容量成本不断下降，储能系统的经济性不断提升。新能源度电成本逐年下降，电化学储能度电成本大约在 0.6 元/kW · h。储能系统成本包含安装储能、更换电池成本、运维成本以及回收成本，约束条件包括功率转换约束、充放电深度约束、容量约束等。成本较低、能量密度高的电化学储能技术领先于其他技术，在应用中凸显经济性。在不同的运营模式，多维的评价指标体系影响储能系统对经济性评估。

图 5-2 为国内电化学储能装机容量增长趋势。我国电化学储能正处在规模化发展的重要阶段，在各类电化学储能技术中，锂离子电池储能装机规模最大。

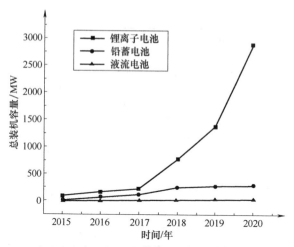

图 5-2　国内电化学储能装机容量增长趋势

2020 全年，新增锂离子储能电站装机达 1.5GW，同比增长 146%。"十三五"期间电化学储能的蓬勃发展为"十四五"打下良好基础。在"十四五"期间，新能源的接入将迎来跨越式发展，电化学储能的规模化将得到更大的发展空间。

5.1.2　多元储能技术经济性现状

储能经济性效益构成包括储能系统的投资及运维成本、参与电网辅助服务、低储高发套利等多个维度。储能全寿命周期经济性评估是包括容量优化配置、电池健康状态等的多目标模型。多维度综合评估指标需考虑储能周期、成本、投资回收期、投资回报率等。表 5-2 所示为多元储能技术经济性趋势。

表 5-2　多元储能技术经济性趋势

储能技术（单位容量成本）	2025 年	2030 年	2060 年	持续时间
锂离子电池	1000 元/kW·h	600 元/kW·h	300 元/kW·h	小时级
钠离子电池	2000 元/kW·h	900 元/kW·h	300 元/kW·h	小时级
全钒液流电池	2600 元/kW·h	1600 元/kW·h	1200 元/kW·h	小时级
飞轮储能	3500 元/kW·h	2800 元/kW·h	1600 元/kW·h	分钟级

5.2　高压变电站站用光储型微电网储能容量优化配置方法

河沥变电站目前是 500kV 开关站，由地方电网通过 2 条 35kV 线路对站内负荷供电，且部分线路同杆架设，架空线路要经过山区等区域，地形、地貌复杂，影响了供电可靠性，降低了站内系统供电安全系数。同时变电站接有较多其他用户负荷，每年用户申请计划性停电次数多，单条线路供电的情况经常出现，每次出现单条线路供电时，需要发电车赶往河沥站作为备用电源保电，占用大量人力、物力，增加成本[3-5]。因而，亟需探索绿色经济的站用备用电源建设[6]。

5.2.1　500kV 变电站站用微电网的构成

经当地所在气象局资料显示，太阳能资源较为丰富，因而采用光伏和储能结合的方式作为全站停电的后备电源。按照 4 个子系统设计站用微电网，如图 5-3 所示。

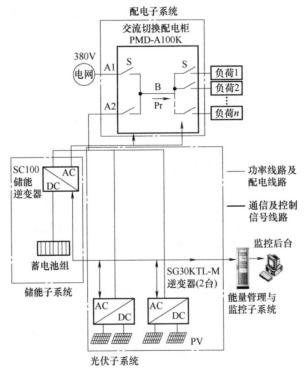

图 5-3　站用光储型微电网系统

4 个子系统包括：①光伏子系统：光伏板、汇流箱、逆变器等；②储能子系统：储能电池组、配电柜、PCS 等；③配电子系统：交流切换配电柜等；④监控子系统：通信柜、通信线路、监控终端等[7]。

5.2.2　500kV 变电站站用电的工况分析

在站用供电正常工作状态下，太阳能可以为储能装置充电，并将多余的电能发电量并网送入站用电系统；在发生站用电停电期间，储能装置和太阳能发电系统构建的微电网继续为重要负荷供电[8-9]。

该 500kV 变电站站用电有两种工作状态，如图 5-4 所示。

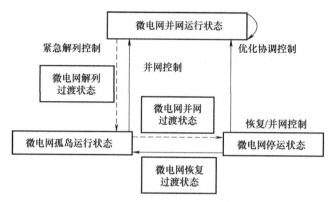

图 5-4　站用微电网运行状态图

当站用微电网离网运行时，储能 PCS 工作在 *U/f* 控制模式下，其建立交流电压，支撑交流母线；光伏逆变器工作在 MPPT 控制模式。储能逆变器和光伏逆变器在输出交流侧并联，组成交流母线系统。此时特点如下：

1）光伏单元发电优先供给本地负荷消纳，支撑交流母线，多余的电量存储到储能单元；

2）当储能电池充满，限制光伏单元发电功率或进行关机，保证功率平衡。

当站用微电网并网运行时，逆变器工作在 P/Q 控制模式下；光伏逆变器工作在 MPPT 控制模式。储能逆变器和光伏逆变器在输出交流侧并联到电网。此时特点如下：

1）光伏功率大于负载功率，负荷由光伏单元供电，多余电量通过 PCS 给电池充电。

2）当储能单元电量充满，光伏逆变器处于限功率模式运行。

3）光伏功率小于负载功率，负荷由光伏和市电共同给负载供电或者由光伏及储能共同给负载供电。

5.2.3　500kV 变电站光储微电网储能系统的容量设计

储能蓄电池组在发生站用电全停事故时担负着保证重要负荷供电的任务，但其容量受负荷大小和供电时间长短影响较大。要配置经济合理的蓄电池组容量，需要明确站用电全停事故时需要保哪些重要负荷及保电时间。

站用电负荷分为Ⅰ类、Ⅱ类和Ⅲ类负荷 3 种。Ⅰ类负荷指的是短时停电可能影响人身或设备安全，使生产运行停顿或主变压器减载的负荷；Ⅱ类负荷指的是允许短时停电，但停电时间过长，有可能影响正常生产运行的负荷；Ⅲ类负荷指的是长时间停电不会直接影响生产运行的负荷。本节的设计在发生事故时应优先保证Ⅰ类负荷的供电。

根据 DL/T 5044—2004《电力工程直流系统设计技术规程》，无人值守的变电站，全站交流电源事故停电时间应按 2h 计算。因此按照最佳的安全和经济性设计原则，蓄电池组容量可按保重要负荷 2h 时间考虑。

河沥站直流充电装置共 50kW 的功率，蓄电池组容量可按保 50kW 的重要负荷 2h 时间考虑。

单只蓄电池容量：

$$C_2 = PtT_2/(UK\eta_2\eta_3) = 50000 \times 2 \times 1/(600 \times 0.46 \times 0.96 \times 0.95) = 400 \text{A} \cdot \text{h} \quad (5-1)$$

蓄电池组总容量：

$$C_1 = UC_2/1000 = 240 \text{kW} \cdot \text{h} \quad (5-2)$$

式中，C_1 为蓄电池组的总容量；C_2 为单只蓄电池的容量；P 为负载的功率；t 为负载每天的用电小时数；U 为蓄电池组的额定电压；K 为蓄电池的放电系数，考虑蓄电池效率、放电深度、环境温度影响因素而定，一般取值为 0.4~0.8，该值的大小也应该根据系统成本和用户的具体情况综合考虑，本项目放电系数取 0.46；η_2 为逆变器的效率，本项目储能逆变器的效率取 0.96；η_3 为蓄电池循环放电效率，本项目蓄电池循环放电效率取 0.95；T_2 为连续阴雨天数（一般为 1~5d）。

由于储能逆变器直流输出电压额定电压为 600V，故需选择 300 节 2V/400A·h 的蓄电池串联。

5.2.4　500kV 变电站光储微电网的能量管理设计

根据无人值守变电站的要求，为了实现变电站的全智能控制，对整个站用微电网系统进行能量监控及管理。因而，本节构建站用微电网监控系统，分为设备层、通信层、站控层、调度层，同时设计 1 套 EMS 微电网能源管理系统来管理微电网能量。

微电网能量监控系统如图 5-5 所示，通过工业以太网高速、可靠地与光伏子系统、储能子系统通信连接，通过 RS-485 总线与双向电表通信连接，通过开入、开出节点与各配电柜接触器连

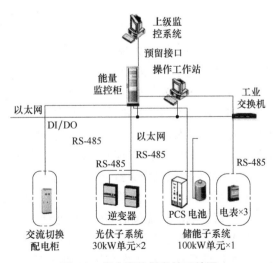

图 5-5　微电网能量监控系统图

接，监控整个电站的运行。操作工作站通过以太网接入微电网能量管理系统屏。

微电网能量管理与检测系统由微电网能量管理系统、中央控制器、就地测控单元三层构成[10]。微电网能量管理系统[11-12]采集中央控制器和各子系统测控单元的四遥数据，向调度和用户展示系统运行状态。接收电网调度指令和用户的工作模式设置，通过优化计算形成控制命令，下发给中央控制器，控制各子系统运行。中央控制器采集各子系统就地测控单元数据，并接收上级控制指令，就地测控单元完成本地通信、物理量的采集上传，并接收中央控制器的调度指令。微电网能量管理与监控系统的体系架构如图 5-6 所示。

图 5-6　站用微电网能量管理与监控系统的体系架构

5.3　风光储系统储能容量优化配置方法

5.3.1　光储系统建模

随着新能源发电随着政策的支持、制度的完善，电化学储能技术作为辅助光伏发电的重要技术，具有长寿命、高收益、低成本、可重复使用等优点，适用于建设兆瓦、百兆瓦级的大规模储能电站。磷酸铁锂电池由于具有良好的安全性、收益性成为电化学储能的首选[13]。

本节以山东某光伏电站为例，进行研究分析，储能系统一次拓扑图如图 5-7所示，储能电池经过直流电缆接入储能变流器及升压变的直流侧，经过储能变流器变流升压后接入到配电舱的 35kV 开关柜，通过开关柜接入到光伏电站 35kV 母线上，储能系统容量为 10MW/20MW·h，每套电池系统为 2MW/4.0238MW·h 并对应一套 2MW 的储能变流器及升压预制舱。

电池系统采用"电池单体-电池模块-电池簇-电池单元"的多层级模块化设计思路。每套电池系统包括 20 套电池簇，每 5 套电池簇为 1 个电池单元对应 1台 500kWPCS，电池系统电气接线图如图 5-8 所示，每个电池单元的 5 套电池簇经汇流柜汇流后通过动力电缆接至 PCS 直流侧。

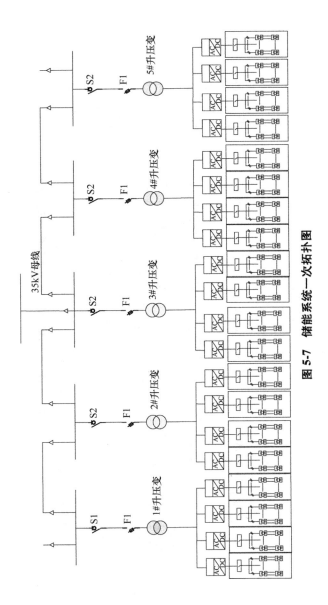

图 5-7　储能系统一次拓扑图

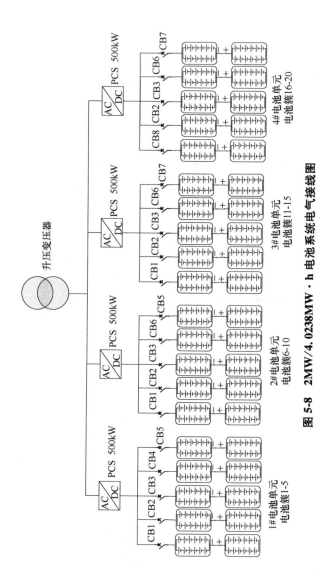

图 5-8 2MW/4.0238MW·h 电池系统电气接线图

1. 光伏发电模型

（1）光伏电池建模

光伏发电即通过太阳能板吸收光照通过一系列能量转化转换成电能的过程。在光照条件下，太阳能电池模块产生一定的电动势，通过组件的串并联形成太阳能电池阵列，使光伏阵列的电压满足系统输入电压的要求[14-17]。无论是独立使用还是并网使用，主系统都由太阳能电池板、控制器和逆变器等电子元件组成。从理论上讲，在各种场合中都能够使用光伏发电技术，其无处不在。它由光伏阵列和各种电力电子设备组成。其分类标准主要基于与电力系统的关系，按照标准光伏发电可以分为光伏并网发电、独立光伏发电、分散式光伏发电等[18-21]。

光伏发电设备的核心部件是光伏发电板，多个光伏发电板并联组成光伏发电阵列（Photovoltaic Array，PV Array）。该阵列二等简化电路图如图 5-9 所示，其中为产生光伏发电电流的二极管，还包括两个电阻，分别为串联电阻和分流电阻，该模型可以表示系统内部辐射程度和温度对应的 *I-U* 特性。

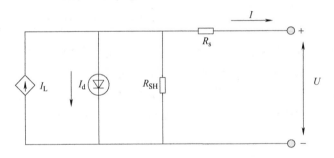

图 5-9 PV 阵列二等简化电路图

如图 5-9 所示，输出功率的大小和任意时刻下的光照情况有关，受输出电源影响较小。当晴天时，光照情况稳定，I_L 的大小也稳定，可以看成恒流源。在其两端可以加上负载，并通过欧姆定律得到所加电压的值，将求得的电压加在 PN 节上，导通产生电流 I_d，其方向与 I_L 方向相反，电路中的总电阻大小用 R_s 来表示，其余 PN 节的内特性、物质的纯净度有关，R_s 越大，电能消耗快、多，光伏发电效率下降；R_{SH} 表示旁路电阻，其影响泄漏电阻的大小。

$$I = N_p I_{sc} \left\{ 1 - C_1 \left[\mathrm{e}^{\left(\frac{U_{max} - \mathrm{d}U}{C_2 N_s U_{oc}} \right)} - 1 \right] \right\} + \mathrm{d}i \tag{5-3}$$

$$C_1 = \left(1 - \frac{I_{max}}{I_{sc}} \right) \mathrm{e}^{\left(-\frac{U_{max}}{C_2 U_{oc}} \right)} \tag{5-4}$$

$$C_2 = \left(\frac{U_{max}}{U_{oc}} - 1 \right) \times \ln\left(1 - \frac{I_{max}}{I_{sc}} \right) \tag{5-5}$$

$$\mathrm{d}i = -\alpha \frac{R}{R_{\mathrm{ref}}}\mathrm{d}t + \left(\frac{R}{R_{\mathrm{ref}}}-1\right)N_{\mathrm{p}}I_{\mathrm{sc}} \tag{5-6}$$

$$\mathrm{d}U = -\beta\mathrm{d}t - R_{\mathrm{s}}\mathrm{d}i \tag{5-7}$$

$$\mathrm{d}t = T_{\mathrm{c}} - T_{\mathrm{ref}} \tag{5-8}$$

上式中，和分别表示光伏电池的太阳辐射强度和温度参考值，以该参考值为基准，其他各参数含义总结如表5-3所示。

表5-3　模型参数

参数名	参数描述
U_{oc}，I_{sc}	电池开路电压和短路电流
U_{max}，I_{max}	光伏处于最大功率点时的电压、电流
α，β	电流、电压温度变化系数
R	阳光照射强度
T_{c}	当前环境温度
R_{s}	光伏内部串联电阻值
N_{p}，N_{s}	光伏系统串、并联个数

采用 Matlab/Simulink 仿真对光伏发电进行建模，模型如图 5-10 所示。光伏发电为直流电，因此不需要双向变流器。需要先将光伏面板发出的直流电通过 DC-DC 变换到高压直流母线电压等级并入直流母线，再经过光伏逆变器变换为三相交流电并入 380V/50Hz 大电网。系统输入为光照和温度，最终输出 380V 交流电接入电网。

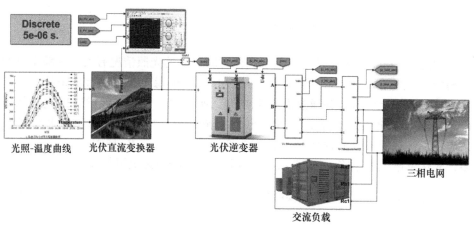

光照-温度曲线　　光伏直流变换器　　光伏逆变器　　三相电网

交流负载

图5-10　光伏发电并网仿真模型

（2）光伏阵列

图 5-10 中 PV Array 是由 6 块光伏板串联、12 块并联而成，模型参数有：最

大功率 305.226W，开路电压 64.2V，短路电流 5.96A，MPPT（Maximum Power Point）时电压为 54.7，光伏最大功率控制的电流设置为 5.58A，短路电流温度变化系数为 0.0617，开路电压系数为 -0.2727。

太阳能电池在不同光强和不同温度下产生的 *I-U* 和 *P-U* 曲线如图 5-11 所示。从图中可以得知，不变量是温度时，光照强度与输出电压、电流和功率成正比，这些指标随着光照强度的上升而上升。

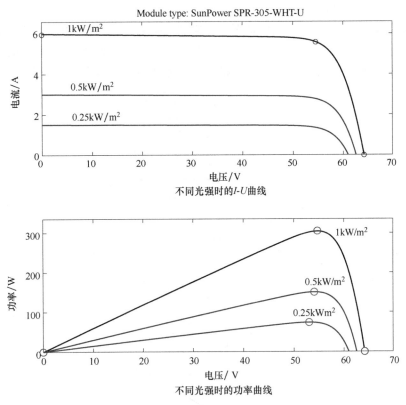

图 5-11　光伏在不同光强时的电压、电流、功率曲线

2. MPPT 控制策略

当光伏阵列正常工作时，环境光照强度和温度会影响光伏电池的内阻，进而导致光伏发电的 *P-U* 曲线发生变化，光伏发电无法保持在最大功率持续发电，因此需要对光伏阵列进行 MPPT 控制，正常情况下光伏发电有一个最大功率点，均匀光照下最大功率点的跟踪算法主要有恒定电流法、电导增量法、扰动观察法、模糊控制法、爬山法等[22-23]。

首先需要判断出光伏电池的工作状态，假设发电功率在最大功率点的左侧，则采取减小输出电流的方式让输出功率靠近最大功率点。若在最大功率点右侧，则增大输出电流让输出功率靠近最大功率点。

二分法是一种常见的变步长搜索方法，相较于其他方法速度快，先采用最大的步长，当功率增加则步长不变，若功率减小，则步长减半。

图 5-12 为光伏最大功率跟踪算法流程，具体步骤如下：

第 1 步：首先计光伏电池工作于 A 点，此时输出电压为 U_x、电流为 I_x、功率为 P_x。然后确定步长，并加上步长写入负载，读取加入步长后得到的电压、电流、功率值并进行储存，然后执行下一步。

第 2 步：在 P_x 大于 P_{max} 的情况下，需要先把 I_x 与 I_s 的值相加的值记为新的 I_x、P_x 记为新的 P_{max}，再执行第 2 步。当 P_x 小于 P_{max}，则需要把 $I_s/2$ 的值记为新的 I_s，再用 I_x 减去新得到 I_s 的并将结果记为新的 I_x，再执行下一步。

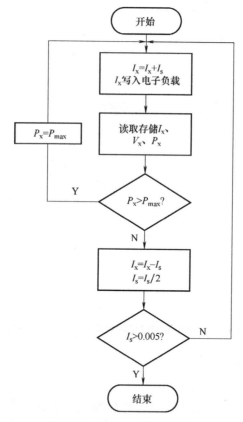

图 5-12　光伏 MPPT 流程图

电导增量法振荡幅度较小，硬件实现相同，并且控制准确度高、响应速度快，适用于出现突发状况大气变化较快的场合，控制流程图如图 5-13 所示。

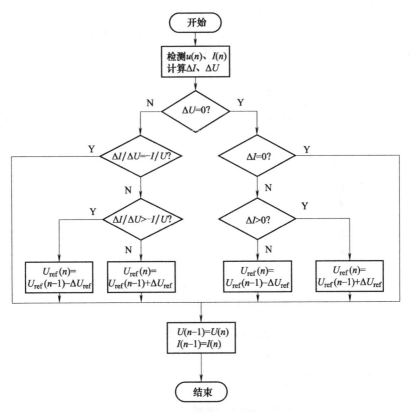

图 5-13　电导增量法控制流程图

$$P = UI$$

$$\Rightarrow dP/dU = d(UI)/dU$$

$$\Rightarrow dP/dU = I + UdI/dU$$

$$\Rightarrow (I/U)dP/dU = I/U + dI/dU \tag{5-9}$$

$$\Rightarrow GdP/dU = G + \Delta G$$

$$G = I/U, \quad \Delta G = dI/dU$$

由上式可以推出：

$$G > -\Delta G \Leftrightarrow dP/dU > 0$$

$$G = -\Delta G \Leftrightarrow dP/dU = 0 \tag{5-10}$$

$$G < -\Delta G \Leftrightarrow dP/dU < 0$$

经过离散化后得：

$$\Delta I = I(k) - I(k-1) \tag{5-11}$$

$$\Delta U = U(k) - U(k-1) \tag{5-12}$$

$$G = I(k)/U(k) \tag{5-13}$$

$$\Delta G = (I(k) - I(k-1)) / (U(k) - U(k-1)) \tag{5-14}$$

设太阳能光伏板电压电流初始值为 0，采集真实的输出电压和电流并通过式（5-11）和式（5-12）计算和，式（5-13）和式（5-14）中，(k) 表示 k 时刻最新的采样值，$(k-1)$ 表示 k 时刻上一次的采样值。

光伏系统 MPPT 控制系统 Simulink 的实现如图 5-14 所示。模块由 PV Array 测得电压电流信号送入 S 函数"sfunmppt_po"，在 S 函数中采用改进爬山 MPPT 算法实现最大功率跟踪，将输出信号作为 Boost 电路的控制信号，从而形成闭环控制，实现 Boost 输出电压稳定也实现光伏发电系统总体最大功率跟踪。

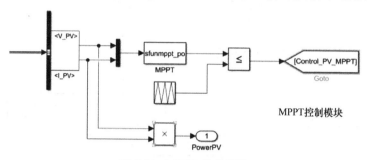

图 5-14　MPPT 仿真模块

5.3.2　容量优化配置方法

可再生能源具有波动性和间歇性，需要通过储能技术对其出力波动进行平抑，电池储能具有能量高、安装灵活、充放电速度快的特点，成为优先发展方向之一。储能容量的优化配置是含储能的可再生能源发电系统设计规划中的重要问题。

本节提供了一种基于双层决策模型的风光储联合发电系统储能容量的优化配置方法，可兼顾系统的稳定性和经济性。其中，外层规划模型使储能的初始投资与联络线波动惩罚最低，充分考虑系统的经济性；内层规划模型通过对储能的功率和容量配置约束，使系统联络线功率波动最低，从而使系统稳定性达到最优。

1. 双层决策问题

双层决策问题是一种具有两层递阶结构的系统优化问题，而且外层优化问题和内层优化问题都有各自的目标函数和约束条件，外层优化问题的目标函数和约束条件不仅与外层优化问题的决策变量相关，而且还依赖于内层优化问题的最优解，而内层优化问题的最优解又受外层优化问题的决策变量影响。双层决策问题的一般数学模型为[24]：

$$\begin{cases} \min_{x} F(x,y) & \text{s. t. } g(x,y) \leq 0 \\ \min_{y} f(x,y) & \text{s. t. } h(x,y) \leq 0 \end{cases} \tag{5-15}$$

式中，$x \in \mathbf{R}^{n_x}$，$y \in \mathbf{R}^{n_y}$ 分别为外层优化问题和内层优化问题的决策变量；F，f：$\mathbf{R}^{n_x+n_y} \rightarrow \mathbf{R}$ 分别为外层优化问题和内层优化问题的目标函数；g：$\mathbf{R}^{n_x+n_y} \rightarrow \mathbf{R}^{n_u}$；$h$：$\mathbf{R}^{n_x+n_y} \rightarrow \mathbf{R}^l$ 分别为外层优化问题和内层优化问题的约束条件。

双层优化问题通常难以得到全局最优解，通过数值解法进行迭代逼近，满足一定的收敛条件后，即认为达到了最优。

2. 储能配置模型

双层规划模型如图 5-15 所示。外层规划模型的决策变量为储能的功率和容量配置，目标为储能的初始投资与系统联络线波动惩罚最低；内层规划模型的决策变量为储能在运行过程中的充放电功率，目标为系统联络线功率波动最低。

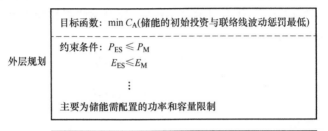

图 5-15　双层规划模型架构

（1）外层规划模型

目标函数为

$$\min C_A = c_1 P_{ES} + c_2 E_{ES} + \lambda \sqrt{\frac{1}{N-1} \sum_{i=1}^{N} \left[P_{ES}(i) + P_L(i) - P_G(i) - P_{base} \right]^2} \quad (5\text{-}16)$$

式中，P_{ES} 为风光储能配置功率；E_{ES} 为风光储系统中储能配置容量；c_1 为单位功率费用（元/kW），对于锂电池、铅酸等电池储能，主要为功率变流器（PCS）的单位购置费用；c_2 为单位容量费用 [元/（kW·h）] 主要为电池的单位容量购置费用；λ 为联络线功率波动引起的惩罚系数（元/kW）；$P_{ES}(i)$、$P_L(i)$、$P_G(i)$ 分别为第 i 时段中，系统内的储能功率、负荷功率和发电功率；P_{base} 为系统上报的基准容量。目标函数的前两项之和代表了储能的购置成本，后一项代表了电网因系统的功率偏移而增加的备用容量成本。

约束条件为：

$$\begin{cases} P_{\mathrm{ES}} \leqslant P_{\mathrm{M}} \\ E_{\mathrm{ES}} \leqslant E_{\mathrm{M}} \\ P_{\mathrm{ES}} \geqslant P_{\mathrm{ES}}(i) \\ E_{\mathrm{ES}} \geqslant \dfrac{1}{\mathrm{SOC}_{\mathrm{M}} - \mathrm{SOC}_0} \sum_{k=1}^{i} \alpha(i) P_{\mathrm{ES}}(i) \Delta t \end{cases} \tag{5-17}$$

式中，i 为计算时段 $i=(1,\ 2,\ \cdots,\ N)$；P_{M}、E_{M} 分别为由于安装场地、并网功率等限制条件下允许的储能最大功率和容量；$\mathrm{SOC}_{\mathrm{M}}$ 为电池储能系统允许的最高荷电状态，SOC_0 为电池储能系统每日的初始荷电状态。将储能的充放电功率 $P_{\mathrm{ES}}(i)$ 定义为充电时 $P_{\mathrm{ES}}(i)>0$、放电时 $P_{\mathrm{ES}}(i)\leqslant 0$，假设储能系统的充电效率和放电效率在运行过程中保持不变，令

$$\alpha(i) = \begin{cases} \eta_{\mathrm{c}} & P_{\mathrm{ES}}(i)>0 \\ \dfrac{1}{\eta_{\mathrm{d}}} & P_{\mathrm{ES}}(i)\leqslant 0 \end{cases} \tag{5-18}$$

（2）内层规划模型

目标函数为

$$\begin{cases} \min f = \dfrac{1}{N} \sum_{i=1}^{N} \left[P_{\mathrm{ES}}(i) + P_{\mathrm{L}}(i) - P_{\mathrm{G}}(i) - \overline{P} \right]^2 \\ \overline{P} = \dfrac{1}{N} \sum_{i=1}^{N} \left[P_{\mathrm{ES}}(i) + P_{\mathrm{L}}(i) - P_{\mathrm{G}}(i) \right] \end{cases} \tag{5-19}$$

式中，f 为一日内联络线功率的波动方差；$\overline{P}$ 为系统联络线功率均值。

约束条件为

$$\begin{cases} -P_{\mathrm{ES}} \leqslant P_{\mathrm{ES}}(i) \leqslant P_{\mathrm{ES}} \\ \mathrm{SOC}_{\mathrm{m}} \leqslant \mathrm{SOC}(i) \leqslant \mathrm{SOC}_{\mathrm{M}} \\ -P_{\mathrm{G0}} \leqslant P_{\mathrm{ES}}(i) + P_{\mathrm{L}}(i) - P_{\mathrm{G}}(i) \leqslant P_{\mathrm{L0}} \end{cases} \tag{5-20}$$

式中，P_{L0}，P_{G0} 分别为用户被允许的最大用电功率及反送功率。

结合式（5-19），可得

$$\mathrm{SOC}(i) = \mathrm{SOC}(i-1) + \dfrac{\alpha(i) P_{\mathrm{ES}}(i) \Delta t}{E_{\mathrm{ES}}} \tag{5-21}$$

式中，Δt 为计算时段长度（min）。

（3）求解方法

以上分析可以看出，外层规划模型为二次规划问题，容易求解；内层规划模型为混合整数非线性规划（Mixed Integer Nonlinear Programming，MINLP）问题，但其目标函数可表述为一元函数和的形式，此时可用动态规划方法进行求解。动

态规划方法通过阶段划分把一个多变量的优化问题分解为多个单变量优化问题，是求解该类问题的有效算法。动态规划模型需要确定计算的决策量和状态量。对于各可控资源，每个计算时段的功率是动态规划模型中的决策量；对于储能，每个计算时段末的 SOC 是其状态量，初始状态量和结束状态量均为已知量。

动态规划决策过程的最优策略具有这样的性质：不论初始状态和初始决策如何，当把其中的任何一级和状态再作为初始级和初始状态时，其余的决策对此必定也是一个最优策略。即若有一个初始状态为 $x(0)$ 的 N 级决策过程，其最优策略为 $\{u(1)，u(2)，\cdots，u(N-1)\}$。那么，对于以 $x(1)$ 为初始状态的 $N-1$ 级决策过程来说，决策集合 $\{u(1)，u(2)，\cdots，u(N-1)\}$ 必定是最优策略。

图 5-16 为 N 级决策阶段状态转移示意图。一个 N 级决策过程的动态方程可描述为

$$\begin{cases} x(k+1)=f\big[x(k),u(k),k\big] \\ x(0)=x_0 \end{cases} \tag{5-22}$$

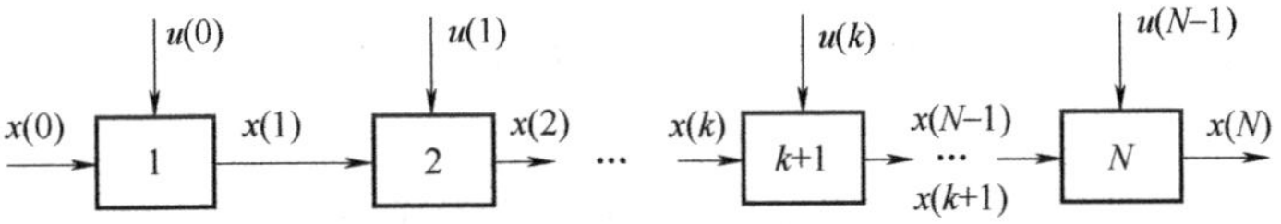

图 5-16　N 级决策阶段状态转移示意图

式（5-22）的状态约束为 $x(k)\in X\subset \boldsymbol{R}^n$；控制（决策）约束为 $u(k)\in\Omega\subset \boldsymbol{R}^m$；此时，规划问题可描述为求解一个最优控制（决策）系列 $u^*(k)$，$k=0$，1，$\cdots$，$N-1$，使得性能指标最小，性能指标可描述为

$$J_N\big[x(0)\big]=\phi\big[x(N),N\big]+\sum_{k=0}^{N-1}L\big[x(k),u(k),k\big] \tag{5-23}$$

动态规划问题的求解可分为前向和后向两种方法。所谓前向是指从起点出发，层层递推直到终点；后向即从终点倒推，逆向求解。在实际问题中，后向动态规划更为常用。

后向动态规划算法从周期 $N-1$ 开始，按时间反向递推到周期 0，可表示为

$$J_{N-k}^*\big[x(k)\big]=\min_{u\in\Omega}J\big[x(k)\big]$$

$$=\min_{u\in\Omega}\left\{\phi\big[x(N),N\big]+\sum_{j=k}^{N-1}L\big[x(j),u(j),j\big]\right\} \tag{5-24}$$

动态方程为

$$\begin{cases} x(k+1)=f\big[x(k),u(k),k\big] \\ x(k)\in X\subset \boldsymbol{R}^n \qquad k=0,1,\cdots,N-1 \\ u(k)\in\Omega\subset \boldsymbol{R}^m \end{cases} \tag{5-25}$$

式（5-25）可表示为

$$J_{N-k}^*\left[x(k)\right]=\min_{u(k)\in\Omega}\left\{L\left[x(k),u(k),k\right]+J_{N-k-1}^*\left[x(k+1)\right]\right\}$$
$$k=0,1,\cdots,N-1 \tag{5-26}$$

求解步骤如下：

① 求第 N 级最优控制

$$J_1^*\left[x(N-1)\right]=\min_{u(N-1)\in\Omega}\left\{L\left[x(N-1),u(N-1),N-1\right]+J_0^*\left[x(N)\right]\right\}$$
$$\tag{5-27}$$

解得

$$u^*(N-1)=u^*\left[x(N-1)\right],J_1^*\left[x(N-1)\right] \tag{5-28}$$

② 依次类推，求得第 $k+1$ 级的最优控制

$$J_{N-k}^*\left[x(k)\right]=\min_{u(k)\in\Omega}\left\{L\left[x(k),u(k),k\right]+J_{N-k-1}^*\left[x(k+1)\right]\right\} \tag{5-29}$$

解得

$$u^*(N-2)=u^*\left[x(N-2)\right],J_2^*\left[x(N-2)\right] \tag{5-30}$$

③ 依次类推，求得第 $k+1$ 级的最优控制

$$J_{N-k}^*\left[x(k)\right]=\min_{u(k)\in\Omega}\left\{L\left[x(k),u(k),k\right]+J_{N-k-1}^*\left[x(k+1)\right]\right\} \tag{5-31}$$

解得

$$u^*(k)=u^*\left[x(k)\right],J_{N-k}^*\left[x(k)\right] \tag{5-32}$$

④ 求得第 1 级的最优控制

$$J_N^*\left[x(0)\right]=\min_{u(1)\in\Omega}\left\{L\left[x(0),u(0),0\right]+J_{N-2}^*\left[x(1)\right]\right\} \tag{5-33}$$

解得

$$u^*(0)=u^*\left[x(0)\right],J_N^*\left[x(0)\right] \tag{5-34}$$

⑤由初态 $x(0)$ 和约束函数，顺序求出各级控制策略、状态以及代价。

将储能在每个阶段结束时的 SOC 作为该级状态，假设在各阶段，储能系统在该阶段的充放电功率 $P_{ES}(i)$ 为决策量，风/光的损失则成为相应代价函数，而式（5-34）即为动态方程。

由储能充放电功率限制，以及联络线功率限制，建立储能充放电功率的决策集。依据储能运行的 SOC 范围，建立储能的状态集。按照上述求解步骤进行储能最优充放电过程的求解，图 5-17 为 SOC 阶段状态转移示意图。

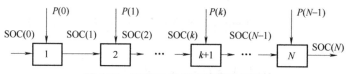

图 5-17　SOC 阶段状态转移示意图

图 5-18 为基于双层决策的风光储系统储能配置流程。由于采用双层规划模型求解较难得到全局最优解，因此，采用数值计算方法，利用固定次数的步骤直

接迭代，当满足一定的收敛条件，即认为最优。图中，E_{ES}^s、P_{ES}^s分别表示不同季节储能系统的容量和功率配置。

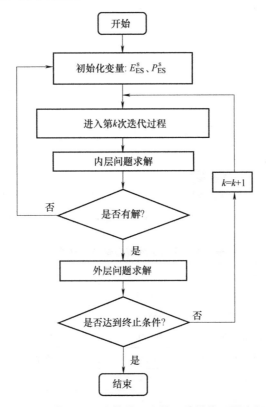

图 5-18　基于双层决策的风光储系统储能配置流程

5.3.3　算例分析

算例考察对象为一个含风电、光伏、电池储能以及负荷的风光储系统，系统结构如图 5-19 所示。所考察系统光伏装机容量为 500kW，风电装机容量为 1000kW，最大负荷为 2400kW，联络线最大功率限制为 1600kW，反送电功率限制为 500kW。

此处，按季节选取风电、光伏典型日出力曲线和典型日负荷曲线，表 5-4 列出了风光储系统各季节场景指标。由表 5-4 可以看出，夏季光照强度充足，但风速较低；冬季风资源丰富，但光照强度低，且负荷需求最高；春、秋季节光照、风速相对居中。由于春季和秋季的风电、光伏、负荷曲线比较接近，此处去秋季。图 5-20 为未加储能系统时，春、夏、冬季的系统联络线功率曲线，可以看出：三个季节的联络线功率波动均较大，且夏、冬季出现超出联络线功率限制的情况。

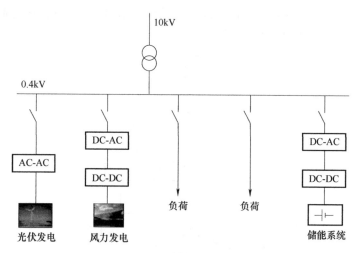

图 5-19　风光储系统结构

表 5-4　风光储系统各季节场景指标

项目	指标	春季	夏季	冬季
负荷	最大值/kW	1884.4	2170.1	2378.5
	峰谷差/kW	965.5	940.2	708.8
光伏	最大出力值/kW	391.9	497.2	273.8
	峰谷差/kW	386.8	492.2	270.0
风电	最大出力值/kW	633.8	734.9	968.8
	峰谷差/kW	467.9	570.5	534.4

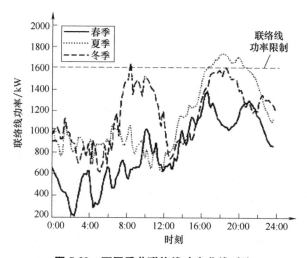

图 5-20　不同季节联络线功率曲线对比

表 5-5 给出仿真算例中仿真参数的取值，根据图 5-18 所示的基于双层决策的储能配置流程图分别计算不同季节储能系统所需功率容量。不同季节储能功率和联络线功率曲线如图 5-21~图 5-23 所示。

表 5-5　算例参数

参数	数值
$c_1/(元/kW)$	500
$c_2/[元/(kW \cdot h)]$	2000
$\lambda/(元/kW)$	15000
SOC_m	0.2
SOC_M	1.0
$SOC\ (0)$	0.5
P_{L0}/kW	1600
P_{G0}/kW	-500

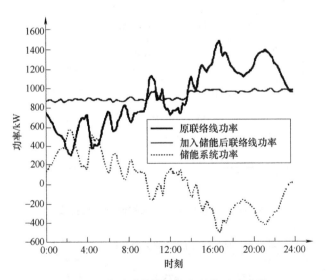

图 5-21　春季联络线功率和储能功率曲线

结合图 5-21~图 5-23 和表 5-6，可以看出，加入储能后，各季节系统联络线功率均未超过联络线功率限制 1600kW，波动范围小于 200kW，波动抑制明显。

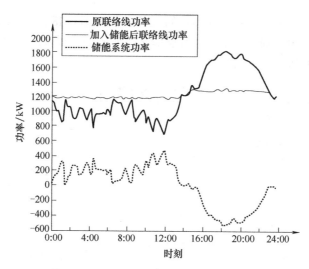

图 5-22　夏季联络线功率和储能功率曲线

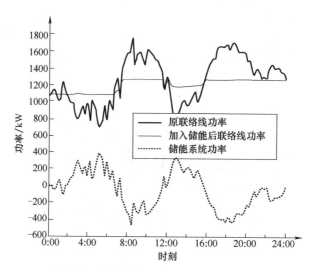

图 5-23　冬季联络线功率和储能功率曲线

表 5-6　加入储能前后各季节联络线功率对比

联络线功率	指标	春季	夏季	冬季
原联络线功率	最大值/kW	1473.1	1824.2	1736.8
	波动值/kW	1183.0	1114.7	1031.0
	方差/(kW)²	98829.0	88746.0	78185.0
加入储能后联络线功率	最大值/kW	985.6	1319.7	1267.4
	波动值/kW	132.0	163.6	191.6
	方差/(kW)²	1992.6	2782.4	6202.4

230

表 5-7 给出了各季节储能优化配置结果。其中，冬季由于风电出力较大，使得其配置储能功率容量最小，为 473.1kW/957.6kW·h；夏季日间虽然有较大的光伏出力，但夜间负荷高峰使得所需储能容量较大，为 523.7kW/1213.4kW·h。

表 5-7　各季节储能优化配置结果

季节	电池储能功率/kW	电池储能容量/kW·h	电池储能系统购置成本/万元	电网备用成本/万元
春季	573.6	1102.5	251.6	52.6
夏季	523.7	1213.4	271.7	61.9
冬季	473.1	957.6	146.7	67.5

储能配置功率容量较大，使得联络线功率波动降低，电网备用成本相应降低，但储能购置成本增加；相反，储能配置功率容量较小，储能购置成本减少，但不能较好地抑制联络线功率波动，电网备用成本相应增加。储能的初始投资和联络线波动最低，二者相互制约。

5.4　计及电池健康状态的源储荷协同容量配置方法

国家发展改革委颁布的《关于加快推动新型储能发展的指导意见》中提到推动建立储能运行监测等环节的管理体系，预示着健全电化学储能电站管理体系尤为重要[25-27]。近年来，以电化学电池为代表的储能技术迅速发展，其在电力系统中的规模化应用正在快速增加，预计到 2021 年年底，中国电化学储能累计装机规模将达 5791MW。随着中国储能装机规模的逐年增长及其集成技术的不断发展，应用电池储能电站去实现平滑风光功率输出、跟踪计划发电、参与系统调频、削峰填谷、暂态有功出力紧急响应、暂态电压紧急支撑等多种应用，已成为了一种可行方案[28-29]。其中关键问题之一，是掌握大规模多类型电池储能电站能量管理技术以及多类型大容量电池储能机组的协调控制方法，因此对储能电站进行能量管理具有深远意义。

为应对化石能源大规模开发利用带来的能源和环境危机，近年来，清洁可再生能源装机容量飞速发展。随着高渗透率分布式电源的并网，源与荷供需矛盾逐渐凸显，弃风弃光问题日益严峻。一方面，储能技术是解决高渗透率分布式光伏、实现可再生电源高效利用的一项重要举措[30-31]。另一方面，尽管需求侧响应能够在一定程度上引导用户用电行为，但不能从根本上解决负荷峰谷差大、设备利用率低等问题。如何实现源与荷信息互通，将传统的供需信息由静态传递向能源互联转变，形成能源互联网，是今后能源革命的变革方向[32-34]。新电改的出台推动了能源互联网的发展，大规模分散式储能系统是能源互联网发展中的关键元素。但现阶段，储能系统投资成本较高、循环寿命有限，规模不经济，尚不具备大规模应用的条件，"光-储-荷"的协调配置是亟需解决的问题。

针对微网中源储荷的协同配置问题，为确保微网系统的经济性，在规划阶段需细致考虑源储荷的配比问题。提出了基于雨流计数法的电池健康状态评估方法，考虑储能电池健康状态（State Of Health，SOH），以源储荷净收益最大为目标，提出了电池储能系统各时段充放电功率的优化方法，综合考虑了运行效益、补贴及上网收益、延缓配电网升级带来的效益、碳减排效益、投资运维及电池替换成本，以投资回报率为指标，建立了源储荷的协同配置模型，并提出了一种双层多目标优化求解方法，通过实际算例仿真分析。

5.4.1 百兆瓦级储能电站相关政策和标准

为支撑电化学储能电站应用与产业发展，落实《关于促进储能技术与产业发展的指导意见》，加强电力储能推广与标准化工作，发挥政策与标准的引领与规范作用，我国已先后颁布了百兆瓦级电化学储能电站能量管理相关政策30余项，标准50余项，正在构建并完善电站能量管理标准体系。国家能源局、工信部等在近两年频频发布相关政策，强调要提高电化学储能灵活调节能力、加大电化学储能设备的研发力度，旨在推动相关技术问题的突破，进而使得储能电站的应用实现效益最大化。鉴于电力储能系统标准的重要性，我国储能标委会正在积极部署电力储能标准化工作，目前已实施的标准可分为基础通用、运行规范、管理规范和设备规范这4个维度，如图5-24所示。

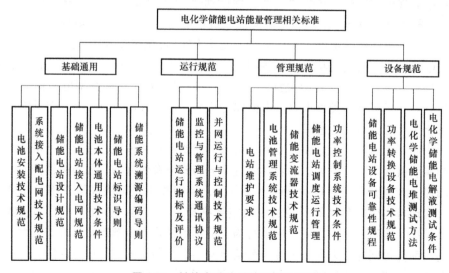

图 5-24 储能电站能量管理相关标准

　　在现有储能电站能量管理标准体系中，基本上涉及电站"安装-测试-运行-检修-管理"的各个流程。其中，基础通用方面的标准涉及面最广，且发展相对成熟；近年来，储能电站在国内外都引发了着火及火灾事故，引起了国家的高度重视。若不从根源上解决此类问题，将会严重阻碍电力储能的健康持续发展。为此，储能行业的众多先锋纷纷牵头制定安全性、可靠性方面的标准，通过顶层设计，为电化学储能电站安全稳定运行提供了有力保障。在十四五期间，"多能互补能源体系建设"的提出加快了以"新能源+储能"示范项目为主，"电网侧、用户侧+储能"示范项目为辅的建设速度，这同时也标志着外界对电力储能的多元化用电需求日渐加强。为此，国家还需将标准化进一步深入，例如，对集成规范、应用场景中技术指标提出相应的要求。

　　目前，国家有关部门尚未出台完整的电化学储能消防安全和施工及验收方面的标准，仅颁布 GB/T 40090—2021《储能电站运行维护规程》等标准，作为储能电站投运过程中施工及验收标准的依据。电化学储能电站消防安全准则现主要按照 DL 5027《电力设备典型消防规程》执行。为加快完善上述两方面标准，国家发展改革委、国家能源局在 2021 年 8 月组织起草了《电化学储能电站安全管理暂行办法（征求意见稿）》，其安全防护和施工及验收标准正在加快制定当中。

　　储能电站到达一定的运行周期后，需要对电池本身、电池管理系统、功率转换系统以及消防系统进行维护；电池性能衰减至退役时，需要在不影响其余电池组正常工作的情况下，合理、规范地将其拆解。因此，我国还需加快制定和实施上述几方面的相关国家行业标准。

　　为了进一步细化国家颁布的储能电站相关政策，京津冀、山东、福建、江苏、青海、广西等电化学应用重要省份也纷纷响应国家的号召，发布相关政策，以此促进百兆瓦级电化学储能电站的示范应用，推动其可持续健康发展。

5.4.2　容量优化配置方法

　　GB 51048—2014《电化学储能电站设计规范》要求储能电站的运行状态参数误差要在预设的范围内。从电池储能系统的角度来说，其充放电功率和储能容量有限，且过度充电和过度放电都将对储能电池的寿命造成影响。因此，合理管控储能电池状态，在满足储能系统外部充放电功率的需求前提下，对于不同性能状态的各支路电池模块功率进行动态分配，可实现基于各支路电池模块的储能电站能量管理。

1. 基于电化学内部机理的电站状态估计技术

　　对电池内部微观的物理及电化学过程进行分析，主要侧重对电池衰老过程的分析。寻找恰当的老化程度表征参数，并建立这些参数和电池老化程度之间的对应关系，进而获得老化机理模型，该方法示意图如图 5-25 所示。此方法估算准确度差一些，但工作量较小，是目前主流发展方向之一，技术难点是特征参数的定位与获取。

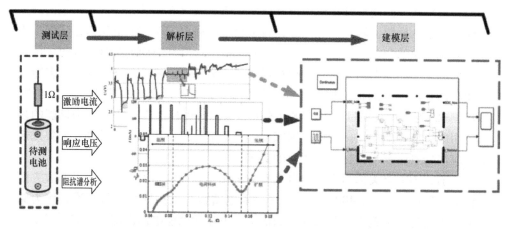

图 5-25 基于电化学内部机理的电站状态估计技术示意图

电化学内部机理分析包括模型构建和解析。对于内部机理模型的构建，通过设计特定的电流激励信号，将电池内部不同过程对应的端电压表现依次激发出来，构建锂离子电池简化电化学模型，虽然整包检测需要深度充放电激发电池的特性，耗时较多，但是整包利用经济性最佳，并且可以同时获知多个内部单元的状态，从而抵消时间和设备成本。

储能电站内部电池测试数据的模型解析主要分为两方面：

1）在经典复杂电化学性能仿真模型的基础上，可研究数学变换、模型降阶和近似等效方法的模型简化、参数约减方法，进一步探讨不同电池电压成分与模型内部不同动力学过程的关联关系，从而实现电化学模型参数的解耦辨识。这种方法中常用概率模型法，将电池等效电路模型与概率分析方法（如贝叶斯回归及分类算法）相结合来描述电池的老化及容量衰减过程，并通过实验对模型进行验证。除此之外，还有利用阿伦尼斯模型关注温度对电池耐久性的影响；逆幂律模型通过电压击穿等电应力研究电池失效机理；使用机械应力（SOC 增量与SOC 均值的乘积）表征电池实时状态。

2）针对阻抗谱数据构建分数阶等效电路模型并辨识其参数，重点研究基于阻抗谱形貌特征和电池机理分析的模型参数初值选取方法，保证参数辨识结果的稳定性，进一步通过时频域变换将频域阻抗模型转换为时域等效电路模型。通过上述两个方面的研究，对外部可观测电压、电流数据进行模型解析，可实现电池包内最小可分辨单元（电压、电流可测的单体或者最小模组）物性参数的解耦辨识。

对于单体电池状态检测场景，由于其数量较大，且考虑检测时间问题，未来可采用基于频域电化学阻抗谱技术对其特性进行测量和解析。首先，设计开发基于多正弦叠加电流激励的阻抗谱快速测量装置；其次，构建电池频域分数阶等效电路模型，并结合电池频域响应机理和参数辨识算法可靠获取频域模型参数；最后，通过时频域变换方法将频域阻抗模型映射到时域，从而实现对电池电压-电流特性的时域仿真。

2. 基于特征工程的电站状态估计技术

目前，电化学储能电站多为锂电池单体通过集成方式组合而成，考虑到锂电池分析技术成熟度有待进一步提升，且锂电池退化机理分析复杂，通过观察能够表征电池退化机理的外部数据后经过一系列处理获得整个电站的能量状态转变成一种较为新兴的电站状态估计技术，即基于特征工程的电站状态估计技术，此类技术示意图如图 5-26 所示。

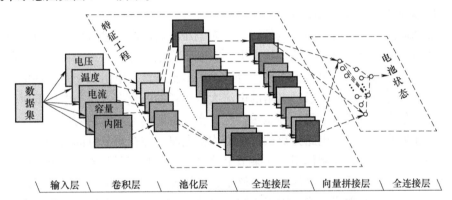

图 5-26　基于特征工程的电站状态估计技术示意图

特征工程主要分为特征选择和特征提取。特征选择在数据集合中发现并挑选出最能够反映电站能量状态的几个参数；特征提取在已选出的几个重要参数数据中找出反映电站能量状态变化趋势的某个特征数值。

将特征工程筛选出的数据带入到机器学习模型中训练状态估计模型，再将实时数据导入至此模型中，即可获得电站内部单体级、模组级甚至各簇级电池的能量状态。参考文献［37］使用随机森林算法，对以电池电流、电压和温度数据作为输入、与三者相对应的 SOC 作为输出的估计模型进行训练，实验证明，该方法具有很高的估计电池 SOC 能力；参考文献［38］在低平均倍率脉冲放电工况下，运用非线性最小二乘法、卡尔曼滤波联合方法提取电池容量特征和内阻特征参数，并通过容量衰退实验验证了该方法的有效性；参考文献［39］通过电池寿命循环实验分析电池退化机理，建立了基于容量增量曲线的电池 SOH 估计模型。通过容量增量曲线确定中部分特征参数和电池剩余容量，分别作为模型输入量和输出量，利用神经网络模型实现电池 SOH 的估算。

若考虑成本问题，常采用传统经验法作为特征选择方法，特征提取方法通常运用像非线性最小二乘法等步骤、操作简单的算法实现；若考虑准确度问题，常采用随机森林、灰色关联对数据进行特征选择，利用 IC 或 CV 曲线提取数据特征，实现电站的状态估计。根据已获得的电站内部各电池簇状态信息，对其进行功率分配。

5.4.3 电化学储能电站均衡管理策略

在生产、工作环境带来的不一致性问题会导致整个电池容量不能有效发挥，整体存在"木桶效应"。综合储能电池组状态、电池电压、电池 SOC、温度、电池厂家、循环次数等相关因素，对储能电站中的各个电池组进行均衡管理，能够在高压使用环境下对电池组端电压进行一致性的控制，使得各电池组工作时状态基本趋于一致。

1. 储能电站被动均衡技术

被动均衡一般通过电阻放电的方式，对电压较高的电池进行放电，以热量形式释放电量，其余低电压电池继续充电，直至所有电池电压一致。在锂动力电池电芯两端并联电阻，让电阻消耗掉部分锂动力电池能量。电阻长期并联在电池两端，电池电芯电压高时，通过电阻的电流大，消耗的电量多，电池电压低时，电阻消耗电量小。可通过电阻这种压敏特性，实现电池端电压的均衡。

目前最简单的均衡电路为负载消耗型均衡电路，即在每节电池上并联一个电阻，并串联开关起到控制作用。在某节电池电压过高时打开开关，充电电流通过电阻分流，使得电压高的电池充电电流小，电压低的电池充电电流大，但这种实现电池电压均衡的方式只能适用于小容量电池，对于大容量电池，此管理方式下的电池间端电压一致性较差。未来随着电芯的一致性的提高，对被动均衡的需求会逐渐降低。

2. 储能电站主动均衡技术

为解决上述大容量一致性较差问题，专家们研发了不同种主动均衡电路。主动均衡技术如图 5-27 所示，主动均衡电路在充电时通过均衡电容器或均衡电感等元件及双向开关的频繁切换，将多余电量转移至高容量电池模组，放电时将多余电量转移至低容量电池模组，实现电池间的电压及 SOC 均衡，进而提高电池模组间使用效率。但此方式成本较高，电路复杂，可靠性低。

3. 储能电站主动被动协同均衡技术

考虑到电池参数间的耦合性和上述两种均衡技术的优缺点，参考文献 [35-36] 均提出了新型主动被动协同均衡技术，通过对硬件电路的修改，在电压极差较小时采用被动均衡技术，既简单又能节省成本；必要时采用主动均衡技术，既提高电池间均衡效果又降低线路间能量损耗。

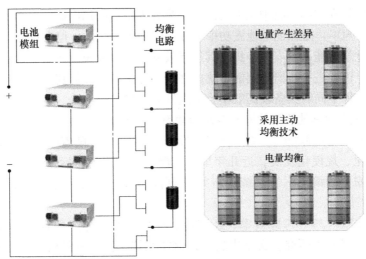

图 5-27　主动均衡技术

随着电池间不一致性要求的提高及提高可靠性、节约使用成本的需求提出，主动被动协同均衡是日后均衡技术发展的主流方向。但目前此方式的控制电路存在一些技术难题尚未攻破，未来可通过深入研究，将电量转移的优化算法与主被动协同均衡电路结合起来，进一步提高均衡效果和电路可靠性，为百兆瓦级电化学储能电站建设提供更优服务。

5.4.4　电化学储能电池簇功率分配策略

从电池储能的角度来说，过度的充电和放电都会对电池的寿命造成影响。因此，根据电池荷电状态等重要性参数合理分配储能电站中各电池簇有功功率需求是十分必要的。

1. 考虑电池 SOC 不一致性的储能电池簇功率分配方法

考虑经济性和持续可调度性两方面因素，参考文献［37］制定了三种基于电池 SOC 的控制策略。其中，按比例分配利用电池 SOC 表征剩余容量，并按剩余容量之比分配功率，经济分配考虑到外界对电池 SOC 的需求，最大能力输出策略将电池组各 SOC 分区，形成在不同区域下的动态能量分配。实验结果证明了这三种策略均能实现储能系统的优化运行，并提高系统运行的经济性。参考文献［38］提出了一种支持黑启动的多储能协调控制策略。根据储能系统荷电状态（SOC）的工作分区，将储能系统划分为 24 种运行模式。针对每个储能电站的功率分配问题，提出了一种自适应的多储能动态分配模型。功率跟踪控制层采用 V/f 和 PQ 相结合的控制策略，能够完成储能电站之间上层功率指令的最优分配，并将实时 SOC 反馈给功率计算分配层。实验表明，该控制策略可实现电网黑启动时的功率平衡和电压频率稳定。

由于电站在实际运行中主要目的是满足外界负荷的用电需求，因此考虑电池荷电状态（SOC）是储能电池簇功率分配策略的重中之重。但在目前，在多场景下保证电化学储能系统安全、提高其运行效率并发挥系统商业价值是亟需解决的关键问题。需要进一步研究储能系统内部功率分配策略，使其在满足不同调度指令要求的条件下同时具备较高效率、安全性和可控性。

2. 考虑电池其他因素的储能电池簇功率分配方法

目前储能电池簇功率分配主要考虑各电池簇 SOC，随着电化学储能技术逐渐向商业化、规模化发展，近几年里对储能内部控制的目标包括在满足外界需求和保证安全的情况下使系统运行效率更高、延长系统使用寿命、更具盈利前景。

参考文献 ［39］考虑效率、经济性、SOC 一致性等因素对 VRB 储能系统的功率分配展开了研究。文章中建立以储能系统折损成本最低、储能系统损耗率最小和电池 SOC 一致性较好为多目标函数的系统内部功率分配模型，在构建因某标准而制定的 4 个评价指标的条件下，采用 A-WPSO 算法求解模型，实验证明该策略可减少电池充放电次数，降低电池运行成本，提高工作效率。参考文献 ［40］为了延缓电池寿命衰退、提高储能系统使用年限，提出一种计及电池组健康状态（SOH）的储能系统能量管理策略，策略包括确定负荷要求所需工作电池组个数以及制定电池组充/放电优先级判据。仿真结果表明，工作的电池组能够保持较为均衡的 SOC，且放电深度较为一致。参考文献 ［41］在所提控制策略中考虑功率损耗因素，采用自适应差分进化算法对策略进行求解，实验证明此策略相比于传统策略电池组投切次数和系统整体损耗大大减少。

为了加强日后百兆瓦级储能电站实际应用中的管控能力、提高经济效益，除上述考虑因素外，电站功率分配策略还可考虑内阻一致性、线损、网损和可持续调度性等。

（1）光储荷微电网模型

光储荷微电网系统包括分布式电源（以光伏为例进行分析）、储能系统、负荷等，通过变压器与外电网相连，系统结构图如图 5-28 所示。图 5-28 中，$P_{pv}(t)$ 为 t 时刻光伏设备的输出功率；$P_{ess}(t)$ 为储能系统的充放电功率，储能系统放电时，$P_{ess}(t)$ 为正值，反之储能系统充电时，$P_{ess}(t)$ 为负值；$P_{load}(t)$ 为负荷的电能需求；$P_{pg}(t)$ 为微电网与配电网的交换功率，由配电网向微网供电时为正值，反之微网向配电网倒送功率时为负值；$\rho(t)$ 为 t 时刻峰谷分时电价。储能监控系统采集储能充放电状态、功率、荷电状态 SOC 等信息，发送充放电控制指令。光储荷微网管理系统采集电价、负荷需求、光伏出力、储能状态信息，向储能系统下达充放电指令。

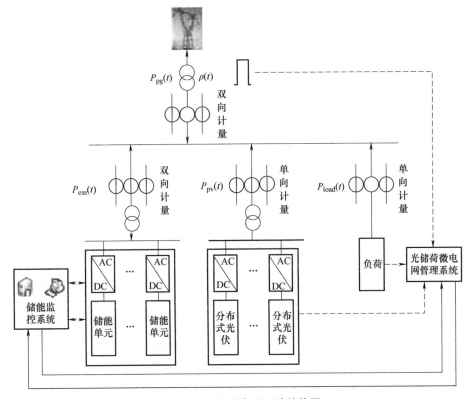

图 5-28　光储微电网系统结构图

（2）电池健康状态

电池健康状态表征为电池剩余容量与同型号新电池放电容量的比值。正常使用状态下，电池剩余容量逐步衰减，储能电池的容量衰减主要与运行温度、充放电深度、循环次数等因素有关[42]。电池储能系统中的温控系统能够对电池运行温度实现精密控制，因此通常忽略运行温度对电池健康状态的影响。参考文献［43］通过实验测试，得出不同放电深度（Depth Of Discharge，DOD）h_{DOD} 下的锂离子电池健康状态 $S_{OH}^{h_{DOD}}$ 与循环次数 l 的拟合关系。

$$S_{OH}^{h_{DOD}} = l + a_{DOD}l + b_{DOD}l^2 + c_{DOD}l^3 \tag{5-35}$$

式中，a_{DOD}、b_{DOD}、c_{DOD} 分别为不同 DOD 下拟合公式一次项、二次项、三次项的系数。

电池健康状态的分析需要统计不同放电深度下的充放电循环次数，雨流计数法在疲劳寿命计算中得到了广泛应用，参考文献［44］对雨流计数法的原理进行了详述，根据雨流计数法计算储能电池健康状态如图 5-29 所示，具体步骤如下：

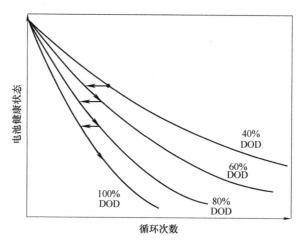

图 5-29   储能电池健康状态计算示意图

① 针对第 n 年 SOC—时间的曲线，依据雨流计数法计算循环计数周期；②将 DOD 划分为 [0, 40%]、(40%, 60%]、(60%, 80%]、(80%, 1] 等 4 个区间，统计 4 个区间内的循环次数；③计算 DOD 区间为 [0, 40%] 的 n 年累计循环次数 $n_{0.4}$；④将 $l = n_{0.4}$ 代入式（5-35）中，依据参考文献 [43] 中 $h_{DOD} = 40\%$ 的拟合值，得出储能电池健康状态 $S_{OH}^{0.4}$；⑤计算储能电池健康状态为 $S_{OH}^{0.4}$ 时，对应的 $h_{DOD} = 60\%$ 时的循环次数 $n'_{0.4}$，与 n 年 DOD 为 (40%, 60%] 区间内的循环次数累加，得出 $n_{0.6}$；⑥将 $l = n_{0.6}$ 代入式（5-35）中，依据 $h_{DOD} = 60\%$ 的拟合值，得出储能电池健康状态 $S_{OH}^{0.6}$；⑦重复步骤⑤、步骤⑥所述方法，计算 (60%, 80%]、(80%, 1] 等区间的循环次数作用后的第 n 年末储能电池健康状态 S_{OH}^{n}。

根据储能电池健康状态，计算第 n 年末储能电池剩余容量 E^{n} 为：

$$E^{n} = E_{bess} S_{OH}^{n} \tag{5-36}$$

式中，E_{bess} 为储能系统额定容量；S_{OH}^{n} 表示第 n 年的储能电池健康状态。

（3）优化配置模型及其求解算法

1）外层优化目标

投资回报率（Return On Investment，ROI）为光储荷微网系统年均收益与投资成本的比值，可用于评估光储荷微网协同优化配置的效果。外层优化目标为

$$F_{ROI} = \frac{f_{NPV} \dfrac{i_0 (1+i_0)^N}{(1+i_0)^N - 1}}{C_1} \times 100\% \tag{5-37}$$

式中，f_{NPV} 为光储荷微网系统净收益；i_0 为预期收益率；N 为由净收益分析得出的储能系统寿命年限。

2) 内层优化目标

计及光储系统容量衰减，考虑资金的时间价值，建立光储荷微网系统净收益模型：

$$f_{NPV} = \sum_{n=0}^{N} \frac{\sum_{j=1}^{4} I_j(n) - \sum_{k=1}^{3} C_k(n)}{(1+i_0)^n} \tag{5-38}$$

式中，$I_j(n)$ 为第 n 年光储荷微网系统的第 j 项收益，具体包括：分时电价下储能运行效益、分布式光伏补贴及上网收益、延缓配电网升级带来的效益和碳减排效益；$C_k(n)$ 为第 n 年光储荷微网系统的第 k 项支出，具体包括：投资成本、运维成本和电池替换成本。

3) 系统收益

① 储能系统"低储高放"运行效益

电力市场峰谷分时电价下，储能系统将光伏出力、负荷需求进行时移，降低电费成本支出，带来效益为

$$I_1 = N_{day} \sum_{t=0}^{24} \rho(t)(P_{load}(t) - P'_{load}(t))\Delta t \tag{5-39}$$

式中，N_{day} 为年计数天数；$P_{load}(t)$ 为原始负荷功率需求；$P'_{load}(t)$ 为光储作用后的合成负荷，不考虑光伏余电上网电量。

② 分布式光伏补贴及售电收益

为促进光伏产业的发展，国家从政策层面出台了分布式光伏补贴政策，余电上网的电价参照当地燃煤机组标杆机组上网电价收购，典型日分布式光伏补贴及上网收益为

$$I_2 = \left(\zeta Q_{pv}\rho_{sp} - \sum_{t=1}^{24} P_{pg}(t)\rho_{pp}\Delta t\right) N_{day}, P_{pg}(t) < 0 \tag{5-40}$$

式中，ζ 为光伏容量保持率；Q_{pv} 为典型日光伏发电量；ρ_{sp} 为分布式光伏补贴标准；ρ_{pp} 为当地燃煤机组标杆机组上网电价。

③ 延缓配电网升级改造带来的效益

光储荷微网中，储能参与电力市场经济运行，降低了负荷对配电线路、变压器的容量需求[19-22]。设储能系统的削峰率为 γ，负荷年增长率为 λ，储能系统延缓配电网升级改造的年限为

$$\Delta n = \frac{1+\gamma}{1+\lambda} \tag{5-41}$$

储能延缓配电网升级改造的收益为

$$I_3 = C_{dg}\Delta P_{load}(1 - 1/e^{i_0\Delta n}) \tag{5-42}$$

式中，C_{dg} 为配电线路、变压器等的升级扩建成本；ΔP_{load} 为储能减少的峰值负

荷；i_0 为预期收益率。

④ 碳减排效益

采用分布式光伏发电减少或替代传统能源燃烧发电，可以减少 CO_2 排放，根据国家发展改革委发布的数据分析，燃煤电厂 CO_2 排放量约为 $890kg/MW \cdot h^{[45-47]}$。为应对气候变化、减少温室气体排放，自 2013 年国内已有 7 个省市开展了碳排放权交易试点，其基本思想是控制碳排放总量，发挥市场机制的作用，当企业减排成本高于碳排放权交易成本时，企业购买碳排放权，而企业减排成本低于碳排放权交易成本时，企业进行自身减排。分布式光伏发电带来的碳减排效益为

$$I_4 = Q_c \rho_c N_{day} \tag{5-43}$$

式中，Q_c 为典型日碳减排量；ρ_c 为碳交易价格。

4）系统成本

① 投资成本 C_1

光储系统投资成本 C_1 主要包括电池组、电池管理系统、储能变流器、监控系统及光伏发电系统的支出，即

$$C_1 = C_p P_{bess} + C_E E_{bess} + C_{pv} P_{pv} \tag{5-44}$$

式中，C_p 为储能交直流功率转换单元的单位功率成本；C_E 为电池单元的单位容量成本；P_{bess} 为储能系统额定功率；C_{pv} 为光伏发电系统单位容量成本；P_{pv} 为光伏发电系统的装机容量。

② 运维成本 C_2

运营维护成本是为了使光储系统处于良好的运行状态所需要的费用。

$$C_2 = C_{me} Q_{bess} + C_{mpv} P_{pv} \tag{5-45}$$

式中，C_{me} 为储能系统单位运维成本；Q_{bess} 为储能系统年发电电量；C_{mpv} 为光伏系统年运行维护成本。

③ 电池替换成本 C_3

由于锂离子电池固有的非线性、不一致性和时变性等特征，其在长时间充放电过程中各单体电池间充电接受能力、自放电率和容量衰减率等的影响，造成单体电池间的离散性加大，加剧性能衰减，虽有电池管理系统确保电池安全和可控运行，但单体电池间的离散性问题难以完全避免，因此需对部分离散性较大的电池进行替换。

$$C_3 = \varepsilon C_E E_{bess} \tag{5-46}$$

式中，ε 为电池替换率。

5）约束条件

① 负荷需求约束

光储荷系统的运行需满足负荷的功率需求为

$$P_{pv}(t) + P_{ess}(t) + P_{pg}(t) = P_{load}(t) \tag{5-47}$$

② 储能系统约束

储能系统充放电功率不超过功率限值，即

$$-P_{bess} \leq P_{ess}(t) \leq P_{bess} \tag{5-48}$$

为提高电池储能系统寿命年限，避免过充过放，通常对储能的荷电状态 SOC 进行约束为

$$S_{OCmin} \leq S_{OC}^n(t) \leq S_{OCmax} \tag{5-49}$$

式中，$S_{OC}^n(t) = \dfrac{E(t)}{E_{bess} S_{OH}^{n-1}}$ 为第 n 年的荷电状态，S_{OCmin}、S_{OCmax} 分别为其最小值、最大值。

电池储能系统充放电过程中，储能电池本身、变流器等部件会带来能量的损失，需考虑储能能量转换效率 η 对充放电能量差额的影响。

$$\Delta t(P_{ess\_ch}(t-1)\sqrt{\eta} - P_{ess\_dis}(t-1)/\sqrt{\eta}) = E(t) - E(t-1) \tag{5-50}$$

其中，当 $P_{ess}(t-1) < 0$，即储能系统充电时，$\begin{cases} P_{ess\_ch}(t-1) = -P_{ess}(t-1) \\ P_{ess\_dis}(t-1) = 0 \end{cases}$。

当 $P_{ess}(t-1) > 0$，即储能系统放电时，$\begin{cases} P_{ess\_ch}(t-1) = 0 \\ P_{ess\_dis}(t-1) = P_{ess}(t-1) \end{cases}$。

当 $P_{ess}(t-1) = 0$，即储能系统不动作时，$\begin{cases} P_{ess\_ch}(t-1) = 0 \\ P_{ess\_dis}(t-1) = 0 \end{cases}$。

(4) 评估流程与求解算法

光储荷微网协同配置算法流程如图 5-30 所示。采用内外双层多目标优化算法，内层优化目标 NPV 的已知参量光储荷配比来自于外层算法，并将优化的储能系统充放电曲线及 SOC 曲线返回外层算法中；外层优化目标 ROI 基于遍历算法，将不同配比的光储荷传递到内层算法中，依据内层算法的优化结果，调整储能健康状态。本节结合峰谷分时电价、光储技术经济参量、配电网升级改造、碳减排及补贴政策，进行双层多目标优化求解。

外层以光储荷配比、储能系统持续放电时间为优化变量，投资回报率为优化目标，采用遍历算法，设定光储荷配比初值及上限，当光储荷配比超过设定的限值时，结束循环。外层算法考虑储能系统逐年运行健康状态衰退情况，设置储能系统退役条件为 $S_{OH} < 0.3$，评估全寿命周期光储荷优化配比方案，为光储荷系统的规划提供技术与经济参考。

内层已知光储荷配比，以储能系统充放电功率为优化变量，净收益为优化目标，采用粒子群优化算法[48]求解，优化后储能系统充放电曲线及 SOC 曲线传递给外层变量，用于计算在该运行曲线下的容量衰减情况，从而调整次年光储荷的配比情况。

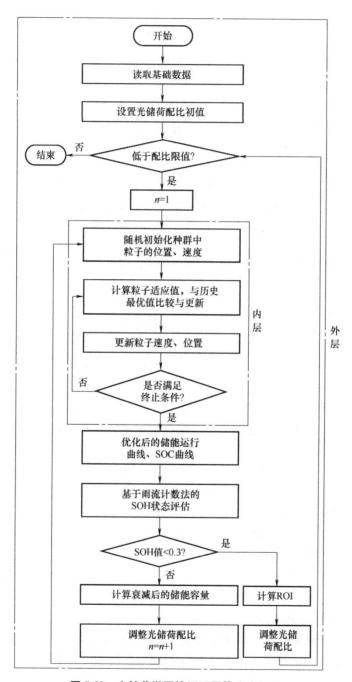

图 5-30 光储荷微网协同配置算法流程图

5.4.5　光储荷协同优化配置分析

据国内外分布式电源高渗透率水平现状[49]，结合锂离子电池储能系统技术性能、成本现状，设定光储荷容量配比上限为 1∶0.5∶1，依据分时电价曲线及示范工程项目经验，设额定功率下储能系统持续放电时间为 $t=1h$、2h、3h、4h，得出光储荷不同容量配比下投资回报率的变化趋势如图 5-31a~d 所示。

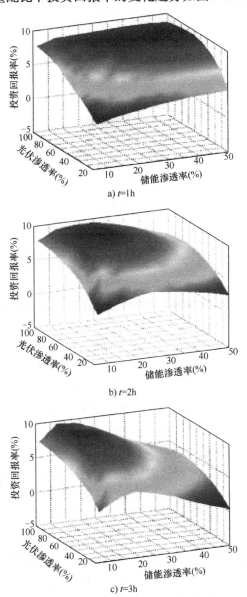

图 5-31　不同 t 下光储荷配比对储能投资回报率的影响

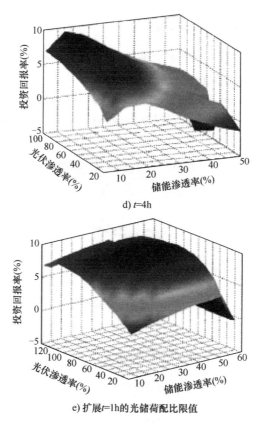

d) $t=4h$

e) 扩展$t=1h$的光储荷配比限值

图 5-31 不同 t 下光储荷配比对储能投资回报率的影响（续）

图 5-31a 中，光伏渗透率水平一定时，随着储能渗透率水平的增加，投资回报率主体呈上升趋势，储能渗透率水平一定时，随着光伏渗透率水平的增加，投资回报率主体呈上升趋势；图 5-31b~d 中，随着储能渗透率水平的增加，投资回报率呈先升后降趋势，储能渗透率水平一定时，随着光伏渗透率水平的增加，投资回报率呈先升后降趋势。图 5-31a 中，$t=1h$ 时，文中设定的边界条件下，投资回报率的拐点没有出现，进一步扩展边界条件的限值至 1.3：0.6：1，得出图 5-31e。由图 5-31 可知，随着储能系统持续放电时间 t 的增加，高投资回报率对应的储能渗透率水平呈降低趋势，光伏渗透率水平变化不明显，并且 $t=2h$ 或 3h 时，光储荷微网峰值投资回报率水平位于 9.8% 以上，图 5-32 对此进行了详细说明。

以光伏渗透率水平进行分解，得出不同 t 与储能渗透率下的投资回报率极值点曲线，如图 5-32 所示。以图 5-32c 为例，储能持续放电时间一定时，随着储能配比的增加，投资回报率先升高后降低，投资回报率最高时，储能系统配比为

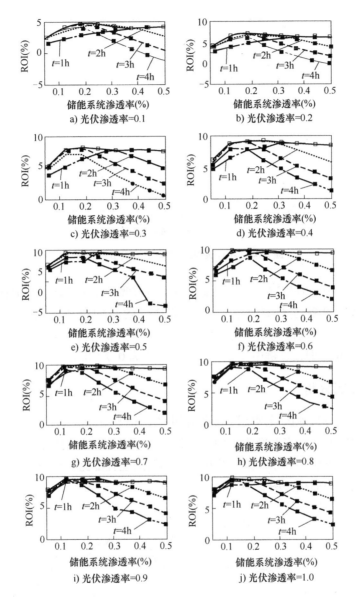

图 5-32　储能渗透率、持续放电时间 t 对投资回报率的影响

注：⊟ ROI 峰值

0.1875，持续时间为 2h。纵观全图可以看出，光储荷微网较高投资回报率时，储能系统功率配置比例范围约为 $[0.1，0.3]$，高点主要落在 $t=2h$、$t=3h$ 时的线上，对应的储能系统持续放电时间约为 2h、3h。不同光伏渗透率下的系统投资回报率峰值如图 5-33 所示。

从图 5-33 可以看出，随着光伏渗透率的增加，系统回报率呈现先升高后降

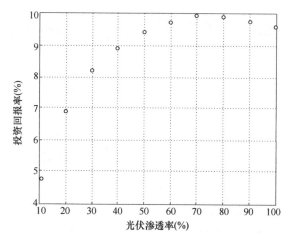

图 5-33 不同光伏渗透率下的投资回报率

低的趋势，表明随着投资成本的增加，单位投资收益先升后降，当光伏渗透率为
0.7 时，单位投资收益率最大，此时光储荷微网的投资回报率最高，约为
9.93%，所需配置的储能系统功率与峰值负荷的比值约为 0.125，储能系统持续
放电时间为 3h，即该算例中光储荷的适宜配比为 0.7∶0.125∶1。

5.4.6 算例分析

以我国北方某地区微网实际数据为例[50]，仿真分析了某一光储荷配比下锂
离子电池储能健康状态及净收益的变化情况，并基于该微网负荷、光伏的特点，
结合当地分时电价、补贴政策，分析了光储荷的适宜配比。典型日负荷曲线和单
位兆瓦光伏出力曲线如图 5-34 所示。

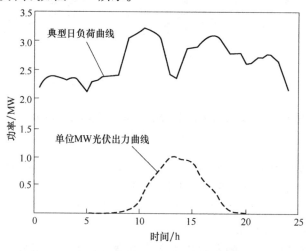

图 5-34 典型日负荷曲线和单位兆瓦光伏出力曲线

设定分时电价，高峰时段：8:00-11:00，13:00-15:00，18:00-21:00，电价为 1.171 元/kW·h；平时段：6:00-8:00、11:00-13:00、15:00-18:00，21:00-22:00，电价为 0.717 元/kW·h；低谷时段：22:00-次日 6:00，电价为 0.276 元/kW·h。模型中相关参数及控制变量范围限制如表 5-8 所示。

表 5-8　相关参数及控制变量范围

参数	数值	参数	数值
ρ_{pp}/(元/kW·h)	0.4048	η	0.9
ρ_{sp}/(元/kW·h)	0.42	$[S_{OCmin}, S_{OCmax}]$	[0.1, 0.9]
C_{pv}/(元/kW)	8000	$\lambda(\%)$	1.5
C_{mpv}/(元/kW)	20	C_{dg}/(元/kW)	8000
C_E/(元/kW·h)	4500	ρ_c/(元/kW·h)	0.05
C_p/(元/kW·h)	1200	N_{day}	200
C_m/(元/kW·h)	0.05	$i_0(\%)$	8
$\varepsilon(\%)$	5		

5.4.7　经济性评估

设置光伏装机容量 600kW 锂离子电池储能系统 500kW×2h，对系统净收益及储能 SOH 衰减趋势进行分析。采用 Matlab 软件对提出的数学模型进行优化求解，光储系统投运当年，图 5-35 为加入储能前后微网联络线功率。以 1:00-14:30 时段为例，从该图可以看出，1:00-6:00 为电价低谷时段，储能系统充电；

8:30-11:00 为电价高峰时段，并且位于高峰区段内，储能系统放电；11:00-12:30 为电价平时段，该时段跨越负荷峰、平两个区间，储能系统的动作分为两个阶段；11:00-11:30 储能系统降低总体功率需求带来的收益较为明显，体现在延缓配电网升级的效益，从优化结果也可看出，投运当年该效益在总收益中的占比为 73.3%，因此在该时段储能系统放电以拉低负荷需求；12:00-12:30

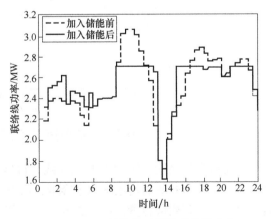

图 5-35　加入储能前后微网联络线功率

储能系统充电；13:00-14:30 为电价高峰时段，储能系统放电，由于后两个阶段对储能能量的需求，在该时段储能放出的能量有限。图 5-36 所述为优化后的储能系统充放电功率曲线，图 5-37 为对应的 SOC 曲线。

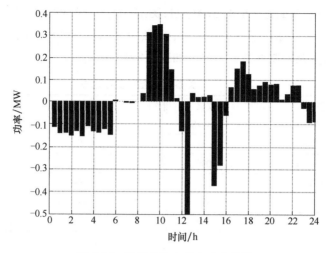

图 5-36　储能系统充放电功率曲线

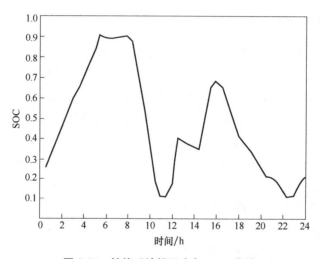

图 5-37　储能系统投运当年 SOC 曲线

由投运当年储能系统 SOC 典型曲线，根据文中电池健康状态衰减分析方法，可以得出第 2 年初的储能系统剩余容量，依据更新后储能功率、容量优化出 SOC 运行曲线，计算剩余容量，以此类推。图 5-38 为 SOH 曲线及系统净收益与投资年限的关系。

从储能 SOH 曲线可以看出，随着运营年限的增加，储能容量衰退加快，主要原因为随着使用年限的增加，储能系统深充深放次数占比增加（见图 5-39）。第 9 年时，储能剩余容量已低于初始容量的 30%；从净收益曲线可以看出，光储系统在第 5.2 年时净收益由负值转为正值，表明考虑电池健康状态时，该算例中光储系统的投资回收期约为 5.2 年。

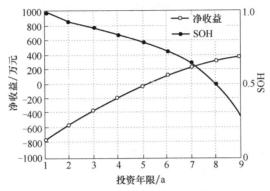

图 5-38　储能电池健康状态及净收益变化趋势

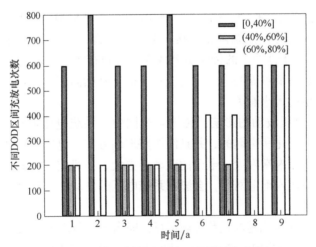

图 5-39　不同充放电深度下的充放电次数

5.5　配电网中储能容量优化配置方法

可再生能源和电网的有机结合是智能电网的重要标志之一。由于分布式发电技术具有投资小、清洁环保、供电可靠和发电方式灵活等优点，作为可再生能源的理想形式得到了快速发展。然而，随着分布式电源渗透率的提高，分布式电源对配电网的一些不利影响也逐渐显现出来，包括对传统配电网的稳定性、电压分布特性以及网络损耗等指标。通过储能技术，可以缓和分布式发电的间歇性和随机性等特征，从而对维持配电网稳定性起到至关重要的作用。

目前，对于分布式发电的研究在国内外已经有大量的学者展开研究。其中，在国内主要从分布式发电对配电网的影响、分布式发电与微电网技术、分布式发电在配电网的稳态和暂态特性等方面展开。其中，参考文献［51］主要介绍了分布式发电模型的建立以及微电网控制措施等；参考文献［52-53］阐述了分布式发电对配电网的电压分布的影响，并总结了分布式电源在配电网中接入位置、出力限制等方面的运行规律；参考文献［54-57］提出了基于电压稳定和网络损耗等评价指标的分布式电源的布点定容的方法；参考文献［58-62］阐述了储能系统容量配置的方法。

在分布式电源对配电网影响分析的基础上，分析储能优化布点和容量配置方法。针对配电网网损、电压偏差、负荷波动等问题分别在典型配电网中进行储能布点与容量配置的仿真，并得出相应的结果。

对电压的影响：

1）对稳态电压分布的影响。传统配电网一般呈辐射状，稳态运行情况下，电压沿馈线的潮流方向逐渐降低。接入分布式电源后，在稳态情况下（假设负荷恒定不变），由于馈线上的传输功率减少以及分布式电源输出的无功支持，使得沿馈线的各负荷节点处的电压有所提高，电压被抬高多少与接入的分布式电源的位置及总容量的大小有关。

2）对系统电压波动的影响。传统配电网中，系统电压波动主要是由有功、无功负荷随时间变化所引起的，并且沿线路末端方向，电压的波动越来越大。如果负荷集中在系统末端附近，电压的波动会更大，一般应尽量避免这种情况的发生。分布式电源接入配电网后，会影响系统电压的波动，使其增大或减小。这主要通过两种方式：

① 分布式电源与当地的负荷协调运行，即当该负荷增加（或减小）时，分布式电源的输出量相应增加（或减小），此时分布式电源将抑制系统电压的波动；

② 分布式电源不与当地的负荷协调运行，如利用自然资源发电的分布式电源，由于其输出量受自然资源（如风速、太阳光辐射强度等）影响很大，一般很难控制，所以这类分布式电源很难与当地的负荷协调运行，此时分布式电源将可能增大系统电压的波动。

对损耗的影响：在配电网中的负荷附近接入分布式电源系统，整个配电系统的功率流向将发生变化。按节点负荷和分布式电源出力大小的关系，可以分为以下 3 种情况：

1）系统中每个节点的负荷量都大于或等于该节点的分布式电源输出量。

2）系统中至少有一个节点的分布式电源输出量大于该节点的负荷量，但整个系统分布式电源的输出量小于系统中的总负荷量。

3）系统中至少有一个节点的分布式电源输出量大于该节点的负荷量，且整个系统分布式电源的输出量大于系统中的总负荷量。

对于情况 1），分布式电源将会对配电网有减少损耗的作用；对于情况 2），分布式电源有可能会使配电网中某些线路的损耗增加，但总的来说，整个配电网中的损耗还是会减少；对于情况 3），若分布式电源的总输出量小于总负荷量的 2 倍，情况跟 2）相似，否则，整个配电网中的系统损耗将会比不带分布式电源时还多。由此可见，分布式发电技术的应用可能增大也可能会减小系统损耗，这取决于分布式电源的位置、其与负荷量的相对大小以及网络的拓扑结构等因素。

5.5.1　储能在配电网中容量优化配置方法

安全、经济、优质、可靠是对配电系统的基本要求，同时也是未来交流电网的发展目标。为了达到这一目标，开始将目光放在了储能装置上。储能装置接入直流配电网后，将发电和用电从空间和时间上隔离开来，发电不再是即时传输利用，用电和发电也不再实时保持平衡，其对传统配电网的影响总结为以下几点：

1）削峰填谷：储能装置可以在用电低谷时作为负荷存储过剩的电能，以在用电高峰期时作为电源为负载提供电能。

2）抑制电网的振荡：理论上分析，只要配备的储能装置容量足够大且响应速度足够快，就可以在任何情况下保持系统的功率平衡。

3）提高电能的质量：大容量的储能技术可以为系统提供备用、调频、调峰、调相等，不仅提高了配网的电能质量，还提高了系统电压的稳定性。

4）降低成本：储能系统可以提高发电和输配电环节的设备利用率，从而减少电源和电网的建设费用。基于上述控制策略，三相四桥臂电流不平衡补偿系统可以向电网输送与负载电流不平衡分量大小相等极性相反的电流，从而保证电网三相输出电流的对称。

储能在配电网中的优化配置方法是指针对电压、有功和无功损耗等配电网指标，来进行储能接入的节点位置和储能的接入功率的优化计算。

该配置方法包含的优化变量包括：储能的接入位置（0/1 变量）和储能接入功率（连续变量）。储能配置的目标函数主要包含以下 4 类：

目标函数 1：以接入储能负荷方差最小作为储能配置的目标函数。

$$
\begin{cases}
\min \sum_{t=1}^{T} \left(P_t - P_{\text{average}} \right)^2 \\
P_t = P_{\text{load},t} - P_{\text{pv},t} - P_{\text{wind},t} + P_{\text{storage},t} \\
P_{\text{average}} = \dfrac{1}{T} \sum_{t=1}^{T} P_t
\end{cases}
\tag{5-51}
$$

目标函数 2：以接入储能负荷波动最小作为储能配置的目标函数。

$$\min \sum_{t=1}^{T-1} (P_{t+1} - P_t)^2 \tag{5-52}$$

目标函数 3：以有功损耗最小作为储能配置的目标函数。

$$\min \frac{1}{N_{\text{branch}}} \sum_{i=1}^{N_{\text{branch}}} \sum_{t=1}^{T} P_{\text{loss},it}^2 \tag{5-53}$$

目标函数 4：以节点电压与基准值的差值的二次方最小作为储能配置的目标函数。

$$\min \sum_{j=1}^{N_{\text{bus}}} \sum_{t=1}^{T} (u_{jt} - u_n)^2 \tag{5-54}$$

式中，T 为设定的仿真时间；P_t 为系统第 t 时刻的有功负荷；$P_{\text{load},t}$、$P_{\text{pv},t}$ 为系统第 t 时刻的负荷、光伏的有功值；$P_{\text{wind},t}$、$P_{\text{storage},t}$ 为系统第 t 时刻的风电和储能的有功值，储能有功功率充电为正，放电为负；P_{average} 为系统仿真时长 T 内的平均有功负荷；N_{branch} 为系统支路数；$P_{\text{loss},it}$ 为第 i 条支路第 t 时刻的有功损耗；N_{bus} 为系统节点数；u_{jt} 为第 j 节点第 t 时刻的电压的幅值；u_n 为基准电压。

优化模型为一个混合整数变量的多目标优化模型。

配置过程中约束条件如下：

$$\begin{cases} P_i = e_i \sum_{j=1}^{n} (G_{ij}e_j - B_{ij}f_j) + f_i \sum_{j=1}^{n} (G_{ij}f_j + B_{ij}e_j) \\ Q_i = f_i \sum_{j=1}^{n} (G_{ij}e_j - B_{ij}f_j) - e_i \sum_{j=1}^{n} (G_{ij}f_j + B_{ij}e_j) \\ N_s = N_{\text{set}} \\ u_{\min} \leqslant u_{ij} \leqslant u_{\max} \\ P_t \geqslant 0 \\ \left| \int_{t_a}^{t_b} P_{\text{ch}} dt - \int_{t_a}^{t_b} P_{\text{dis}} dt \right| \leqslant \text{err} \end{cases} \tag{5-55}$$

式中，N_s 为储能接入数量；N_{set} 为手动输入设置储能接入数量。

基于上述优化配置算法，得出储能的优化配置流程图如图 5-40 所示。

5.5.2 算例分析

在配电网拓扑 33 节点系统中，分别在 5、7 节点接入 80kW 和 100kW 光伏，在 8、9 节点接入 80kW 和 100kW 风电。具体 33 节点配网结构图如图 5-41 所示。

1. 以负荷方差最小

以负荷方差最小为目标函数进行储能配置。配置结果为：储能配置节点分别

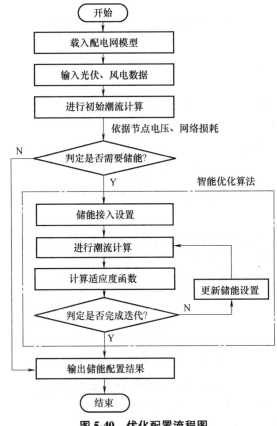

图 5-40　优化配置流程图

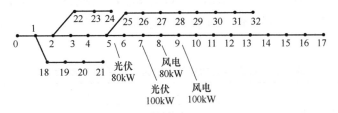

图 5-41　33 节点配网结构图

为 4、5、6 节点，储能配置容量分别为 0.27306、0.18414、0.076552。具体的优化结果如表 5-9 所示。

表 5-9　以负荷方差最小为目标函数的优化结果

对比	优化前	优化后
平均有功损耗	0.12623	0.12636
电压偏离	1.7319	1.7337

（续）

对比	优化前	优化后
负荷方差	0.0025393	9.7416e-008
负荷波动	0.00038556	1.5022e-007

由表 5-9 可以看出，在以负荷方差最小的配置策略下，通过配置储能可以大幅度降低负荷方差，但负荷波动也急剧增加。

2. 以负荷波动最小

以负荷波动最小为目标函数进行储能配置，配置结果为：储能配置节点分别为 4、5、6 节点，储能配置容量分别为 0.18831、0.22417、0.078553。具体的优化结果如表 5-10 所示。

表 5-10　以负荷波动最小为目标函数的优化结果

对比	优化前	优化后
平均有功损耗	0.12623	0.12662
电压偏离	1.7319	1.7374
负荷方差	0.0025393	0.0041497
负荷波动	0.00038556	9.603e-005

由表 5-10 可以看出，在以负荷波动最小的配置策略下，通过配置储能可以大幅度降低负荷波动，此时负荷方差变化不大。

3. 以网络有功损耗最小

以网络有功损耗最小为目标函数进行储能配置，配置结果为：储能配置节点分别为 18、17、16 节点，储能配置容量分别为 2、2、2。具体的优化结果如表 5-11 所示。

表 5-11　以网络有功损耗最小为目标函数的优化结果

对比	优化前	优化后
平均有功损耗	0.12623	0.10136
电压偏移	1.7319	1.2096
负荷方差	0.0025393	0.0047963
负荷波动	0.00038556	0.00072828

由表 5-11 可以看出，在以网络有功损耗最小的配置策略下，配置储能后系统平均有功损耗和电压偏离都有所下降，但负荷方差与负荷波动也有所提升。

4. 以节点电压偏移最小

以节点电压偏移最小为目标函数进行储能配置，配置结果为：储能配置节点分别为 18、17、16 节点，储能配置容量分别为 2、2、2。具体的优化结果如表 5-12 所示。

表 5-12　以电压偏移最小为目标函数的优化结果

对比	优化前	优化后
平均有功损耗	0.12623	0.16628
电压偏离	1.7319	1.4268
负荷方差	0.0025393	0.0047963
负荷波动	0.00038556	0.00072828

由表 5-12 可以看出，在以电压偏移最小的配置策略下，配置储能后系统平均有功损耗和电压偏离都有所下降，但负荷方差与负荷波动也有所提升。

5.5.3　经济性评估

1. 电网侧中的经济应用规划

储能系统应用于电网中，可以延缓电网升级、减少输电阻塞、提供辅助服务、提高供电可靠性，从而带来相应的收益，同时在峰谷电价机制下，储能系统可以通过低储高发实现套利。不同的研究偏重于不同的方面进行规划，所以目标函数各异[6]。

有的研究文献以某一特定用途的储能系统带来的社会效益最佳为目标进行规划，如以建设储能系统后电网的减排效果最大为目标、以负荷曲线的波动达到设定的某一范围为目标或单纯考虑储能系统在提高供电可靠性方面的作用。参考文献［7］针对超导磁储能在电网中可以优化电源（包括燃煤、核电、燃气、燃油机组）运行的特点，以系统总的二氧化碳排放最小化为目标，运用拉格朗日乘子法进行求解。参考文献［8］主要针对用于调节负荷的电池储能系统的优化问题，通过对各变电站的峰荷季节的腰荷和峰荷的比值和负载系数进行计算分级进行选址，然后采用恒功率运行策略，以储能优化后的平均功率与谷时段最小功率之差不大于充电负载变化为目标建立了储能系统的最优控制模型进行数值仿真，找到该变电站的最佳储能容量。

储能系统安装于电网中，其产生的效益是多方面的，这些收益一般不全部属于投资主体，所以相关研究文献多针对储能系统的主要用途，以投资主体的主要利益方面为目标进行规划。

2. 分布式储能商业价值分析

在配网侧，储能技术目前的主要价值点是缓解电网阻塞、延缓配电网升级改造投资以及提高配网侧的供电可靠性[23]。随着用电负荷的不断增加以及更多的分布式电源接入配电网络，配电网中的某一处线路很可能面临阻塞或者过载的问题，这种情况下必然需要对配电网进行升级改造，传统的配电网升级改造主要通过对线路进行升级以及增加变压器来完成。由于配电网覆盖区域非常广，配电网传统的升级改造方式耗费非常巨大。现有的配电网络是依照最大尖峰负荷进行设计的，网络容量的利用率在整个系统运行的大部分时间里是一直低于尖峰时段的，所以在大多数的运行时间里，系统网络以及部分的电力资产的利用率一直较低。如果只因为要满足某一时间段的尖峰负荷而追加大笔投资进行升级改造网络，这势必会造成某种程度上的资源浪费。充分利用储能设备灵活快速的特性，通过在阻塞区域配置储能装置不仅可以有效缓解线路重过载的问题，还可以延缓网络的升级改造，减少资源的浪费。

2019 年 1 月 31 日，广州市白云区红星村 100kW/494kW·h 储能项目正式投运，该储能装置可以在负荷高峰时期将原有网络的供电能力提升 20%，时间可以长达 5h[24]。该储能设备有效地解决了短时间负荷高峰引起的网络阻塞过载问题，延缓了对网络的升级改造，在一定程度上减少了资源浪费。

2020 年 12 月 7 日，浙江衢州灰坪乡大麦源村 30kW/450kW·h 储能项目完成并网正式投运[25]。该储能项目所投运的区域位置非常偏远，处在供电网络的末端。该区域在遭遇恶劣天气发生断电情况时，由于位置偏远、运输困难，维修人员和材料工具无法及时到达，会造成长时间的断电。投运该储能项目后，该区域的供电可靠性将会得到非常大的提升。

3. 分布式储能未来商业模式展望

随着电改的逐步深入、配售电的放开，市场上将会出现新的拥有配电网资产的售电公司。新的售电公司不仅需要向客户提供可靠的电力，另外还要通过提高自身的管理和技术水平来加强自身的竞争力，而储能技术正对这些问题提供了有效的解决方案。目前储能在配网侧的主要价值点在于缓解线路阻塞以及延缓对线路的升级改造。但在未来，新售电公司需要利用储能提供差异化增值服务以提高竞争水平。

未来的新售电公司的利润不仅仅是通过购售电业务取得，更多的是通过细分客户种类，针对各种客户的需要提供不同的差异化增值服务。例如，对于精密仪器制造类企业来说，电能质量的好坏直接关系到生产的过程以及结果，新售电公司可以针对需要为其定制提高电能质量的服务。对于医院此类的公共单位，新售电公司可以为其定制电源保障的服务。而储能技术正是保证差异化增值服务的关键技术。

5.6 能源互联网中微能源系统储能容量优化配置方法

为积极响应"碳中和"号召，在国家层面，2021 年 7 月，国家发展改革委发布《关于加快推动新型储能发展的指导意见》要求"大力推进电源侧储能项目建设"；2022 年 3 月，出台的《"十四五"新型储能发展实施方案》和《"十四五"现代能源体系规划》的通知，也要求大力推进电源侧储能发展。在地方层面，安徽、江苏、内蒙古、广西等超 20 省都发布相关文件要求新建新能源项目必配储能，并对配置比例、连续储能时间和电池工作寿命（循环次数）等方面列出了具体的要求。详细内容如表 5-13 所示。

表 5-13　"十四五"部分省份新能源侧储能政策

发布时间	储能政策	省份	配置比例和连续时长
2021/9/25	《关于 2021 年风电光伏发电开发建设有关事项的通知（征求意见稿）》	安徽	≥1h、≥6000 次、容量衰减≤20%
2021/9/29	《省发改委关于我省 2021 年光伏发电项目市场化并网有关事项的通知》	江苏	长江以南 8%、长江以北 10%、≥2h、容量衰减≤20%、放电深度≥90%
2021/10/08	《关于自治区 2021 年保障性并网集中式风电光伏发电项目优选结果》	内蒙古	风电 20%~30%、光伏 15%~30%、≥2h
2021/10/09	《2021 年市场化并网陆上风电、光伏发电及多能互补一体化项目建设方案的通知》	广西	风电 20%、光伏 15%、≥2h
2021/10/13	《关于加快推动湖南省电化学储能发展的实施意见》	湖南	风电≥15%、光伏≥5%、≥2h
2021/11/04	《淄博市实施减碳降碳十大行动工作方案》	山东	光伏≥10%

从表 5-13 中列出的 6 个省份政策可以看出，各省对储能配置要求高度相似，但又不完全相同。具体区别可以从 3 个方面进行阐释：

1）在储能配置比例上，要求储能系统功率按占新能源项目装机容量的比例进行配置，内蒙古各地区风光项目的配置比例区间较大，在 15%~30% 之间，其余基本在 10%~15% 之间；其中风电项目和光伏项目的储能配置占比要求也存在细微差别；

2）在储能备电时长上，以 2h 为主，安徽为 1h；

3）在工作寿命和容量衰减率上，寿命为 10 年，循环次数不低于 5000 次，系统容量 10 年衰减率不超过 20%。

各省对储能配置要求的差异性，主要因为各省的峰谷电价差、相应的补贴机制和不同区域电网能源结构都不相同，所以应从国家层进行引导，维护储能市场秩序，需兼顾平衡成本，促进新能源健康发展。同时对储能规划的研究可以验证各省份已提出的具体储能配置要求是否合理和经济。

2011 年开始建设的世界上规模最大的集风力发电、光伏发电、储能系统、智能输电于一体的国家风光储输示范工程，标志我国新能源侧储能技术的应用开始起步，为后续新能源侧建设储能电站积累了丰富的工程经验。随着各种储能技术的快速提升，储能成本的不断下降，国家和地方政策上对新能源侧配置储能的支持，我国在新能源侧拥有了一批商业示范项目，如表5-14所示。

表5-14 典型新能源侧储能示范工程

项目名称	电池类型	储能规模	应用功能
辽宁卧牛石风电场	全钒液流	5MW/10MW·h	跟踪计划出力、平抑波动、暂态有功出力响应、暂态电压紧急支撑
甘肃酒泉"电网友好型新能源发电示范"	锂离子，超级电容	1MW/1MW·h	提高风电场功率调节能力和暂态支撑能力、提高风电机组低电压穿越能力
格木尔新能源光储电站	磷酸铁锂	15MW/18MW·h	平抑波动、跟踪计划出力、减少弃光
国家光伏发电试验测试基地配套20MW储能电站项目	磷酸铁锂、三元锂、锌溴液流和全钒液流	16.7MW/2MW·h	减小弃光限电、削峰填谷、平滑功率曲线、调峰
鲁能海西州多能互补集成优化示范工程	磷酸铁锂	50MW/100MW·h	促进新能源消纳
中节能（长兴）光伏+储能示范项目	磷酸铁锂	0.5MW/2MW·h	平抑波动，提升光伏消纳量、调峰
湖南龙山大灵山风电20MW·h储能项目	磷酸铁锂	10MW/20MW·h	提升风电消纳量，减少弃风率
湖北仙桃200MW渔光互补光储一体化项目	磷酸铁锂	60MW/120MW·h	促进新能源消纳

随着国家和各省"新能源+储能"政策的出台，近4年投入的电源侧示范项目也应运而生，如表5-14所示。2018年海南建成的国家光伏发电试验测试基地配套20MW储能电站项目，是我国首个联合国内多家顶尖储能电池制造商，采用多种储能技术，为整个行业提供"新能源+储能"系统构建和运行控制实践基础的项目。且作为全国唯一的储能工程测试实验室，可实现智能化数据分析，为解决弃光限电、削峰填谷、平滑功率曲线以及调峰运行提供可靠的数据，实现光储一体发电应用示范；2018年鲁能海西州多能互补集成优化示范工程，是国内电源侧接入储能规模最大的，也是首个接入百兆瓦时级的集中式电化学储能电站。该项目充分利用风光互补性，解决了风光独立发电的问题，对风、光、地

热、氢等综合能源的利用和开发起到示范作用；2020 年投运的浙江省长兴县 0.5MW/2MW·h 储能示范项目，是由中节能和国网公司联合运行的"新能源+储能项目"，也是浙江省首个电源侧储能项目。该项目解决了光伏"限电"困境，在光伏出力增加时，将富余的电能充给储能电站，就地消纳，在光伏出力不足且负荷高峰时，启动储能放电，提升了电网新能源消纳能力；2021 年湖南龙山大灵山风电 10MW/20MW·h 储能项目，是湖南首个"储能+新能源"项目，在充分利用当地风电资源，提高风电消纳量的同时，也为后续湖南省新能源侧储能项目提供工程示范；2022 年在建的湖北仙桃 60MW/120MW·h 渔光互补光储一体化项目，采用共享储能模式，推动了新型储能电站的发展，并且提高光伏消纳量，"上可发电，下可养渔"，实现经济效益和社会效益双丰收。

相比于电网侧和用户侧，新能源侧储能最靠近风光等新能源，作用最直接。新能源侧储能系统主要在平抑新能源输出功率波动、提升新能源消纳量、降低发电计划偏差、提升电网安全运行稳定性等方面发挥重大作用，具体分类场景如图 5-42 所示。

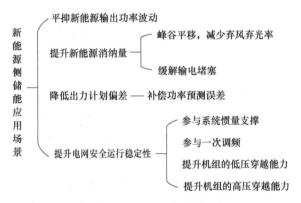

图 5-42　新能源侧储能应用场景

通过制定合理的控制策略，优化配置储能，达到功率平滑输出的同时又能提高经济性。功率分配策略主要有：高通滤波法、小波包分解法、一阶滤波算法、二阶滤波算法、滑模控制法、低通-滑动平均值滤波法、基于双向 DC/AC 变换器的混合储能系统控制策略等。参考文献［63］提出的控制策略，能以较小的容量将风机输出最大波动率由 61.7% 降到 9.9%；参考文献［64］采用小波包分解方法分解风电输出功率，平滑风电并网功率，制定了考虑时序的混合储能控制策略。

为减少弃风弃光率，参考文献［65］研究了考虑风电不确定性和弃风率约束的风电场储能容量配置问题；参考文献［66］以降低弃光率为目的，首先开展光储出力特性分析及储能系统工况特征提取，提出应用工况对储能设备的需求期望值。

通过储能装置配合新能源功率预测系统，对给出的短期与超短期发电计划偏差部分予以"充放电纠偏"，及时修正出力曲线，有利于新能源电站减免电网"两个细则"考核罚款。参考文献［67］为提高风电场与合同计划出力的吻合度，制定了跟踪风电计划偏差的风储系统联合控制策略，使得考核指标合格率均达到100%；参考文献［68］基于机会约束规划的储能系统跟踪光伏发电计划出力控制方法，不仅对储能要求降低了，更可以100%将误差减小并限制在合格范围内。

随着大规模新能源机组不断接入电网，频率、电压等关键运行指标水平大幅降低，严重威胁电网安全运行稳定性。参考文献［69-70］提出通过定量补偿电网的惯性大小和一次调频备用容量来有效提升电网频率的暂态稳定性的储能配置方法；参考文献［71］验证了当含风电场的电网发生切负荷以及风电切机的故障时，储能接入电网薄弱节点能够有效抑制电压的波动，增强电压的稳定性；参考文献［72］研究了混合储能在提高光伏低电压穿越方面的控制策略，求解最严重故障情形下的储能配置容量。参考文献［73-74］通过仿真对比，验证了风电场中，储能系统提高机组低电压穿越能力的性能和经济性；参考文献［75］建立了基于混合储能系统的高电压穿越控制策略模型，机组高电压穿越能力明显增强。

未来能源互联网将实现物理配电网与信息通信系统的高度融合，实现多种能源的共享和供需匹配[76]。作为其物理部分的配电网，随着分布式电源、储能装置、电动汽车、供热（冷）系统等新型元件的大量接入，将逐步演变为电、气、热（冷）等多种能源耦合形成的多能源系统[77]。类似地，作为多能源系统基本单元的微能源系统，由微电网发展而来，正逐渐演变成包含风、光、气等多类型能源输入和电、冷、热等多类型输出的小型综合能源系统，可实现不同类型能源的互补融合和综合利用[78-79]。

微能源系统作为未来能源系统发展的趋势之一，吸引了国内外相关工作者的广泛关注。参考文献［80］针对电力-天然气组成的微能源系统，提出一种电-气耦合的微能源系统能量流计算方法，实现稳态能量流的快速求解，并提出评估微能源系统电网和气网耦合程度的指标；参考文献［81］构建了微能源系统中电、热、气多能流计算模型，提出了一种适用于微能源系统的多能流计算方法；参考文献［82］建立了微能源系统中各部分的数学模型，以各类经济成本、一次能耗和环境影响最小为目标，实现微能源系统的最优综合效益；参考文献［83］为提高微能源系统在不确定环境下的安全可靠性，引入弱鲁棒优化方法，以微能源系统综合效益和惩罚项之差最大为目标，构建了微能源系统的调度模型；参考文献［84］结合已有研究成果，讨论了能源互联网中需求侧响应的关键问题，并对未来需求侧响应的发展进行展望；参考文献［85］以社区微能源系统为研究对象，将主从博弈引入需求侧响应，提出了一种基于主从博弈的能量管理方法。

以上针对微能源系统的研究主要集中在微能源系统的能量流建模分析、优化运行调度、需求侧响应等方面。随着供冷（热）系统、电动汽车等新型元件接入微电网，微能源系统开始初见雏形，为使得系统运行成本最低，并保证系统的可靠高效运行，需对各能源的生产、存储及消费进行合理的安排，储能设备的接入将打破能源生产和消费的不同步性，提高微能源系统的灵活性和可靠性[86]。如何协调以电能为核心的多能源生产和消费，对微能源系统的储能容量进行合理规划，提高整体投资效益，成为值得研究的问题。

从储能容量规划角度出发，参考文献［87］在传统微电网基础上加入电锅炉，对比分析了储能协调电锅炉对风电的跟踪效果；参考文献［88］建立了包含热电机组的微电网模型，对储能系统进行优化配置研究；参考文献［89］通过分析商业园区微电网中人员作息规律，制定了储能与制冷机组的协调运行策略；参考文献［90］建立了包含冷热电联供的微电网模型，通过微电网与用户相互博弈，优化冷热电出力；参考文献［91］以海岛微电网运行成本最低为目标，结合居民驾驶习惯，规划电动汽车投放数量，为电动汽车在独立微电网中的推广提供参考。上述针对储能容量规划的研究，其场景多为在传统微电网基础上加入热电机组、制冷机组、冷热电联供、电动汽车等其中之一，其储能容量规划结果对实际包含多种能源类型的微能源系统建设不能提供较好的技术与经济参考。

本章以实现多类型能源的协同优化、微能源系统的运行效益最优为出发点，在包含光伏发电、储能系统、蓄热式电锅炉、冰蓄冷空调、电动汽车的微能源系统的简化模型基础上，对微能源系统的储能容量配置和投资效益展开分析。首先为保证微能源系统的各类型能源的生产/消费需求，假设分别为其配置虚拟储能，基于储能系统成本、多种类型能源的生产/消费需求约束及储能系统约束，同时考虑峰谷分时电价、碳减排政策，进行优化求解，得出各虚拟储能运行曲线，基于各虚拟储能运行曲线，汇聚出实际储能运行曲线，最终给出实际储能所需功率容量配置。结合某微能源系统示范工程，开展新型混合能源系统配置方案的应用验证，从投资人角度出发，考虑银行贷款、内部收益率等投资回收相关参数，对储能系统进行投资回收分析，旨在探索微能源系统中储能系统的优化配置方案。

5.6.1　储能在微能源系统中容量优化配置方法

1. 微能源系统结构组成

微能源系统作为能源互联网的缩影，是能源互联网背景下微电网的自然延伸。其一次能源以可再生能源为主，终端能源消费体现为冷、热、电、气等多种能源形式，是实现多种能源的利用、存储及相互转换的小型综合能源互联系统[92]。微能源系统能够实现独立运行，在无法满足自身负荷需求或自身能源产出过剩时，可以与外部能源网络互联，进行能源传输。此外，微能源系统可以与外部能源网进行能源交易，通过能源转换、存储和分配，向用户提供能源服务，获取相应的收益[93]。典型微能源系统结构如图 5-43 所示。

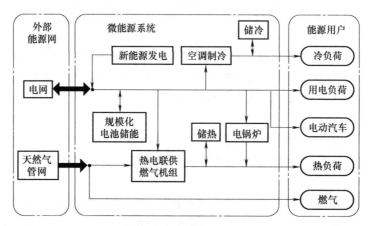

图 5-43　微能源系统结构（一）

在微能源系统中，多种能源以最清洁高效的方式进行转换、传输、存储并在终端分配，储能破解了能源生产和消费的不同步性，使能源在时间和空间上具有可平移性，实现了能源共享的前提，将成为电能与其他能源灵活转换和综合利用的关键设备[94]。本节重点考虑微能源系统中储能的容量规划，建立了包含光伏发电、储能系统、蓄热式电锅炉、冰蓄冷空调、电动汽车的微能源系统的简化模型，微能源系统与大电网联合运行，当系统内部能量不足时，由外部大电网提供，如图 5-44 所示。

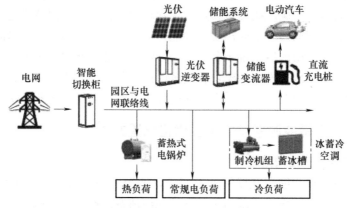

图 5-44　微能源系统结构（二）

"虚拟储能"是为保证微能源系统中实际安装储能能够满足光伏发电、用户用电负荷、冷负荷、热负荷、电动汽车充电的需求，假设为以上各环节分别配置的储能。通过评估各环节储能之间的协同配置方案，优化求解得出各环节储能运行曲线，并进行汇聚，最终得出微能源系统实际储能所需功率容量配置。由于各环节配置储能实际并不存在，故将其称为"虚拟储能"。

2. 数学模型

（1）微能源系统储能配置方法

图 5-44 中所示电池储能的功率由光伏、电锅炉、制冷机组、快速充电站和用户侧各自所需虚拟储能功率汇聚得出。微能源系统实际所需电池储能功率为

$$P_{ess}(t) = P_1(t) + P_4(t) + P_5(t) + \max[P_2(t), P_3(t)] \tag{5-56}$$

式中，$P_1(t)$、$P_2(t)$、$P_3(t)$、$P_4(t)$、$P_5(t)$ 分别为光伏、蓄热式电锅炉、冰蓄冷空调、快速充电站、常规用电负荷所需的虚拟储能功率。

对各虚拟储能功率进行汇聚，得到实际储能各时刻的充放电功率数据 P_{ess}^k（$k = 1, 2, \cdots, M$），同时考虑储能成本、储能实际应用要求，设置相应的置信度，置信度内的最大充放电功率即为实际储能的额定功率 P_{rate}，则

$$P_{rate} = \max[|P_{ess}^1|, |P_{ess}^2|, \cdots, |P_{ess}^M|] \tag{5-57}$$

为计算实际储能的最优容量配置，引入储能的剩余能量状态（State Of Energy，SOE），有：

$$SOE = \frac{剩余电能}{额定电能} = \frac{E_{rate} - E_d}{E_{rate}} \times 100\% \tag{5-58}$$

式中，E_{rate} 为储能额定容量；E_d 为储能累积放电量。

设 SOE 初始值为 SOE_0，则 k 时刻实际储能 SOE 为

$$SOE_k = SOE_0 + \int_0^{k\Delta t} P_{ess}^k dt / E_{rate} \tag{5-59}$$

式中，Δt 为时间点间隔。

为保证实际储能的 SOE 处于允许范围内，设定

$$\begin{cases} \max\{SOE_1, SOE_2, \cdots, SOE_k, \cdots\} \leqslant SOE_{max} \\ \min\{SOE_1, SOE_2, \cdots, SOE_k, \cdots\} \geqslant SOE_{min} \end{cases} \tag{5-60}$$

式中，SOE_{max} 和 SOE_{min} 分别为实际储能 SOE 的上限和下限，$SOE_{min} \leqslant SOE_0 \leqslant SOE_{max}$。将式（5-59）代入式（5-60）得

$$\begin{cases} E_{rate} \geqslant \dfrac{\max\left(\displaystyle\int_0^{k\Delta t} P_{ess}^k dt\right)}{SOE_{max} - SOE_0} \\[4mm] E_{rate} \geqslant \dfrac{-\min\left(\displaystyle\int_0^{k\Delta t} P_{ess}^k dt\right)}{SOE_0 - SOE_{min}} \end{cases} \tag{5-61}$$

则实际储能的最优容量配置为

$$E_{\text{rate}} = \max\left\{\frac{\max\left(\int_0^{k\Delta t} P_{\text{ess}}^k \, \mathrm{d}t\right)}{\text{SOE}_{\max} - \text{SOE}_0}, \frac{-\min\left(\int_0^{k\Delta t} P_{\text{ess}}^k \, \mathrm{d}t\right)}{\text{SOE}_0 - \text{SOE}_{\min}}\right\} \tag{5-62}$$

（2）虚拟储能配置目标函数

考虑虚拟储能容量衰减[17]、全寿命周期内成本和收益、资金的时间价值，建立虚拟储能 r 的净收益模型，有

$$f_{\text{ess}}^r = \sum_{n=0}^{N} \frac{\sum_{j=1}^{3} I_j(n) - \sum_{l=1}^{3} C_l(n)}{(1+i_0)^n} \tag{5-63}$$

式中，$I_j(n)$ 为第 n 年虚拟储能 r 的第 j 项收益，包含虚拟储能运行、减少碳排放和延缓配电网升级等带来的收益；$C_l(n)$ 为第 n 年虚拟储能 r 的第 l 项支出，包含初期投资、运行维护和电池更换等支出；i_0 为预期收益率。

3. 系统收益

1）虚拟储能运行效益。电力市场峰谷分时电价下，虚拟储能通过"低储高放"对负荷曲线进行削峰填谷，减少电费支出。

$$I_1 = N_{\text{day}} \sum_{t=0}^{24} \rho(t)\left[P_{\text{load}}(t) - P_{\text{load}}'(t)\right]\Delta t \tag{5-64}$$

式中，N_{day} 为储能系统年运行天数；$\rho(t)$ 为 t 时刻电价；$P_{\text{load}}(t)$ 为初始负荷；$P_{\text{load}}'(t)$ 为储能作用后的合成负荷。

2）延缓配电网升级带来的收益。储能的"谷电峰用"降低了负荷对配电网的容量需求。设负荷的年增长率为 λ，对应虚拟储能的削峰率为 γ，虚拟储能延缓配电网升级的时间为

$$\Delta n = \frac{1+\gamma}{1+\lambda} \tag{5-65}$$

带来的效益为

$$I_2 = C_{\text{dg}} \Delta P_{\text{load}} \left(1 - \frac{1}{\mathrm{e}^{i_0 \Delta n}}\right) \tag{5-66}$$

式中，C_{dg} 为配电网升级改造的成本；ΔP_{load} 为虚拟储能降低的峰值负荷。

3）碳减排效益。虚拟储能带来的碳减排效益为

$$I_3 = Q_c \rho_c N_{\text{day}} \tag{5-67}$$

式中，Q_c 为碳的日排放量；ρ_c 为碳的交易价格。

4. 虚拟储能成本

1）投资成本 C_1。储能系统投资成本主要包括功率成本和容量成本。

$$C_1 = C_p P_{\text{ess}} + C_E E_{\text{ess}} \tag{5-68}$$

式中，C_p 为储能系统单位功率成本；C_E 为储能系统单位容量成本；P_{ess} 为储能系统额定功率；E_{ess} 为储能系统额定容量。

2）运维成本 C_2。为使储能系统工作于良好的状态，其运营维护所需要的费用为

$$C_2 = C_{me} Q_{bess} \tag{5-69}$$

式中，C_{me} 为储能单位运维成本；Q_{bess} 为储能年放电量。

3）电池更换成本 C_3。电池管理系统虽然能够确保电池的安全可控运行，但由于锂离子电池自身非线性、不一致性和时变性等特性，导致电池单体间的离散性问题难以解决，当部分电池离散性较大时，需进行更换。更换成本为

$$C_3 = \varepsilon C_E E_{ess} \tag{5-70}$$

式中，ε 为电池更换率。

5. 约束条件

1）光伏。储能装置可以降低光伏出力的波动性和随机性对电网稳定性造成的影响，光伏发电功率约束为

$$P_{grid1}(t) = P_{pv}(t) + P_1(t) \tag{5-71}$$

式中，$P_{pv}(t)$ 为光伏发电功率；$P_{grid1}(t)$ 为光伏配合虚拟储能向微能源系统传输的功率；$P_1(t)$ 为虚拟储能功率。

2）电锅炉。电锅炉是一种将电能转换成热能的锅炉设备，相比以往采暖锅炉更加安全高效、对环境污染大大减少，通过配置储能可将低谷时段电能储存供白天供热[95]。电锅炉运行功率 $P_{boil}(t)$ 需满足如下约束

$$P_{boil}^{min} \leqslant P_{boil}(t) \leqslant P_{boil}^{max} \tag{5-72}$$

功率平衡约束为

$$P_{grid2}(t) = P_{boil}(t) + P_2(t) \tag{5-73}$$

式中，$P_{boil}(t)$ 为电锅炉运行功率即热负荷功率；$P_{grid2}(t)$ 为电锅炉搭配虚拟储能后从微能源系统所吸收功率。

3）制冷机组。冷负荷高峰与用户用电高峰基本处于相同时段，制冷机组搭配储能系统可以降低负荷高峰，实现能量再分配[96]。制冷机组运行功率 $P_{cold}(t)$ 需满足如下约束

$$P_{cold}^{min} \leqslant P_{cold}(t) \leqslant P_{cold}^{max} \tag{5-74}$$

功率平衡约束为

$$P_{grid3}(t) = P_{cold}(t) + P_3(t) \tag{5-75}$$

$$R_1 = cop_c P_{cold} \tag{5-76}$$

其中：

$$R_2 = \delta R_1 \tag{5-77}$$

$$P_u(t) = \alpha R_2 \tag{5-78}$$

式中，$P_{grid3}(t)$ 为制冷机组搭配虚拟储能后从微能源系统所吸收功率；α 为蓄冰槽槽壁传热效率；R_1 和 R_2 分别为制冷机组在空调工况和制冰工况下的制冷量；$P_u(t)$ 为冷负荷功率；δ 为制冷机组容量变化率；cop_c 为制冷机组在空调工况下的能效比，表示设备在单位耗电量下的制冷量。

4）快速充电站。快速充电站的短时大功率充电功能会严重影响电网输电质量，储能系统可以作为快速充电站的电力缓冲，通过谷电峰用减小配网压力，延缓配网升级改造[97]。功率平衡约束为

$$P_{grid4}(t) = P_{BEV}(t) + P_4(t) \tag{5-79}$$

式中，$P_{BEV}(t)$ 为快速充电站的负荷功率；$P_{grid4}(t)$ 为快速充电站搭配虚拟储能后从微能源系统所吸收功率。

5）用户侧。用户侧功率平衡约束为

$$P_{grid5}(t) = P_{load}(t) + P_5(t) \tag{5-80}$$

式中，$P_{grid5}(t)$ 为用户侧搭配虚拟储能后从微能源系统所吸收功率。

6）电池储能。储能充放电功率约束

$$P_i^{min} \leq |P_i(t)| \leq P_i^{max} \quad i = 1, 2, \cdots, 5 \tag{5-81}$$

式中，P_i^{max} 和 P_i^{min} 分别为对应虚拟储能充放电功率的上、下限。

为提高电池储能系统寿命，避免过充过放，通常对储能的荷电状态进行约束。

$$SOC_i^{min} \leq SOC_i(t) \leq SOC_i^{max} \tag{5-82}$$

式中，SOC_i^{max}、SOC_i^{min} 分别为对应虚拟储能的荷电状态值上、下限。另外电池储能系统在充放电过程中，电池内阻、储能变流器等在电能转换过程中都会造成能量的损失，需考虑电能转换效率 η 对储能充放电量的影响。

$$\Delta t \left(P_{i\_ch}(t-1)\sqrt{\eta} - \frac{P_{i\_dis}(t-1)}{\sqrt{\eta}} \right) = E_i(t) - E_i(t-1) \tag{5-83}$$

式中，$P_{i\_ch}(t-1)$、$P_{i\_dis}(t-1)$ 分别为虚拟储能系统充电功率和放电功率；$E_i(t)$ 为虚拟储能系统的充放电电量。

当 $P_i(t-1) < 0$，即储能系统充电时，有

$$\begin{cases} P_{i\_ch}(t-1) = -P_i(t-1) \\ P_{i\_dis}(t-1) = 0 \end{cases} \tag{5-84}$$

当 $P_i(t-1) > 0$，即储能系统放电时，有

$$\begin{cases} P_{i\_ch}(t-1) = 0 \\ P_{i\_dis}(t-1) = P_i(t-1) \end{cases} \tag{5-85}$$

当 $P_i(t-1) = 0$，即储能系统不动作时，有

$$\begin{cases} P_{i\_ch}(t-1) = 0 \\ P_{i\_dis}(t-1) = 0 \end{cases} \tag{5-86}$$

6. 配置流程

本节考虑电价政策、微能源系统技术经济参量、电网升级改造、碳减排，分别对不同能源环节配置虚拟储能，并对各虚拟储能进行多目标优化求解，最后经过汇聚，得出实际储能系统配置及效益。微能源系统储能配置算法流程如图 5-45 所示。

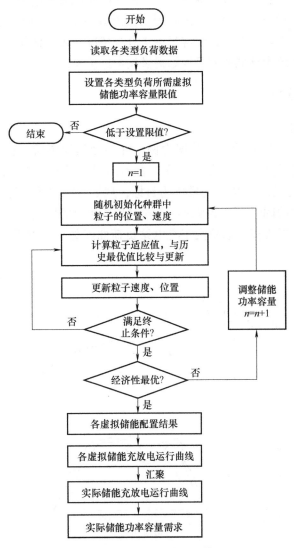

图 5-45　微能源系统储能配置算法流程

本节储能协同配置采用了多目标优化算法，将不同的虚拟储能配置方案通过算法优化，得出相应的充放电功率曲线，选取经济性最优的各虚拟储能配置，合成实际储能充放电曲线，最终得出实际储能功率容量需求。具体的求解过程如下所述：

通过设定各虚拟储能配置初值及上限，采用遍历算法，当各虚拟储能配置超过设定值时，退出循环；同时，以各虚拟储能充放电功率为优化变量，经济性最优为目标，采用粒子群优化算法进行求解；选取各虚拟储能在不同配置下经济性最优的储能充放电功率曲线，通过聚合得出实际储能充放电曲线；根据储能实际应用要求，设置相应的置信度，最终得出微能源系统中实际储能功率容量需求。此外，算法还考虑虚拟储能系统容量逐年衰减情况，来评估其全寿命周期配置方案，为微能源系统中储能的容量规划提供技术经济参考。

5.6.2 算例分析

1. 算例简介

以某微能源系统实际运行数据为例，并结合当地电价，仿真分析电锅炉、制冷机组、快速充电站和常规用户在配置不同规模虚拟储能下，投资回收相关指标值的变化情况，以经济性最优为目标，规划微能源系统的储能规模，实现投资效益最大化的同时，满足系统内不同时刻各用户的用能需求。用户常规用电负荷、热负荷、冷负荷、电动汽车充电站负荷曲线如图 5-46 所示。分时电价参数见表 5-15。

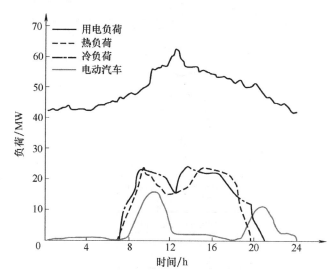

图 5-46 各类型负荷曲线

表 5-15　分时电价参数

	时段	电价/(元/kW·h)
高峰时段	08:00~12:00 17:00~21:00	1.0122
平时段	12:00~17:00 21:00~24:00	0.6601
低谷时段	00:00~次日 08:00	0.3200

2. 投资效益分析

从投资人角度出发，考虑银行贷款、预期收益率等投资相关参数，对整个投资回收期进行评估分析。其中，电池储能采用锂离子电池，结合锂电池储能技术现状和当前投资实际参数，设定边界条件，见表 5-16。

表 5-16　投资效益分析相关参数

相关参数	设定值
功率成本/(元/W)	0.72
容量成本/(元/W·h)	1.3
运维成本/[万元/(MW·h·年)]	0.04
循环次数	4500
PCS 效率（%）	90
DOD（%）	90
贷款比例（%）	70
贷款利率（%）	4.8
贷款年限	6
预期收益率（%）	6
评估期/年	6

设定储能功率配置上限约为负荷最大值的 1/5，依据项目工程经验及分时电价曲线，设定储能系统持续放电时间上限 $T=5h$，得出电锅炉、制冷机组、快速充电站和常规用户在不同的虚拟储能配置下净现值、投资回收期、内部收益率的变化情况，如图 5-47 所示。其中，净现值表示储能系统投入使用后的净现金流量，按预期收益率折算为现值，减去初始投资以后的余额，是反映项目投资获利能力的指标；内部收益率能够把项目评估期内的收益与其投资总额联系起来，指出这个项目的盈利率；投资回收期表示累计的经济效益等于最初的投资费用所需的时间。

图 5-47a 为常规用户侧不同虚拟储能配置下净现值、投资回收期、内部收益率的变化情况。当虚拟储能配置功率一定时，随着可持续放电时间的增加，净现值先升后降，投资回收期先降后升，内部收益率先升后降；当虚拟储能可持续放电时间一定时，随着配置功率的增加，净现值总体呈先升后降趋势，投资回收期总体呈上升趋势，内部收益率基本稳定。

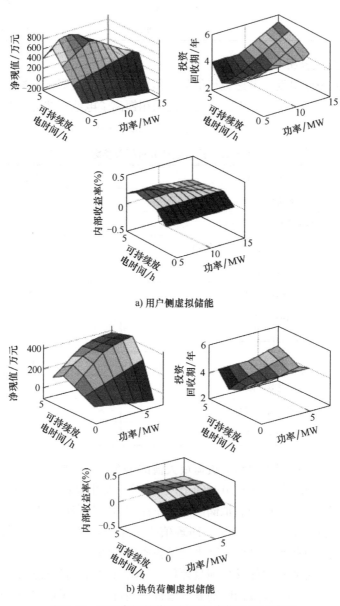

a) 用户侧虚拟储能

b) 热负荷侧虚拟储能

图 5-47 不同虚拟储能配置下投资指标变化情况

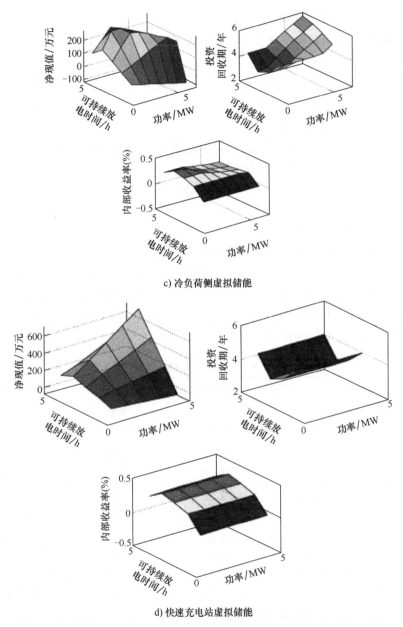

c) 冷负荷侧虚拟储能

d) 快速充电站虚拟储能

图 5-47　不同虚拟储能配置下投资指标变化情况（续）

图 5-47b 为热负荷侧不同虚拟储能配置下净现值、投资回收期、内部收益率的变化情况。当虚拟储能配置功率一定时，随着可持续放电时间的增加，净现值主体先升后降，投资回收期先降后升，内部收益率先升后降；当虚拟储能可持续放电时间一定时，随着配置功率的增加，净现值主体呈上升趋势，投资回收期基

本稳定，内部收益率呈下降趋势。

图 5-47c 为冷负荷侧不同虚拟储能配置下净现值、投资回收期、内部收益率的变化情况。当虚拟储能配置功率一定时，随着可持续放电时间的增加，净现值先升后降，投资回收期先降后升，内部收益率先升后降；当虚拟储能可持续放电时间一定时，随着配置功率的增加，净现值主体呈先升后降趋势，投资回收期总体上升，内部收益率呈下降趋势。

图 5-47d 为快速充电站不同虚拟储能配置下净现值、投资回收期、内部收益率的变化情况。当虚拟储能配置功率一定时，随着可持续放电时间的增加，净现值先升后降，投资回收期先降后升，内部收益率先升后降；当虚拟储能可持续放电时间一定时，随着配置功率的增加，净现值主体呈上升趋势，投资回收期总体稳定，内部收益率总体稳定。

表 5-17 给出了常规电负荷、热负荷、冷负荷、电动汽车充电站分别在净现值、投资回收期、内部收益率达到最优值时，对应的虚拟储能配置。从投资人角度出发，为保证评估期内获得最大经济效益，本节选择净现值作为主要评估指标，确定电负荷、热负荷、冷负荷、电动汽车充电站虚拟储能配置容量，分别为7MW×4h、7MW×3h、2MW×4h、5MW×4h。

表 5-17　最优虚拟储能配置

负荷类型		净现值/万元	投资回收期/年	内部收益率（%）
电负荷	最优值	877.68	2.93	29.2
	虚拟储能配置	7MW×4h	5MW×4h	5MW×4h
热负荷	最优值	435.72	2.93	29.2
	虚拟储能配置	7MW×3h	1MW×4h	1MW×4h
冷负荷	最优值	268.85	2.93	29.2
	虚拟储能配置	2MW×4h	1MW×4h	1MW×4h
电动汽车	最优值	706.38	2.93	29.2
	虚拟储能配置	5MW×4h	2MW×4h	2MW×4h

各虚拟储能充放电曲线如图 5-48 所示。由图可以看出，在 00:00~08:00 电价低谷时段，各虚拟储能均处于充电状态；08:00~12:00 的电价高峰时段，此时各类负荷也处于用能高峰，各虚拟储能切换为放电状态；12:00~17:00 为电价平时段，各虚拟储能经过负荷高峰连续放电，荷电状态（State Of Charge，SOC）过低进入充电状态，其中，用户侧在 13:00 左右出现负荷最高峰，此时对应虚拟储能充电功率降低；热负荷需求在该时间段内逐渐升高，虚拟储能充电功率逐渐减少；冷负荷在 14:00 左右出现负荷最高峰，此时配置虚拟储能充

电功率降低；快速充电站在该时间段内为负荷低谷，配置虚拟储能持续充电。17:00~21:00 电价晚高峰时段，各虚拟储能切换为放电状态。21:00~24:00 为电价平时段，此时各类负荷处于用能低谷，各虚拟储能停止动作。可以看出，本节的模型与算法可以使得各类型负荷配置虚拟储能后，在不增加负荷对配电网的容量需求情况下，实现运行经济效益最优。将各类型负荷对应的虚拟储能充放电功率曲线进行汇聚，可以得到微能源系统中实际电池储能系统的充放电功率曲线，如图 5-49 所示。考虑储能成本、储能实际应用要求，设置相应的置信度，计算得出实际储能最优额定功率容量为 17MW×4h。

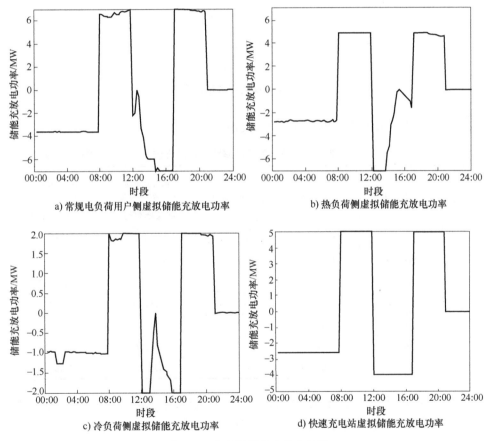

a) 常规电负荷用户侧虚拟储能充放电功率　　　b) 热负荷侧虚拟储能充放电功率

c) 冷负荷侧虚拟储能充放电功率　　　d) 快速充电站虚拟储能充放电功率

图 5-48　各虚拟储能充放电曲线

表 5-18 给出本节微能源系统算例中，实际储能系统投资回收的现金流。可以看出：按照当前储能功率容量单价及 70% 贷款比例，该储能系统初始投资为 3021.92 万元；由于储能容量逐年衰减，通过"低储高放"、延缓配电网升级、碳减排等获得的收益（现金流入）逐年减少；每年现金流出为 1381.80 万元，

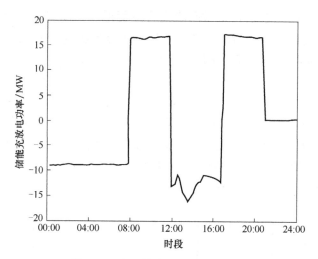

图 5-49   实际储能充放电功率曲线

包含年还贷款、运维成本和电池更换等支出。

表 5-18   微能源系统储能投资现金流　　　　　　（单位：万元）

年份	现金流入	现金流出	净现金流量	净现金流量折现值（预期收益率 6%）	累计净现金流量折现值（预期收益率 6%）
0	0	3021.92	-3021.92	-3021.92	-3021.92
1	2545.18	1381.80	1163.38	1097.53	-1924.39
2	2508.62	1381.80	1126.82	1002.86	-921.53
3	2472.06	1381.80	1090.25	915.40	-6.13
4	2435.50	1381.80	1053.69	834.62	828.49
5	2398.93	1381.80	1017.13	760.06	1588.55
6	2362.37	1381.80	980.57	691.26	2279.81

评估期（6 年）内，该微能源系统储能项目投资净现值为 2279.81 万元，投资回收期为 3.01 年，内部收益率达到 28%。

5.6.3   经济性评估

1. 新能源电源侧中的经济应用规划

如果储能系统在电网侧的应用，主要是优化传统机组和电网经济运行，那么储能系统在新能源发电中的应用，则是为了优化整个系统的电源结构。两者都是节能减排战略的一部分。储能在新能源中的应用，主要包括风电储能、光伏储能和带储能的独立供电系统（包括微网）等。储能容量的最佳容量与新能源的发电曲线密切相关，所以大多数的优化规划都是以新能源发电预测曲线为基础，进行储能规模的优化规划，目标函数主要涉及收益和成本，且收益和成本多是针对整个联合系统进行分析。

新能源储能系统的收益考虑来自峰谷上网电价下储能系统低储高发所获得的套利，这是属于新能源发电商的主要利益。但相关研究文献中都忽略了一点，安装储能系统后，电网因为新能源发电并网所需额外配备的备用容量会减少，由此会带来比较大的社会收益，这部分收益归属与电力市场中的风电政策有关。参考文献［98-99］中并网风电储能系统的规划以研究时段内的净收益最大为目标进行储能容量的优化，如式（5-87）所示。

$$\max \sum_{i=1}^{n} (e_{\mathrm{pr}.i} P_i \Delta t - C_{\mathrm{pi}}) - C_{\mathrm{ess}} \tag{5-87}$$

式中，n 为研究时间内（一般以日为单位）划分的时段数（时间间隔为 10min、30min 或 1h 及以上）；i 为其中的某一个时段；Δt 为时间间隔步长（h）；$e_{\mathrm{pr}.i}$ 为第 i 时段风电上网电价；P_i 为第 i 时段内风电场的平均输出功率；C_{pi} 为第 i 时段内运营成本，包括系统消耗的电量费用等；C_{ess} 为储能系统的总投资成本的折算值。

2. 储能在微网中的经济规划

对于一个大的供电系统或者微网，电源往往由多种机组构成（传统火电机组、风电、柴油机组、生物质发电、光伏等），此时加入储能系统，储能规划多以成本（总发电成本、单位发电成本、总运行成本）为目标函数，系统的总运行成本见式（5-88）。参考文献［100］在此基础之上计及了电源和储能系统的建设成本。约束条件主要包括系统供需平衡、储能系统充/放电功率和电量约束等。

$$\min \sum_{i=1}^{n} \Big[\sum_{j=1}^{m} f_j(P_{j.i}) + f_{\mathrm{grid}}(P_{\mathrm{grid}.k}) + f_{\mathrm{ess}}(P_{\mathrm{ess}.k}) \Big] \tag{5-88}$$

式中，n 为研究时间内划分的时段数；m 为系统中机组的总台数；$f_j(P_{j.i})$ 为第 j 台机组在第 i 时段的发电成本；$f_{\mathrm{grid}}(P_{\mathrm{grid}.k})$ 为主网在第 i 时段的供电成本；$f_{\mathrm{ess}}(P_{\mathrm{ess}.k})$ 为储能系统在第 i 时段的储能成本。总运行成本中不计入供电成本则为总发电成本，单位发电成本等于总发电成本/总电量。

参考文献［101］以系统的总发电成本最小为目标，建立了"风电-抽水蓄能"联合系统的非线性优化规划模型，分析了在不同风速特性条件下的最佳储能规模，并计算了系统在减少二氧化碳排放方面的效益。参考文献［102］和［103］建立了"风电-抽水蓄能"联合系统优化运行模型，以单位发电成本最小为目标，采取 6 种不同的控制策略分别进行数值仿真，找出最优的运行方案和控制策略。参考文献［104］从技术经济角度出发，建立了"风-光-储"联合的独立供电系统的优化运行的数值仿真模型，在技术方面的负荷要求的条件下，使系统单位发电成本最低，从而获得系统最佳的电源结构和储能容量。

对于储能技术在微网中的应用，由于微网中负荷往往比较单一，不同季节的负荷峰谷差比较大，而储能系统造价往往比较高，当储能容量配置过小，则难以保证供电质量，容量配置过大，则其年利用率下降，经济性偏低。大多数的研究表明微网的经济性还有待提高，增强微网中电源的多样性和互补性，是提高微网经济性和可靠性的一个重要途径。

5.7 基于数据驱动的储能系统调峰容量优化配置方法

5.7.1 百兆瓦级电站数据预处理技术

储能电站历史和实时数据表征了机组运行的真实情况，将此类数据预处理是储能电站进行管控、调度的第一步[105-107]。数据预处理技术面向储能电站采集的可测数据和不可测数据，以数理统计或算法模型的方式对电站采集到的数据进行加工、整理，目前电站采集数据的主要范围如表 5-19 所示[108-109]。

表 5-19　电站采集数据主要范围

序号	参数	测量方式	模块类别
1	单体电池电压	霍尔传感器	从控
2	电池簇/箱电压	霍尔传感器	主控
3	环境温度	霍尔传感器	主控
4	电池簇温度	霍尔传感器	主控
5	电池簇/箱电流	霍尔传感器	主控
6	电池簇/箱充放电功率	计算	主控
7	电池单体状态参数（SOC、SOH 等）	计算	从控
8	储能变流器（PCS）参数	计算	从控
9	绝缘检测	电池组控制单元	主控
10	高压互锁、继电器等辅助设备	电池组控制单元	主控

可测数据主要分为数字量、模拟量和状态量，状态量多为电池好坏状态；不可测数据主要以数字量形式呈现，通过算法获得该数据后，利用通信信号将其传入对应的管理单元中。

数据预处理包括数据清洗和数据集成。在数据清洗方面，采集后的数据集中往往会出现部分数据丢失和数据异常的现象，目前主要通过近邻值或均值补齐缺失数据，然后利用曲线拟合或现有聚类方法（如 K-means、均值偏移聚类等）移除异常值[110]。作为大容量储能电站的大数据分析关键技术，数据集成可实现数据质量监控和数据融合。通过可视化数据监测，将执行过数据清洗的多来源、多模态数据集进行数据融合，便于储能电站的大数据存储。目前数据融合可通过小波变换、概率论统计等基于特征的融合法或决策树、逻辑推理等基于决策的融合方法实现[111]。其中，小波变换能够通过伸缩平移运算对信号进行多尺度分解，将高频处时间细分，低频处频率细分，可自适应时频信号分析需求，从而聚焦分析信号的任意细节，是目前数据融合的主流技术[112]。

现有数据预处理技术较为先进，利用其数据分析、存储、管理和共享等所需核心技术的先进性，可为储能电站提供灵活的交互分析和自由数据探索能力。目前已将上述部分技术投入到应用中，为电站的状态评估、内部管理和调度控制的工作打下坚实的基础，并通过大数据分析平台的形式予以呈现。

5.7.2　容量优化配置方法

以上分析可以看出，储能电站的最优配置引入了电力系统潮流方程，为非线性规划问题，求解较困难，可用智能优化算法进行求解。

1. 鲸鱼优化算法

鲸鱼优化算法（Whale Optimization Algorithm，WOA）是 2016 年由澳大利亚格里菲斯大学的 Mirjalili 等模仿座头鲸的狩猎行为进而提出的一种新型启发式优化算法[113]。WOA 算法主要由包围猎物（Encircling prey），气泡攻击（Bubble-net attacting）以及寻找猎物（Search for prey）三部分组成。

（1）包围猎物

座头鲸在狩猎时要包围猎物，该行为可用如下模型描述：

$$\begin{cases} D = |\boldsymbol{C} \cdot \boldsymbol{X}^*(t) - \boldsymbol{X}(t)| \\ \boldsymbol{X}(t+1) = \boldsymbol{X}(t) - \boldsymbol{A} \cdot \boldsymbol{D} \end{cases} \tag{5-89}$$

式中，$\boldsymbol{X}^*(t)$ 是当前鲸鱼个体位置向量；$\boldsymbol{X}(t)$ 是当前最优解位置；D 为当前鲸鱼个体与最优位置之间的距离；t 代表当前迭代次数；系数向量 $\boldsymbol{A}$ 和 $\boldsymbol{C}$ 由下式确定：

$$\begin{cases} \boldsymbol{A} = 2\boldsymbol{a} \cdot \boldsymbol{r} - \boldsymbol{a} \\ \boldsymbol{C} = 2\boldsymbol{r} \end{cases} \tag{5-90}$$

式中，a 在迭代过程中由 2 呈线性减小到 0；r 为 0 到 1 之间的随机向量。

（2）气泡攻击

根据座头鲸的狩猎行为，狩猎时是以螺旋运动游向猎物，数学模型如下：

$$\begin{cases} \boldsymbol{X}(t+1) = \boldsymbol{X}^*(t) + \boldsymbol{D}_{\mathrm{p}} \mathrm{e}^{bl} \cos(2\pi l) \\ \boldsymbol{D}_{\mathrm{p}} = |\boldsymbol{X}^*(t) - \boldsymbol{X}(t)| \end{cases} \tag{5-91}$$

式中，D_p 代表猎物和鲸鱼之间的距离；b 是对数螺旋线的形状参数；l 为 0 到 1 之间的随机数。鲸鱼以螺旋形状游向猎物的同时还要收缩包围圈，因此，在这种同步行为模型中，假设有 P_i 的概率选择收缩包围机制和 $1-P_i$ 的概率选择螺旋模型来更新鲸鱼的位置，其数学描述如下：

$$X(t+1) = \begin{cases} X^*(t) - AD & p < P_i \\ X^*(t) + D_p e^{bl} \cos(2\pi l) & p \geq P_i \end{cases} \tag{5-92}$$

（3）搜索猎物

座头鲸除气泡攻击策略外，随机捕食也是一种重要手段。如果 $|A| > 1$，距离数据 D 将随机更新，说明座头鲸根据彼此的位置进行随机搜索，此时的捕猎模型为：

$$\begin{cases} D = |CX_{rand}(t) - X(t)| \\ X(t+1) = X_{rand}(t) - AD \end{cases} \tag{5-93}$$

式中，$X_{rand}(t)$ 为从当前种群中选择个体的随机位置向量。

2. 基于权重自适应的 WOA 改进

与其他智能算法相比，WOA 具有计算简单、收敛速度快、易于执行等优点，但也存在过早收敛以及易陷入局部最优等不足。尤其权重对算法影响明显：权重较大时，收敛速度较快，算法搜索范围较大；权重较小时，不易错过全局最优解，但收敛速度慢。因此有必要对权重进行自适应改进[20]。

在 WOA 中引入非线性权重 S_1 和 S_2，计算式如下：

$$\begin{cases} S_1 = -\gamma \left[\cos\left(\pi \dfrac{t}{T_{max}} - \lambda\right) \right] \\ S_2 = \gamma \left[\cos\left(\pi \dfrac{t}{T_{max}} + \lambda\right) \right] \end{cases} \tag{5-94}$$

式中，γ 为 S_1 和 S_2 的取值范围；λ 为 S_1 和 S_2 的取值步长。S_1 随迭代次数增加非线性递增，使种群能充分向最优位置移动；S_2 随迭代次数增加非线性递减，在迭代后期有较小步长而加快收敛速度。

将非线性权重 S_1 和 S_2 引入式（5-95）和式（5-96），对包围猎物、气泡攻击及搜索猎物过程进行改进，得到：

$$X(t+1) = \begin{cases} X^*(t) - S_2 AD & p < P_i \\ S_1 \left[X^*(t) + D_p e^{bl} \cos(2\pi l) \right] & p \geq P_i \end{cases} \tag{5-95}$$

$$X(t+1) = X_{rand}(t) - S_2 AD \tag{5-96}$$

基于权重自适应改进的 WOA（WWOA）流程如图 5-50 所示：

3. 改进的 WOA 算法性能分析

本小节利用标准测试函数来对比 WWOA、标准 WOA 和遗传算法（Genetic

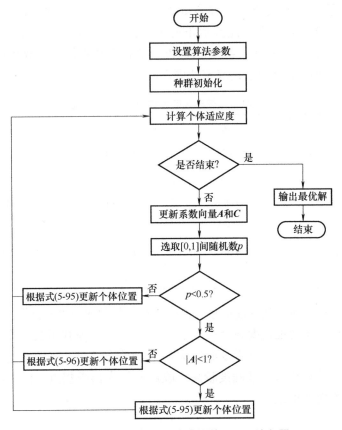

图 5-50　基于权重自适应改进的 WOA 流程图

Algorithm，GA）的性能。测试函数如表 5-20 所示，最优值都为 0。其中 f_1 是单峰函数，可检验算法的收敛速度和求解准确度，f_2 是多峰函数，可检验算法的全局探索能力。

表 5-20　标准测试函数

函数	维数	定义域	最优值
$f_1(x) = \sum_{i=1}^{N} \|x_i\| + \prod_{i=1}^{N} \|x_i\|$	30	$[-10, 10]$	0
$f_2(x) = -20\exp\left(-0.2\sqrt{\sum_{i=1}^{N} x_i^2}\right)$ $- \exp\left(\dfrac{1}{N}\sum_{i=1}^{N}\cos(2\pi x_i)\right) + 20 + e$	30	$[-32, 32]$	0

将待检验的 3 种算法分别对标准测试函数独立重复寻优 50 次，得到各算法

寻优能力的平均值和均方差，如表 5-21 所示。可以看出 WWOA 相比于标准
WOA 算法和 GA 算法，在寻优 f_1 时准确度远大于另外两种算法；在寻优 f_2 时，
虽然寻优准确度相差不大，甚至比标准 WOA 还要略低，但寻优的均方差比
WOA 和 GA 要小，说明算法的稳定性更好。

表 5-21　三种算法的寻优平均值和均方差

统计结果	算法	f_1	f_2
平均值	WWOA	$1.15×10^{-35}$	2.64
	WOA	$2.17×10^{-28}$	1.86
	GA	$6.07×10^{-13}$	5.42E0
均方差	WWOA	$2.55×10^{-34}$	1.14
	WOA	$7.83×10^{-26}$	9.57
	GA	$4.99×10^{-11}$	18.7

收敛曲线是评价算法性能的重要指标。通过收敛曲线可分析算法在求解函数
时的收敛速度、求解准确度和全局搜索能力。图 5-51 为利用三种算法分别求解
测试函数的收敛曲线图，可明显观察 WWOA 具有如下特点：收敛速度更快；收
敛值低，说明该算法求解准确度较高；收敛曲线先出现拐点，说明收敛速度更
快，全局搜索能力更强。

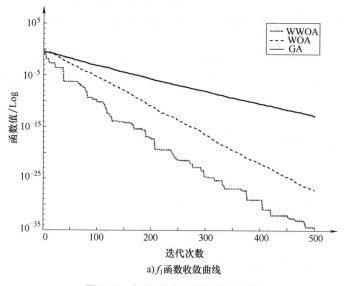

a)f_1函数收敛曲线

图 5-51　标准测试函数的收敛曲线

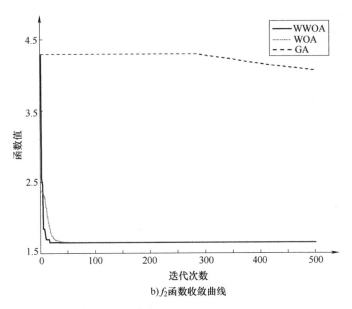

b)f_2函数收敛曲线

图 5-51　标准测试函数的收敛曲线（续）

4. 储能最优配置流程

图 5-52 为"风-光-火-储"多能系统储能优化配置流程，配置算法采用改进型的 WOA 代求解，最终得到储能电站的最优容量和位置。

5.7.3　算例分析

本节采用 IEEE-33 节点电力系统来进行仿真分析，其结构如图 5-53 所示。模拟的多能系统配置如下：在节点 1 规划火力发电厂，并作为系统的平衡节点；在节点 8 接入光伏；将节点 25 作为风力发电节点。系统节点电压允许范围为 0.9～1.05pu。在系统中其余节点规划储能电站，容量和位置待配置。

1. 仿真条件

以我国西部某地区光伏发电场和风电场日出力特性分别作为节点 8 和节点 25 的输入功率。光伏在 10 点至 16 点发电功率较强，而风力发电功率随风速变化，如图 5-54 所示。

系统总装机容量为 2000MW，风电场总装机容量 800MW，光伏装机容量 200MW，火电机组容量为 500MW，储能类型为容量型化学储能，磷酸铁锂电池。储能系统的相关参数如表 5-22 所示。

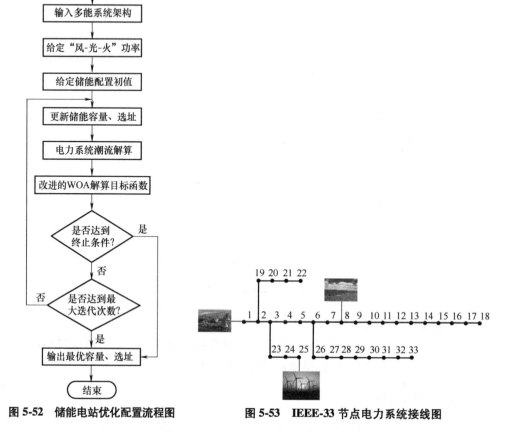

图 5-52　储能电站优化配置流程图　　　　图 5-53　IEEE-33 节点电力系统接线图

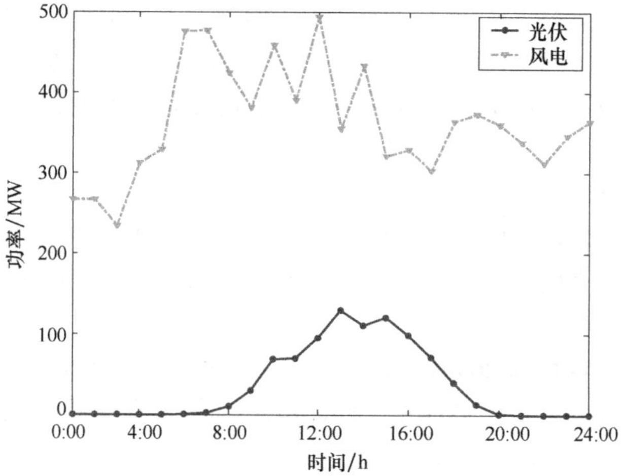

图 5-54　光伏和风电的典型日特性曲线

表 5-22　储能系统仿真参数

符号	取值	参数解释
η_c	0.9	充电效率
η_c	0.95	放电效率
δ	0.1%	自放电率
SOC_{min}	0.2	电池放电下限状态
SOC_{max}	0.8	电池充电上限状态
SOC_0	0.6	电池初始状态

2. 仿真结果分析

根据权重自适应的 WOA 算法，各节点配置储能的目标函数值与年运行成本如图 5-55 所示。当以火电厂功率波动最低为目标，储能选址在 13 节点，功率波动 6.3MW，相应储能的配置容量为 40.2MW·h，此时的年运行成本为 1329 万元。此条件下虽然目标函数最小，但储能容量和年运行成本并非最低值。储能容量配置最低值在 2 节点，为 27.6MW·h，但此时功率波动达到了 12.3MW，年运行成本也达到了 1708 万元，两项指标均高于节点 13 选址。储能年运行成本最低值在 24 节点，为 1001 万元，但此时功率波动达到了 9.7MW。

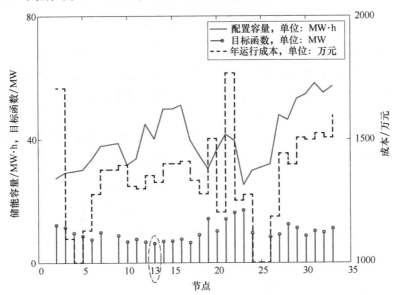

图 5-55　各节点配置储能的目标函数值与年运行成本

以图 5-54 的典型日特性估算年运行特性，储能系统的运行成本最终为 1329 万元。根据行业经验数据，容量型电化学储能技术中经济性较好的是铅蓄电池和磷酸铁锂电池，目前的度电成本大致在 0.6~0.9 元/kW·h[114]。基于以上数据，假设平均每天完成一次完整的充放电，该储能电站的年运行成本约为 880~1320

万元；若平均每天完成两次完整的充放电，该储能电站的年运行成本约为 1760~2640 万元；1329 万元位于上述区间内，说明算法得到的运行成本比较合理。

图 5-56 所示为储能系统的出力特性趋势，功率为正表示电池充电，功率为负表示电池放电。储能充电的最大充电功率为 50.3MW，最大放电功率为 -48.2MW，SOC 由最初的 60%，变为最终的 42%。

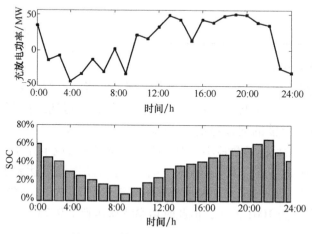

图 5-56 储能电站的充放电功率

图 5-57 所示为在节点 13 配置储能电站前后，火电厂 1 的出力曲线。通过对比看出，火电厂的功率波动明显得到改善。未加储能时，在考察时间段内，火电功率的平均值为 190.1MW，最大功率 256.7MW，最小功率 53.5MW，峰谷差达到 203.2MW；加入储能后，火电功率的平均值为 195.6MW，最大功率 208.9MW，最小功率 190.1MW，峰谷差降为 18.8MW。峰谷差减小了 90.79%，辅助调峰效果明显。配置储能前后的风光火互补系统的功率对比如表 5-23 所示。

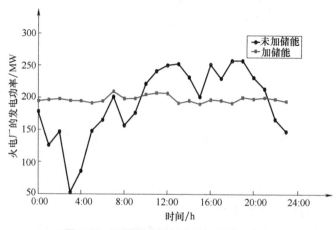

图 5-57 配置储能前后火电厂的出力曲线

表 5-23　配置储能前后的风光火互补系统的功率对比

	平均值/MW	标准差/MW	峰值/MW	谷值/MW	峰谷差/MW
风电功率	362.8	69.4	494.0	234.2	259.8
光伏功率	35.9	46.2	129.9	0	129.9
火电功率（无储能）	190.1	55.8	256.7	53.5	203.2
火电功率（配储能）	195.6	6.3	208.9	190.1	18.8

参 考 文 献

［1］刘冰，张静，李岱昕，等. 储能在发电侧调频调峰服务中的应用现状和前景分析［J］. 储能科学与技术，2016，5（06）：909-914.

［2］李建林，屈树慷，马速良，等. 电池储能系统辅助电网调频控制策略研究［J/OL］. 太阳能学报：1-12［2023-02-22］.

［3］肖湘. 电能质量分析与控制［M］. 北京：中国电力出版社，2004.

［4］谷永刚，王棍，张波. 分布式发电技术及其应用现状［J］. 电网与清洁能源，2010，26（6）：38-3.

［5］陈琳. 分布式发电接入电力系统若干问题的研究［D］. 杭州：浙江大学，2007.

［6］韩民晓，刘讯. 分布式电源并网中电能质量相关规范探讨［J］. 电力设备，2007，8（1）：57-60.

［7］韦钢，吴伟力，胡丹云，等. 分布式电源及其并网时对电网的影响［J］. 高电压技术，2007（1）：36-40.

［8］刘吉臻. 大规模新能源电力安全高效利用基础问题［J］. 中国电机工程学报，2013，33（16）：1-8.

［9］李建林，康靖悦，崔宜琳. 储能电站优化选址定容研究综述［J］. 电气时代，2022，489（06）：34-37.

［10］徐群. 分布式电源并网对电能质量的影响分析与评估［D］. 北京：华北电力大学，2012.

［11］茹关琴，张剑，张榴晨，等. 基于 IEC 61850 的微电网能量管理系统数据通信模型及其验证［J］. 电力系统自动化，2016，40（17）：210-216.

［12］李建林，谭宇良，王含，等. 配网及光储微网储能系统配置优化策略［J］. 高电压技术，2022，48（05）：1893-1902. DOI：10.13336/j.1003-6520.hve.20201333.

［13］谭宇良. 大型光储电站一体化运行控制策略研究［D］. 北京：北方工业大学，2022.

［14］Sun Xiaoxin, Ye Hailong, Li Yan, Huangfu Fenyu, Zhao Chenxu. Optimal Operation Of Distribution Network With Photovoltaic［J］. Journal of Physics：Conference Series，2022，2186（1）.

［15］Cararo José AG, Caetano Neto João, Vilela Júnior Wagner A, et al. Spatial Model of Optimization Applied in the Distributed Generation Photovoltaic to Adjust Voltage Levels［J］. Energies，2021，14（22）.

[16] 刘皓明，陆丹，杨波，等. 可平抑高渗透分布式光伏发电功率波动的储能电站调度策略 [J]. 高电压技术，2015，41 (10)：3213-3223.

[17] 李建林，许璐，马凌怡. 光储充一体化系统容量优化配置方法研究 [J]. 电气应用，2022，41 (09)：71-77.

[18] 蒲雨辰，李奇，陈维荣，等. 计及最小使用成本及储能状态平衡的电-氢混合储能孤岛直流微电网能量管理 [J]. 电网技术，2019，43 (03)：918-927.

[19] Chen Yuqiang, Luo Jiajian, Zhang Kai, et al. A Benefit Evaluation Model for Peak-Clipping Benefits of Distributed Photovoltaic Grids Taking into Account Uncertain Low-Voltage Distribution [J]. Journal of Physics：Conference Series, 2021, 1915 (3).

[20] 王淑超，段胜朋，王健，等. 光伏电站面向快速频率响应的优化控制技术研究与实践 [J]. 电力系统保护与控制，2019，47 (14)：59-70.

[21] 王忆麟. 光伏电站有功功率的控制技术研究 [J]. 工程技术研究，2019，4 (07)：84-85.

[22] Nguyen, Thang Trung, Nguyen, et al. An improved equilibrium optimizer for optimal placement of photovoltaic systems in radial distribution power networks [J]. Neural Computing and Applications, 2022 (prepublish).

[23] Daisuke Iioka, Takahiro Fujii, Dai Orihara, et al. Voltage reduction due to reverse power flow in distribution feeder with photovoltaic system [J]. International Journal of Electrical Power and Energy Systems, 2019, 113 (C).

[24] 郑乐，胡伟，陆秋瑜，等. 储能系统用于提高风电接入的规划和运行综合优化模型 [J]. 中国电机工程学报，2014，34 (16)：2533-2543.

[25] 发展改革委 能源局关于加快推动新型储能发展的指导意见 [J]. 中华人民共和国国务院公报，2021 (25)：43-46.

[26] 李建林，郭兆东，马速良，等. 新型电力系统下"源网荷储"架构与评估体系综述 [J]. 高电压技术，2022，48 (11)：4330-4342.

[27] 李建林，姜冶蓉，李雅欣，等. 中国典型储能政策分析 [J]. 油气与新能源，2022，34 (01)：42-47.

[28] 李建林，王上行，袁晓冬，等. 江苏电网侧电池储能电站建设运行的启示 [J]. 电力系统自动化，2018，42 (21)：1-9+103.

[29] 李相俊，王上行，惠东. 电池储能系统运行控制与应用方法综述及展望 [J]. 电网技术，2017，41 (10)：3315-3325.

[30] 田立亭，李建林，程林. 基于概率预测的储能系统辅助风电场爬坡率控制 [J]. 高电压技术，2015，41 (10)：3233-3239.

[31] 徐少华，李建林，惠东. 多储能逆变器并联系统在微网孤岛条件下的稳定性分析及其控制策略 [J]. 高电压技术，2015，41 (10)：3266-3273.

[32] 董朝阳，赵俊华，文福拴，等. 从智能电网到能源互联网：基本概念与研究框架 [J]. 电力系统自动化，2014，38 (15)：1-11.

[33] 李建林，田立亭，来小康. 能源互联网背景下的电力储能技术展望 [J]. 电力系统自

动化, 2015, 39 (23): 15-25.

[34] 赵波, 包侃侃, 徐志成, 等. 考虑需求侧响应的光储并网型微电网优化配置 [J]. 中国电机工程学报, 2015, 35 (21): 5465-5474.

[35] 李建林, 樊辉, 徐少华. 大容量级联式电池储能功率调节系统中多脉冲驱动技术研究 [J]. 高电压技术, 2015, 41 (07): 2121-2126.

[36] 李建林. 电池储能技术控制方法研究 [J]. 电网与清洁能源, 2012, 28 (12): 61-65.

[37] 马玉武. 电池储能系统辅助火电机组调频的控制策略设计 [D]. 中北大学, 2021.

[38] 李建林, 黄健, 许德智. 移动式储能应急电源关键技术研究 [J]. 浙江电力, 2020, 39 (05): 10-14.

[39] 邱亚, 李鑫, 陈薇, 等. 基于 P-AWPSO 算法的全钒液流电池储能系统功率分配 [J]. 高电压技术, 2020, 46 (02): 500-510.

[40] 李建林, 李雅欣, 刘海涛, 等. 计及储能电站安全性的功率分配策略研究 [J]. 电工技术学报, 2022, 37 (23): 5976-5986.

[41] 李建林, 徐少华, 惠东. 一种适合于储能 PCS 的 PI 与准 PR 控制策略研究 [J]. 电工电能新技术, 2016, 35 (02): 54-61.

[42] WALDMANN T, WILKA M, KASPER M, et al. Temperature dependent ageing mechanisms in lithium-ion batteries-a post-mortem study [J]. Journal of Power Sources, 2014, 262: 129-135.

[43] 高飞, 杨凯, 惠东, 等. 储能用磷酸铁锂电池循环寿命的能量分析 [J]. 中国电机工程学报, 2013, 33 (5): 41-45.

[44] 韩晓娟, 程成, 籍天明, 等. 计及电池使用寿命的混合储能系统容量优化模型 [J]. 中国电机工程学报, 2013, 33 (34): 91-97.

[45] 罗凤章. 并网光伏发电工程的低碳综合效益分析模型 [J]. 电力系统自动化, 2014, 38 (17): 163-169.

[46] 段建民, 王志新, 王承民, 等. 考虑碳减排效益的可再生电源规划 [J]. 电网技术, 2015, 39 (1): 14-15.

[47] 龚道仁, 陈迪, 袁志钟. 光伏发电系统碳排放计算模型及应用 [J]. 可再生能源, 2013, 31 (9): 1-4.

[48] KENNEDY J, EBERHART R. Particle swarm optimization [C]// IEEE International Conference on Neural Networks. [S. l.]: IEEE, 1995: 1942-1948.

[49] 施琳, 罗毅, 施念, 等. 高渗透率风电—储能孤立电网控制策略 [J]. 中国电机工程学报, 2013, 33 (16): 78-85.

[50] 修晓青, 唐巍, 李建林, 等. 计及电池健康状态的源储荷协同配置方法 [J]. 高电压技术, 2017, 43 (09): 3118-3126.

[51] 肖宏飞, 刘士荣, 郑凌蔚, 等. 微型电网技术研究初探 [J]. 电力系统保护与控制, 2009, 37 (8): 114-119.

[52] 吴小刚, 刘宗歧, 田立亭, 等. 独立光伏系统光储容量优化配置方法 [J]. 电网技术, 2014, 38 (5): 1271-276.

［53］ 康龙云，郭红霞，吴捷，等. 分布式电源及其接入电力系统时若干研究课题综述［J］. 电网技术，2010，34（11）：43-47.

［54］ CARLOS H A, DULCE F P, CARLOS B, et al. A multi-objective evolutionary algorithm for reactive power compensation in distribution networks［J］. Applied Enemy, 2009, 86（7）: 977-984.

［55］ WANG Y, CAI Z. Combining multiobjective optimization with differential evolution to solve constrained optimization problems［J］. IEEE Trans actions On Evolutionary Computation, 2012, 16（1）: 117-134.

［56］ Bao G, Chao L, Yuan Z . Battery energy storage system load shifting control based on real time load forecast and dynamic programming［C］IEEE International Conference on Automation Science & Engineering. IEEE, 2012.

［57］ LUO C, OOI B-T. Frequency deviation of thermal power plants due to wind farms［J］. IEEE Trans on Enemy Conversion, 2006, 21（3）: 708-716.

［58］ MARNAY C, VENKATARAMANAN G, STADLER M, et al. Optimal technology selection and operation of commercial-building microgrids［J］. IEEE Trans actions on Power Systems, 2008, 23（3）: 975-982.

［59］ LI Q, CHOI S S, YUAN Y. On the determination of battery energy storage capacity and short-term power dispatch of a wind farm［J］. IEEE Trans on Sustainable Energy, 2011, 2（2）: 148-158.

［60］ 吴云亮，孙元章，徐箭，等. 基于饱和控制理论的储能装置容量配置方法［J］. 中国电机工程学报，2011，31（22）：32-39.

［61］ 修晓青，李建林，惠东. 用于电网削峰填谷的储能系统容量配置及经济性评估［J］. 电力建设，2013，34（2）：1-5.

［62］ 王成山，于波，肖峻，等. 平滑微电网联络线功率波动的储能系统容量优化方法［J］. 电力系统自动化，2012，37（3）：12-17.

［63］ 杨建波. 平抑风电功率波动的混合储能控制策略及其容量配置研究［D］. 福州：福州大学，2017.

［64］ 黄伟. 考虑分布式光储参与的配电网运行优化与控制技术研究［D］. 广州：华南理工大学，2019.

［65］ 孙培锋，冯云岗，卢海勇，等. 新能源发电工程储能系统容量/功率优化配置［J］. 上海节能，2021（01）：98-103.

［66］ 李德鑫，王佳蕊，张家郡. 降低弃光率的光伏储能系统需求研究［J］. 电器与能效管理技术，2020（10）：36-40+63.

［67］ 李滨，粟祎敏，莫新梅，等. 跟踪风电计划偏差的风储系统联合控制策略［J］. 电网技术，2019，43（06）：2102-2108.

［68］ 杨婷婷，李相俊，齐磊，等. 基于机会约束规划的储能系统跟踪光伏发电计划出力控制方法［J］. 电力建设，2016，37（08）：115-121.

［69］ 杨丘帆，王琛淇，魏俊红，等. 提升电网惯性与一次调频性能的储能容量配置方法

［J］. 电力建设，2020，41（10）：116-124.

［70］ 刘巨，姚伟，文劲宇，等. 一种基于储能技术的风电场虚拟惯量补偿策略［J］. 中国电机工程学报，2015，35（07）：1596-1605.

［71］ 曹鹏程. 储能系统对含风电场电网的频率和电压影响分析［D］. 福州：福建工程学院，2021.

［72］ 李永凯，雷勇，苏诗慧，等. 混合储能提高光伏低电压穿越控制策略的研究［J］. 电测与仪表，2021，58（05）：1-7.

［73］ KARAIPOOM T, NGAMROO I. Optimal superconducting coil integrated into DFIG wind turbine for fault ride through capability enhancement and output power fluctuation suppression ［J］. IEEE Transactions on Sustainable Energy，2015，6（1）：28-42.

［74］ NGAMROO I. Improving FRT capability and alleviating output power of DFIG wind turbine by SMES-FCL［C］//2015 IEEE International Conference on Applied Superconductivity and Electromagnetic Devices（ASEMD）. Shanghai, China. IEEE, 2015：155-151.

［75］ 蒋子傲，崔双喜. 基于混合储能系统的高电压穿越控制策略［J/OL］. 电测与仪表：1-7［2021-12-16］.

［76］ 李建林，马会萌，惠东. 储能技术融合分布式可再生能源的现状及发展趋势［J］. 电工技术学报，2016，31（14）：1-10，20.

［77］ 邵成成，王锡凡，王秀丽，等. 多能源系统分析规划初探［J］. 中国电机工程学报，2016，36（14）：3817-3829.

［78］ Guo Binqi, Niu Meng, Lai Xiaokang, et al. Application research on large-scale battery energy storage system under global energy interconnection framework［J］. Global Energy Interconnection，2018，1（1）：79-86.

［79］ 陈柏翰，冯伟，孙凯，等. 冷热电联供系统多元储能及孤岛运行优化调度方法［J］. 电工技术学报，2019，34（15）：3231-3243.

［80］ 李建林，郭斌琪，牛萌，等. 风光储系统储能容量优化配置策略［J］. 电工技术学报，2018，33（6）：1189-1196.

［81］ 王英瑞，曾博，郭经，等. 电-热-气综合能源系统多能流计算方法［J］. 电网技术，2016，40（10）：2942-2951.

［82］ 刘方泽，牟龙华，张涛，等. 微能源网多能源耦合枢纽的模型搭建与优化［J］. 电力系统自动化，2018，42（14）：91-98.

［83］ 张勇军，林晓明，许志恒，等. 基于弱鲁棒优化的微能源网调度方法［J］. 电力系统自动化，2018，42（14）：75-82.

［84］ 曾鸣，武赓，李冉，等. 能源互联网中综合需求侧响应的关键问题及展望［J］. 电网技术，2016，40（11）：3391-3398.

［85］ 马丽，刘念，张建华，等. 基于主从博弈策略的社区能源互联网分布式能量管理［J］. 电网技术，2016，40（12）：3655-3662.

［86］ 陈柏翰，冯伟，孙凯，等. 冷热电联供系统多元储能及孤岛运行优化调度方法［J］. 电工技术学报，2019，34（15）：3231-3243.

［87］ 牛萌，靳文涛，艾小猛，等.大规模储能减小弃风的规划配置研究［J］.电器与能效管理技术，2018（14）：69-78.

［88］ 崔明勇，王楚通，王玉翠，等.独立模式下微网多能存储系统优化配置［J］.电力系统自动化，2018，42（4）：30-38，54.

［89］ 雷鸣宇，杨子龙，王一波，等.光/储混合系统中的储能控制技术研究［J］.电工技术学报，2016，31（23）：86-92.

［90］ 林凯骏，吴俊勇，郝亮亮，等.基于非合作博弈的冷热电联供微能源网运行策略优化［J］.电力系统自动化，2018，42（6）：25-32.

［91］ 王泽森，唐艳梅，门向阳，等.独立海岛终端一体化系统下电动汽车投放数量规划研究［J］.中国电机工程学报，2019，39（7）：2005-2016.

［92］ 陈柏翰，冯伟，孙凯，等.冷热电联供系统多元储能及孤岛运行优化调度方法［J］.电工技术学报，2019，34（15）：3231-3243.

［93］ 张勇军，林晓明，许志恒，等.基于弱鲁棒优化的微能源网调度方法［J］.电力系统自动化，2018，42（14）：75-82.

［94］ 李建林，牛萌，张博越，等.电池储能系统机电暂态仿真模型［J］.电工技术学报，2018，33（8）：1911-1918.

［95］ 牛萌，靳文涛，艾小猛，等.大规模储能减小弃风的规划配置研究［J］.电器与能效管理技术，2018（14）：69-78.

［96］ 雷鸣宇，杨子龙，王一波，等.光/储混合系统中的储能控制技术研究［J］.电工技术学报，2016，31（23）：86-92.

［97］ 韩晓娟，张婳，修晓青，等.配置梯次电池储能系统的快速充电站经济性评估［J］.储能科学与技术，2016，5（4）：514-521.

［98］ Mir-Akbar Hessami, David R Bowly. Economic feasibility and optimization of an energy storage system for Portland Wind Farm［J］. Applied Energy, 2011, 88: 2755-2763.

［99］ Edgardo D Castronuovo, J A Peças Lopes. Optimal operation and hydro storage sizing of a wind-hydro power plant［J］. Electrical Power and Energy Systems, 2004, 26: 771-778.

［100］ Oleg V. Marchenko. Mathematical modeling and economic efficiency assessment of autonomous energy systems with production and storage of secondary energy carriers［J］. International Journal of Low-Carbon Technologies, 2010, 5: 250-255.

［101］ Liliana E Benitez, Pablo C Benitez, G Cornelis van Kooten. The economics of wind power with energy storage［J］. Energy Economics, 2008, 30: 1973-1989.

［102］ C Bueno, J A Carta. Technical-economic analysis of wind-powered pumped hydro storage system, part I: model development［J］. Solar Energy, 2005, 78: 382-395.

［103］ C Bueno, J A Carta. Technical-economic analysis of wind-powered pumped hydro storage system, part II: model application to the island of EI Hierro［J］. Solar Energy, 2005, 78: 396-405.

［104］ S Diaf, M Belhamel, M Haddadi, et al. Technical and economic assessment of hybrid photovoltaic/wind system with battery storage in Corsica island［J］. Energy Policy, 2008, 36:

743-754.

[105]　李建林，李雅欣，吕超，等. 退役动力电池梯次利用关键技术及现状分析 [J]. 电力系统自动化，2020，44（13）：172-183.

[106]　刘建军，邓洁清，郭世雄，等. 基于知识学习的储能电站健康监测与预警 [J]. 电力系统保护与控制，2021，49（04）：64-71.

[107]　彭志强，卜强生，袁宇波，等. 电网侧储能电站监控系统体系架构及关键技术 [J]. 电力系统保护与控制，2020，48（10）：61-70.

[108]　陈娟，惠东，范茂松，等. 基于粗糙集的电池储能电站海量数据处理方法研究 [J/OL]. 中国电力：1-8 [2021-11-14].

[109]　李笑彤，宋宝同，吕风波，等. 基于负荷数据聚类的充电站储能容量规划方法 [J]. 电网与清洁能源，2021，37（01）：90-96.

[110]　周泉锡. 常见数据预处理技术分析 [J]. 通讯世界，2019，26（01）：17-18.

[111]　孔钦，叶长青，孙赟. 大数据下数据预处理方法研究 [J]. 计算机技术与发展，2018，28（05）：1-4.

[112]　曹辉，杨理践，刘俊甫，等. 基于数据融合的小波变换漏磁异常边缘检测 [J]. 仪器仪表学报，2019，40（12）：71-79.

[113]　赵晶，祝锡晶，孟小玲，等. 改进鲸鱼优化算法在机械臂时间最优轨迹规划的应用 [J]. 机械科学与技术：2023，42（03）：388-395.

[114]　何颖源，陈永翀，刘勇，等. 储能的度电成本和里程成本分析 [J]. 电工电能新技术，2019，38（09）：1-10.